"十二五"普通高等教育本科国家级规划教材

中国电力教育协会
高校电气类专业精品教材

U0642974

电力系统自动装置原理

（第六版）

主编　杨冠城

编写　解　大　张　明

主审　盛寿麟　于继来

中国电力出版社
CHINA ELECTRIC POWER PRESS

内 容 提 要

本书为"十二五"普通高等教育本科国家级规划教材。

全书共分为 6 章，主要内容包括自动装置及其数据的采集处理、同步发电机的自动并列、同步发电机励磁自动控制系统、励磁自动控制系统的动态特性、电力系统频率及有功功率的自动调节、电力系统自动低频减载及其他安全自动控制装置。书后附有思考题，便于自学。

本书主要作为高等院校电气工程及其自动化专业的本科教材，也可作为函授和高职高专相关专业教材，同时可供工程技术人员参考使用。

图书在版编目（CIP）数据

电力系统自动装置原理/杨冠城主编 . —6 版 . —北京：中国电力出版社，2021.7（2023.6 重印）
"十二五"普通高等教育本科国家级规划教材
ISBN 978 - 7 - 5198 - 4493 - 6

Ⅰ. ①电… Ⅱ. ①杨… Ⅲ. ①电力系统－自动装置－理论－高等学校－教材 Ⅳ. ①TM76

中国版本图书馆 CIP 数据核字（2020）第 046851 号

出版发行：中国电力出版社
地　　址：北京市东城区北京站西街 19 号（邮政编码 100005）
网　　址：http://www.cepp.sgcc.com.cn
责任编辑：雷　锦（010－63412530）
责任校对：黄　蓓　常燕昆
装帧设计：郝晓燕
责任印制：吴　迪

印　　刷：望都天宇星书刊印刷有限公司
版　　次：1986 年 11 月第一版　2021 年 7 月第六版
印　　次：2023 年 6 月北京第五十三次印刷
开　　本：787 毫米×1092 毫米　16 开本
印　　张：12.5
字　　数：317 千字
定　　价：39.00 元

前　言

电力系统自动装置原理（第五版）的教学大纲和教材内容，基本上能适应当前本科教学中对电网运行计算机型自动装置的教学要求。然而计算机技术的发展日新月异，计算机硬件的构成模式已大为改观，第五版中有关计算机硬件的部分表述已陈旧。且随着电力系统自动控制技术的进步发展，电力工程理念、技术也发生了一些变化，教材附带的思考题部分需进一步整理改进。

电力系统自动装置原理（第六版）在前一版的基础上进行修改，教材中的章节基本保持不变，仅做必要的修改。

其中第一、二、三章中涉及计算机硬件的内容由上海交通大学张明高级工程师执笔修改。附录思考题由上海交通大学解大研究员执笔修改。绪论和教材内容由上海交通大学杨冠城教授执笔，并任主编和统稿。

本教材承西安交通大学盛寿麟教授、哈尔滨工业大学于继来教授审阅，并对本教材的编写提出许多宝贵意见，为提高本教材质量作出了贡献，在此表示衷心的感谢。特别提到的是，图0-4是由杨洪斌先生提供绘制，特此表示感谢。

本书在编写的过程中，得到了华东电网有限公司电力调度中心、上海市电力公司调度通信中心，上海市南供电公司、上海电力建设有限责任公司和上海发电设备成套设计研究所等单位热情的支持和帮助，许多同志还提供了相关的资料，在此一并表示感谢。此外，还要感谢作者的家人，在本书的编写和修订过程中，他们给予了很大的支持和帮助。

由于编者水平所限，对于书中的不足与疏漏之处，敬请读者批评指正。

编　者

2021.2

第四版前言

信息技术飞跃发展，计算机数字控制技术已十分成熟并广为应用。电力系统自动装置原理（第二版）教材中所列举的布线逻辑模拟技术装置已很难适应当前的教学要求。

电力系统自动装置原理（第二版）的教学大纲是由原能源部高等学校电力工程专业教学委员会制订并经其所属的自动远动教学组审定。它凝聚了几乎全国高校同行长期的教学经验。因此编者认为该教材主体仍可沿用。

电力系统自动装置原理（第三版）在该书第二版的基础上修改编写，新增加一章自动装置及其数据的采集处理（第一章），是计算机数字控制的技术基础，原有五章的顺序不变，内容和所列举的装置改为存储逻辑数字控制，使之适应自动控制技术的发展方向，以满足教学要求。

本书（第四版）仍保持原有章节顺序不变，将第三章中的励磁调节装置原理内容加以调整和补充，并在书后加入相应的思考题，更便于教学使用。

电力系统自动装置原理（第四版）由上海交通大学杨冠城和解大编写。全书共六章，其中第二、五、六章由杨冠城执笔；第一、四章及第三章第一～四节由解大执笔；第三章的第五节由杨冠城、解大共同编撰。本书由杨冠城任主编并统稿。全书承西安交通大学盛寿麟教授、哈尔滨工业大学于继来博士生导师审阅，并对本书的编写提出许多宝贵意见，为提高本教材质量做出了贡献，在此表示衷心的感谢。

在编写本书的过程中，得到了华东电网有限公司电力调度中心、上海市电力公司的调度通信中心、市南供电公司、电网建设公司和上海发电设备成套设计研究所等单位热情的支持和帮助，许多同志还提供了相关资料。在此一并深表感谢。

限于编者水平，对于书中的不足与疏漏之处，敬请读者批评指正。

编者

第五版前言

科学技术飞跃发展，我国电力事业取得了举世瞩目的巨大成就，我国电网水平有了明显提升，已大为改观。电力系统自动装置原理（第四版）教材的基本内容，虽仍能适应，可以满足教学要求，然而涉及电网的部分内容似有陈旧不足之感。

电力系统自动装置原理（第五版）的编写大纲、章节顺序和第四版相同，个别内容略作调整补充，并尽可能"贴近"我国电网的现状，可更有利于教学。

电力系统自动装置原理（第五版）由上海交通大学杨冠城和解大编写。全书共六章，其中第二、五、六章由杨冠城执笔；第一、四章及第三章第一～第四节由解大执笔；第三章的第五节由杨冠城、解大共同编撰。全书由杨冠城任主编并统稿。全书承西安交通大学盛寿麟教授、哈尔滨工业大学于继来博士生导师审阅，并对本书的编写提出许多宝贵意见，为提高本书质量作出了贡献，在此表示衷心的感谢。特别提到的是，图 1-6 是由杨洪斌先生绘制的特此表示感谢！

在编写本书的过程中，得到了华东电网有限公司电力调度中心、上海市电力公司调度通信中心、市南供电公司、电网建设公司和上海发电设备成套设计研究所等单位热情的支持和帮助，许多同志还提供了相关资料，在此一并深表感谢。此外，还要感谢作者的家人，在本书的编写和修订过程中，他们给予了很大的支持和帮助。

限于编者水平，对于书中的不足与疏漏之处，敬请读者批评指正。

编 者

2012.5

目　录

电力系统自动装置原理
综合资源

绪　　论

电力是工农业生产的主要动力，电力工业在国民经济建设中的地位及其重要性也就不言而喻。现在随着我国广大人民生活水平的不断提高，城乡人民的生活已经进入了电气化时代，人民的正常生活已离不开高质量的供电。电力工业涉及了国家的经济建设和广大人民的正常生活，所以确保电力系统的安全、经济、稳定的运行是电力工作者最重要的职责。

一、电力系统及其运行

电能在生产、传输和配电到用户过程中遵循着功率平衡的原则，所以由调度控制中心、发电厂、变电站、输电、配电到用户所组成的电力系统在运行中是一个有机的整体。其组成如图0-1所示，电力系统的分布地域广阔，电网调度控制中心控制其运行。

电力系统是一个超大型系统，采用了分层控制方式。我国的电力系统调度现在共分为四级：国家调度、网调（区域性）、省调（省，直辖市级）、地调。各级调度所管辖电网的电压等级和地域大小不

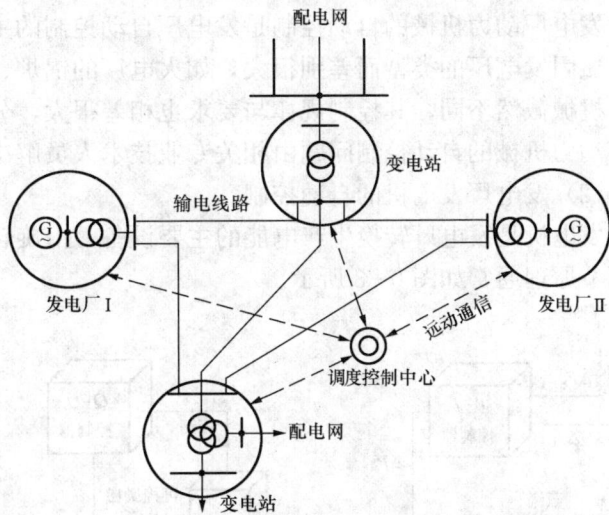

图0-1　电力系统的组成

同，职责和任务也各有分工。各级调度对其所管辖电网的运行负责，如电量需求、发展规划、设备维修、制定电网运行方式、事故处理并指挥电网运行。总之，电网调度控制中心担负着所属电网安全经济运行的重大职责。

发电厂按一次能源的不同又分为火电厂、水电厂、核电厂以及各类可再生能源（太阳能、风能等）发电站。各类发电厂（或电站）的能源不同，生产过程也不同，其发电和控制规律各异，它们在电力系统运行中的任务也各有侧重，但是安全经济地完成给予的发电任务是对各类发电厂（站）共同的要求。

二、电力系统运行的自动控制

1. 自动控制的基本原理

自动控制是用自动装置代替或部分代替人的直接参与，使控制对象生产过程或其他过程按照期望的规律或预定的要求进行控制，自动控制系统的运行原理可以简略地用图0-2所示框图来表示。

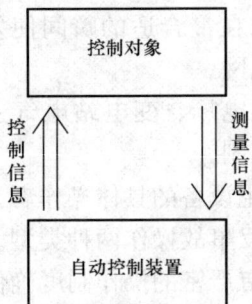

图0-2　典型自动控制系统运行原理框图

控制对象相关的运行状态信息传送到自动控制装置，自动装置按收到的信息实施相应的控制，达到所期望的控制目的。自动装置的输入信息中不含有控制对象输出的反馈信息的，为开环自动控制系统；如含有控制对象输出反馈信息的，则为闭环控制系统，例如自动电压调节装置。

2. 电力系统自动控制的划分

由图 0-1 可知电网调度控制中心对其所属的发电厂、变电站实现运行管理，就是一个综合自动控制系统。电力系统自动控制按其组成可分为发电厂动力机械的自动控制，发电厂发电机的自动控制、发电厂、变电站电气主设备的自动控制，以及电网调度控制中心的自动化。而配电站的自动化涉及了用户侧的自备发电设施，其智能控制等问题未列入本教材讨论内容。电力系统自动控制由下列内容组成。

（1）发电厂动力机械的自动控制。

发电厂动力机械的自动控制是发电厂自动控制的主要内容和重要组成部分。发电厂的动力机械因发电厂的类型而差别很大，如火电厂的锅炉、汽轮机组与水电厂的水轮机组两者的动力机械截然不同，其控制规律与要求也相差很大，分属于不同的专业技术领域，因此各类电厂动力机械的自动控制问题由相关专业技术人员解决。

（2）发电厂发电机的自动控制。

发电机是发电厂转换生产电能的主要设备，由旋转机组转换产生电能的，其发电自动控制调节原理通常如图 0-3 所示。

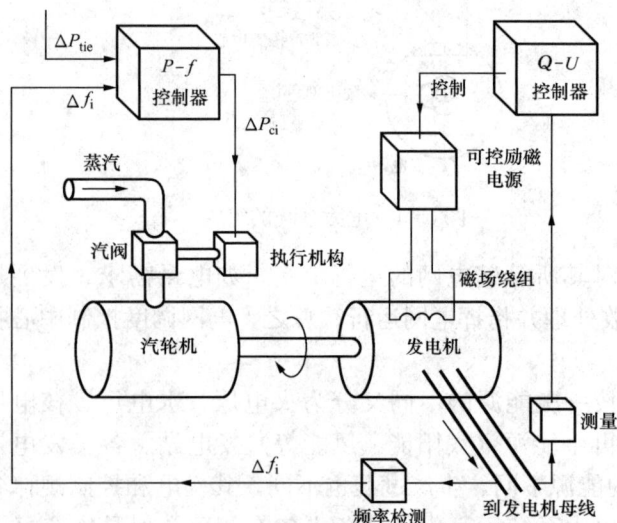

图 0-3　发电自动控制调节示意图

发电自动控制系统通常有输入动力和励磁电流两个可控的输入量，其输出量为有功功率和无功功率，它们分别与电网的频率和发电机机端的电压有关。图 0-3 中所示的控制输入动力的 P-f 控制器和调节励磁电流的 Q-U 控制器都是维持电能质量的自动调节装置。

发电机组投入电网运行的并列操作是发电厂的一项极为重要的操作，既要求发电机组与运行电网同步，又要求在最合适的瞬间使发电机组并入电网。

（3）发电厂、变电站电气主设备的自动控制。

在电网运行中，一般情况发电厂和变电站运行值班人员是电气主设备的具体操作者，承担着电网安全运行的重任。电气主接线设备的操作分为正常操作和反事故操作两种类型。正常操作是受电网调度中心指挥，有计划，按操作指令实施。在现场有严密的操作制度确保安全，一般实施人工操作。而反事故操作是电气设备（发电机、变压器、输电线等）故障，为防止事故扩大，要求迅速切除故障设备的操作。反事故操作是在突发事件状况下实施，由自动装置（继电保护）将故障设备切除退出运行。

当电力系统发生严重事故时，为防止扩大发展为系统性事故而采取相应对策的自动操作装置称为电力系统安全自动控制装置。例如电力系统发生严重功率缺额事故时，应及时采取相应的紧急措施切除一部分次要负载，以免发展成系统性崩溃，完成切除任务的便是自动低频减载装置，这是电力系统安全自动控制装置运行的一个实例。

（4）电网调度控制中心的自动化。

电网调度控制中心是其所属的电网安全经济运行的责任者，它所制定的运行方式，一般由发电厂、变电站值班人员操作执行，并且负责全网的事故处理。

在电话通信收集电网运行信息的时代，电网调度控制中心用"人工操作调度模拟盘"记录、显示电网运行的实时状况，指挥电网运行。电网运行发生事故时，全靠现场（发电厂、变电站）值班人员电话汇报，其实时性和可靠性可想而知。现在远程通信技术已相当成熟，调度所属电网的运行实时状况由各发电厂、变电站通过远动的遥测、遥信由专用的通信网络送达调度端的控制计算机系统显示在计算机控制的电网调度模拟显示屏上。

各级调度职责不同，计算机系统及其配置也各异，图0-4所示是省级电网调度控制中心计算机网络应用示意图。配置有工作站、服务器及其他辅助设备等，除了 SCADA/EMS外，还有调频系统等实时控制系统的软件。调度模拟显示屏和调度值班工作站以及 SCA-DA、EMS、调频等分系统连接到实时控制网络上。非实时控制网主要负责负荷预测、运行方式分析、离线计算、调度仿真培训等辅助任务。实时控制网与非实时控制网用防火墙隔离，防止未经授权者进入实时控制局域网，以确保数据通信安全，在软件支持下还可以实现其相应的监视功能，包括区域电网的自动调频。

现在调度控制中心的计算机系统都已存储有电网运行的实时信息，可以对电网运行中有关问题进行分析研究，开发正常运行条件下的运行控制软件。

调度控制中心的自动化随着计算机科学的进步，相信电网调度控制中心的工作将会有更大的发展。电网调度控制中心是电网运行的"司令部"。可靠性和安全性是人们关心的首要问题，现有的应用软件都是基于正常状态运行条件下实施的调度功能。

三、本课程的主要内容

本课程主要介绍发电厂发电机的自动控制，以及防止系统性事故的电力系统安全自动控制装置。

电压和频率是电能质量的两个主要指标，电力系统运行中必须保证电能质量。同步发电机并网运行操作是发电厂运行中的一项极为重要的操作，因此发电厂发电机运行的自动控制，本教材分别在第二、三、四章和第五章作了较系统的介绍。

本课程中涉及的电力系统运行基础知识在电力系统稳态分析、暂态分析、发电厂电气设备等专业课程中讲授。

发电厂变电站电气主设备操作自动装置的内容中，反事故操作中的自动装置（即继电保护）已自成体系，另设课程讲授，而电力系统安全自动控制装置仍列入第六章讲授。

电力系统远动装置是电力系统自动装置中重要的内容，在电网调度控制中心的自动化中担负着十分重要的任务，主要是涉及远距离传输信息的可靠性问题。由于发展特别迅速，已形成一门专门的通信技术领域，将在相关课程中讲授，本书不再介绍。电力系统自动装置已广泛采用了计算机控制技术，本教材有关计算机应用的一些基本知识在第一章中给予适当介绍。关于软件编程的相关知识请参阅其他图书。

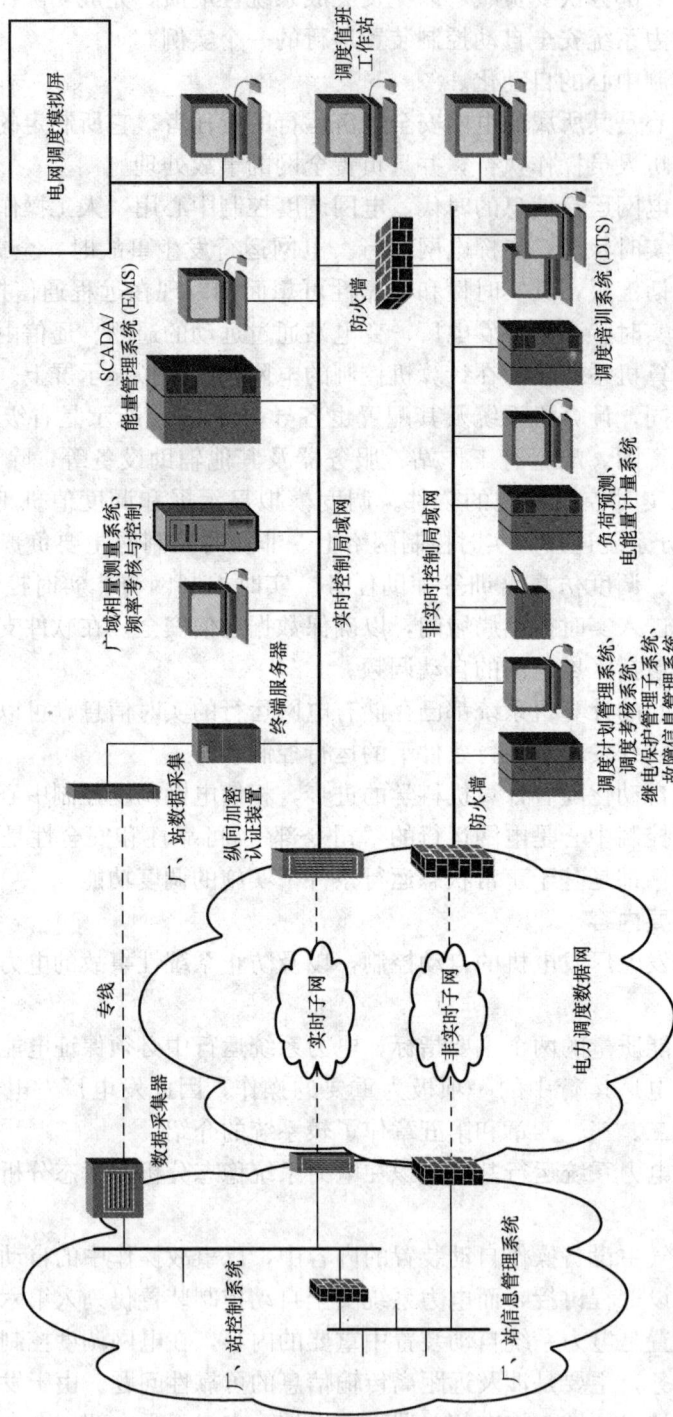

图 0-4　省级电网调度控制中心计算机网络应用示意图

第一章 自动装置及其数据的采集处理

第一节 自动装置的组成

随着计算机技术的飞速发展，以计算机系统为核心的电力系统自动装置已非常成熟并广为应用。由于电力系统运行中主要的电气参数是连续的模拟量，而计算机内部参与工作运行的信号是离散的二进制数字信号，因此与电力系统运行有关的自动装置硬件一般都需要采集连续的模拟信号并转换成离散的数字信号后进入计算机进行处理，即数据采集和模拟信号的采集与数字转换。

本章重点介绍电力系统自动装置硬件的基本结构形式、软件要求及电网运行信息的采集和信号处理等的基本工作原理。

一、硬件组成形式

从硬件组成来看，目前电力系统自动装置的结构形式主要有四种：基于通用计算机架构的工业控制计算机系统、基于专用数字处理器的控制系统、集散控制系统（DCS）、基于计算机网络系统的广域控制系统。

在电力系统中，对于控制功能单一的自动装置所需采集的信息较少，控制要求相对单一，软件处理工作也较简单，因此基于专用数字处理器的计算机系统就可满足应用要求，例如继电保护、同步发电机自动并列装置等。但对于控制功能要求较高、软件运行任务较为繁重的系统，例如发电机励磁自动控制系统，大多采用基于通用计算机架构的工业控制机系统。对于分散的多对象的成套监测控制则可采用集散控制系统等，例如发电厂变电站的部分监测控制和远动装置及热电厂机炉集控系统。而电网调度控制中的自动化和电力系统的调频工作则通过基于计算机网络系统的广域控制系统，并借助于电力系统专用通信调度网来完成的。

（一）基于通用计算机架构的工业控制计算机系统

通用计算机架构是采用标准化的总线系统将中央处理单元、控制单元、存储单元和输入输出单元连接起来构成的信息处理平台。工业控制计算机系统在通用的计算机架构的基础上，具有更符合工业标准的硬件系统和特殊的工业标准总线，可以在各种极端条件下运行。工业控制计算机还具有冗余能力，可以完成测量、控制、通信和管理等任务在电力系统一些重要的自动化装置中得到了广泛的应用。工业控制计算机体系结构有很强的交互性和互操作性，是一个开放的标准化平台。

基于通用计算机架构的工业控制计算机系统一般由中央处理单元（CPU）、存储器单元（Memory）、总线、芯片组（Chipset）、输入输出端口、图形显示单元以及相关电路构成的计算机架构结合由数模及模数转换器、开关量输入输出和通信单元等部分组成的外围单元，共同完成信号的采集、变换、控制功能。基于通用计算机架构的工业控制计算机系统如图1-1所示。

1. 中央处理器（CPU）

这是计算机系统的核心单元，担负了计算机系统的控制和管理等任务，对采集到的数据作必要处理，然后根据要求作出判断和发出指令等。

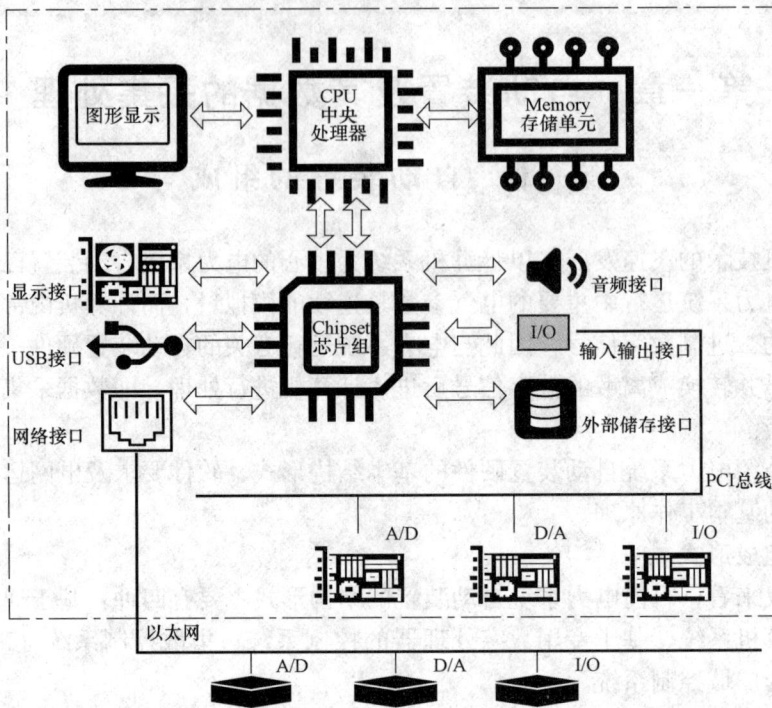

图 1-1　基于通用计算机架构的工业控制计算机系统框图

2. 存储器（Memory）

存储器用于指令与信息数据的存储，以提供进一步数据处理。计算能力与存储器容量有关，由于现代控制技术的飞速发展，对存储器的容量也有了更高的要求，因此从 20 世纪几十个字节的存储量到现在几十个 G 字节的存储量，存储器技术有了惊人的发展。

3. 芯片组（Chipset）

芯片组（Chipset）把 CPU 和其他周边设备连接起来，提供对 CPU 的、系统高速缓存的支持、主板的系统总线频率、内存管理、总线控制、通信与端口控制等多种支持功能。

4. 总线

总线是系统在主控设备的控制下，将信息准确地在各系统间传递的载体或公共通路。总线可以实现计算机系统内部、主机与外围设备之间或系统与系统之间的连接与通信。总线是构成工业计算机应用系统的重要技术，它对系统的可靠性、可扩展性和可升级性等方面具有举足轻重的作用。目前，工业计算机主要的总线有 STD 总线、PCI 总线、VME 总线、CompactPCI/PXIexpress 总线等。

5. 通信单元

通信单元包括通信控制器和通信收发器两个部分，其中，通信控制器用来控制通信过程，确定通信的数据、地址以及建立/拆除通信的数据链路。通信收发器用来处理通信的物理层功能，包括物理引线的排列、机械特性和物理电平等。根据需要可设置通信单元与其他计算机或设备通信。

现代计算机的通信标准很多，常见的通信接口有 RS232/485 串行通信接口、USB 通信接口、EtherNet 接口以及其他众多的工业标准接口。

6. A/D 转换器与 D/A 转换器

由于数字技术飞速发展与普及，对于信号的处理也广泛采用了数字化技术，当系统采集的信息是模拟量时（如电压、电流、温度、压力等），要使计算机或数字仪表能识别、处理这些信号，必须首先将这些模拟信号转换成数字信号，计算机输出的数字量也往往需要将其转换为相应模拟信号才能为执行机构所接受。这样，就需要一种能在模拟信号与数字信号之间起桥梁作用的电路——模数和数模转换器。将模拟信号转换成数字信号的电路，称为模数转换器，简称 A/D 转换器（Analog to Digital Converter）；将数字信号转换为模拟信号的电路称为数模转换器，简称 D/A 转换器（Digital to Analog Converter）。A/D 和 D/A 转换器必须具有足够的转换精度和较高的转换速度。

7. 开关量输入输出（I/O）

开关量输入输出模块是一款能够将闭合和断开两个状态信号采集输入和控制输出的单元，通常也称为数字量 I/O 模块。通过总线将开关量信号采集至计算机，或者计算机发送的相关指令通过模块控制开关的投入或切除。

8. 传感器

传感器的作用是把压力、温度、转速等非电量或电压、电流、功率等电量转换为对应的电压或电流量的模拟信号，即转换成能被计算机接口电路接受的电平信号。现代一些新型传感器可以通过非电量采集形式进行电量变换，直接输出可被计算机接收的数字量信号，如光电互感器 OCT。

在电力系统中以往用得比较多的为模拟变送器，它的输入量为被测参数，输出量为与其输入量成正比的直流电压或电流。也有采用交流接口的变送器，就是把电流互感器二次侧电流、电压互感器二次侧电压经过中间变流器或中间变压器转换成与其成比例的、幅值较低的交流电压。

现在随着数字技术和计算机的发展，以往使用的传统模拟式的传感器也将被数字化，这些传感器具有内置 A/D 转换功能，可以将模拟信号转换为易于传输的数字信号，通过数字总线接口连接到计算机系统。由于以计算机为控制核心的自动装置越来越普及，数字化的传感器的应用也日益普遍。

（二）基于数字处理器的控制系统

基于数字处理器的计算机技术是 21 世纪计算机技术重要发展之一，为某一特定任务设计的专用数字处理器作为计算机系统的核心，担负着控制系统工作的重要任务。其具有很强的实时多任务支持能力、微处理器结构可扩展能力、较强的中断处理能力及低功耗的特点。

数字处理器是控制系统运行的核心单元，可以分为微处理器、微控制器、DSP 处理器。

（1）微处理器（Micro Processor Unit，MPU）。

微处理器是由通用计算机中的 CPU 演变而来的。它的特征是具有 32 位以上的处理器，具有较高的性能。但与计算机处理器不同的是，在实际嵌入式应用中只保留其应用任务紧密相关的功能硬件，去除其他不必要的冗余功能部分，以最低的功耗和资源实现了其特殊应用的要求。微处理器具有体积小、质量轻、成本低、可靠性高等优点。

（2）微控制器（Micro Controller Unit，MCU）。

微控制器的典型代表是单片机，单片机芯片内部集成 ROM/EPROM、RAM、总线、总线逻辑、定时/计数器、看门狗、I/O、串行口、脉宽调制输出、A/D、D/A、FLASHRAM、

EEPROM 等各种必要功能和外设。和微处理器相比，微控制器的最大特点是单片化，体积大大减小，从而使功耗和成本下降、可靠性提高。微控制器的片上外设资源一般比较丰富，适合控制，因此称微控制器。

（3）DSP 处理器（Digital Signal Processor，DSP）。

DSP 处理器是专门用于信号处理方面的处理器，其在系统结构和指令算法方面进行了特殊设计，具有很高的编译效率和指令的执行速度，在数字滤波、信号分析、通信等数字信号领域方面获得了大量的应用。随着 CMOS 技术的进步与发展，其存储容量和运算速度都得到成倍提高，集成度更高，使用范围也更广。

DSP 处理器具备多任务处理能力，实时性好，具有模块化的软件架构，可扩展性好，功耗较低。

基于数字处理器的自动控制系统在电力系统中的应用广泛，如在电力系统综合自动化、继电保护、自动装置以及电能计量和通信等方面都有大量的应用，是主要用于数据采集与控制。基于数字处理器的自动控制系统在电力系统自动装置应用也很多，例如数字式准同期并列装置、数字式励磁调节器、数字式电力系统稳定控制装置等。

（三）集散控制系统（DCS）

集散控制系统（Distributed Control System，DCS）又称计算机分布式控制系统，它是从 20 世纪 70 年代中期迅速发展起来的，它把计算机技术、控制技术、图像显示技术以及通信技术结合起来，实现对生产过程的监视、控制和管理。它打破了早期计算机系统都有各自的外设这一模式的局限性，较好地解决了在一定地域范围内资源的可共享性，其主要依靠数据通信技术，完成信息的采集与传输，实现分布式控制和综合协调功能，主要用于大规模连续生产过程监视与控制系统中，如电力、石化等，例如电厂的生产运行过程监控，运行主管部门对运行状态的了解等。

集散控制系统的结构如图 1-2 所示。集散系统是计算机网络技术在工业控制系统发展的产物，系统是一个从上到下的树状系统，分为管理级、过程控制级和现场控制级三级分布式架构，反映了集散控制系统"分散控制、集中管理"的特点。

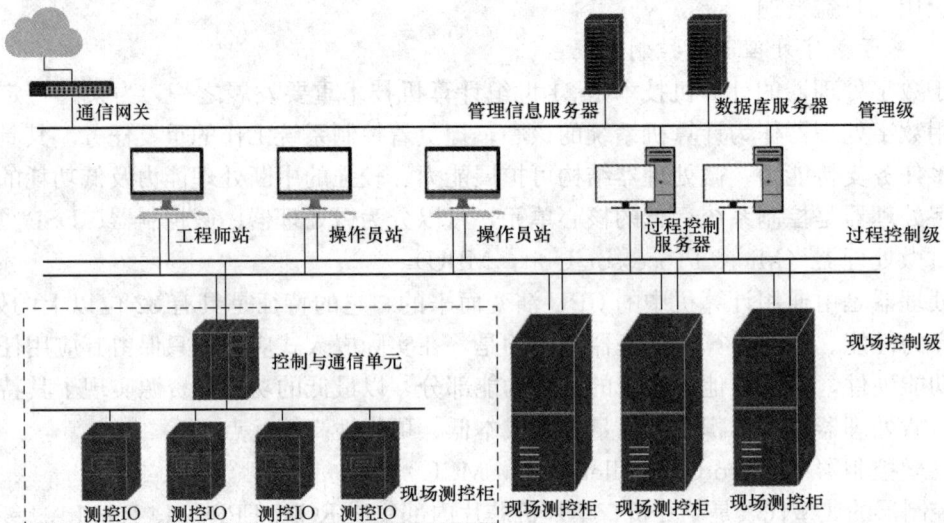

图 1-2　集散控制系统结构示意图

1. 管理级

集散控制系统的管理级主要包括管理信息服务器、数据库服务器、网络通信设备等与生产管理有关的系统设备，可以使用高级应用软件的功能，完成系统管理信息的集中管理与协调、优化控制、计划管理、实现控制系统信息的对外通信。

2. 过程控制级

过程控制级主要包括过程控制服务器，工程师站和操作员站等设备，主要完成数据的显示和记录、系统运行操作与维护、数据的存储与分析、事件报警与诊断处理、数据通信以及报表等功能。

3. 现场控制级

现场控制级主要有一系列的现场测控柜组成，每个测控柜具有控制与通信单元以及测控输入输出单元。主要完成过程信息数据的采集与转换，过程操作命令的输出与执行，完成现场控制逻辑，数据的监视与存储，实现与过程控制级的数据通信，并且可以进行对现场设备的检测与诊断。

集散控制系统可以较好地适应工业生产环境，完成系统的集中管理与分散控制，具有较好的实时性和可靠性，同时集散控制系统也具有较好的开放性、互操作性，系统结构灵活，容易改变，系统容量可以根据需要扩展。集散控制系统还具有控制功能强的优点，除了能实现通常的控制功能外，还可实现优化控制、人工智能、自适应、自组织等高级功能。分散化的控制与系统的冗余配置可以大大提高系统的可靠性和连续运行能力，所以集散控制系统的应用目前较为广泛。

（四）基于计算机网络系统的广域控制系统

基于计算机网络的广域控制系统主要采用现代计算机技术发展的成果，将分布于各处的不同计算机控制系统，通过网络连接起来，互相传输信息，协同工作，以达到更好的控制效果。电力系统一般采用了以光纤作为介质主干的计算机控制通信网络，如图 0-4 所示，它是连接电力系统各级调度控制中心与其所属系统各发电厂、变电站中各检测装置、自动装置和控制器的纽带，结合电力系统能量管理系统 EMS（Energy Manage System）软件实现在广泛地域的"四遥"（遥信、遥测、遥控、遥调）功能。本部分内容与电力系统通信技术和调度自动化有关，将在专门的课程上讲授。

二、软件

现在电力系统自动装置本质上是一台专用的控制计算机，它的工作主要是根据存储在系统内的程序（软件）指令来完成。电力系统自动装置的软件随着具体应用的不同，其规模、功能及所采用的技术也不相同，因此这里只提一下最基本的内容。编制程序的人员，还必须要了解自动装置的工作要求、运行规章等专业知识。

1. 信号采集与处理程序

信号采集与处理程序的主要功能是对输入信号进行采集、标度变换、滤波处理及计算，并将数据存入相应地址的存储单元，供程序需要调用。

2. 运行参数设置程序

运行参数设置程序的主要功能是对系统的运行参数进行设置。运行参数有采样通道号、采样点数、采样周期、信号量程范围和工程单位等。

3. 系统管理（主控制）程序

系统管理程序首先是用来将各个功能模块组织成一个完整的按程序执行系统，并管理和调用各个功能模块程序，其次是用来管理数据文件的调用、存储和输出。

4. 通信程序

通信程序用来完成本机与各个通信节点之间的数据传递工作，或用来完成主节点与从节点之间的数据传递，其主要的工作包括设置数据传输的波特率、数据发送的发起、数据发送发起的响应、数据接收的响应及数据传输的校验、数据传输成功的标志等。

以上介绍的系统软件功能模块划分只是一个简单的示例，不同的系统有不同的划分。例如，在工业控制机、集散控制等系统中，还需显示软件、键盘扫描与分析程序、实时监控程序等软件功能模块。

第二节　采样、量化与编码技术

一、采样

1. 采样过程

对连续的模拟信号 $x(t)$ 按一定的时间间隔 T_s，抽取相应的瞬时值，这个过程称为采样。采样过程就是一个在时间和幅值上连续的模拟信号 $x(t)$，通过一个周期性开闭（周期为 T_s，开关闭合时间为 τ）采样开关 S 后，在开关输出端输出一串在时间上离散的脉冲信号 $x_s(nT_s)$。

采样后的脉冲信号 $x_s(nT_s)$ 为采样信号。0，T_s，$2T_s$，$\cdots$各点为采样时刻，τ 为采样时间，T_s 称为采样周期，其倒数 $f_s = 1/T_s$，称为采样频率。在实际应用中，$\tau \ll T_s$。

采样过程可以看作是脉冲调制过程，采样开关可以看作是调制器。输入信号与输出信号之间的关系可以表达为

$$x_s(nT_s) = x(t)\delta_T(t) = x(t)\sum_{n=-\infty}^{+\infty}\delta(t-nT_s) \tag{1-1}$$

式中　$\delta_T(t)$——采样开关控制信号。

因为 $\tau \ll T_s$，所以可以假设采样脉冲为理想脉冲，在脉冲出现瞬间 nT_s 取值为 $x(nT_s)$，故式（1-1）可以改写为

$$x_s(nT_s) = x(t)\delta_T(t) = \sum_{n=-\infty}^{+\infty}x(nT_s)\delta(t-nT_s) \tag{1-2}$$

考虑到时间为负值无物理意义，式（1-2）可以改写成

$$x_s(nT_s) = \sum_{n=0}^{+\infty}x(nT_s)\delta(t-nT_s) \tag{1-3}$$

式（1-3）表明，采样开关输出的采样信号 $x_s(nT_s)$ 是一系列脉冲组成的，其数学表达式是两个乘积的和式。

2. 采样定理

采样周期 T_s 决定了采样信号的质量和数量。T_s 太小，会使 $x_s(nT_s)$ 的数据剧增，占用大量的内存单元；T_s 太大，会使模拟信号的某些信息丢失，当将采样后的信号恢复成原来的信号时，就会出现信号失真现象，失去应有的精度。因此，选择采样周期 T_s 必须有一个依据，以保证 $x_s(nT_s)$ 能不失真地恢复原信号 $x(t)$。这个依据就是采样定理。

采样定理是采样过程中所遵循的基本定律，它指出了重新恢复连续信号所必需的最低采样频率，下面详细解释。

设理想采样后的信号如式（1-2）所示，其中，脉冲信号序列 $\delta_T(t)$ 是以采样间隔 T_s（为了方便起见，在下面的叙述中 T_s 用 T 代替）为周期的周期性函数，所以可以用傅里叶级数展开

$$\delta_T(t) = \sum_{n=-\infty}^{+\infty} \delta(t-nT) = \sum_{m=-\infty}^{+\infty} c_m e^{jm\frac{2\pi}{T}t} \qquad (1-4)$$

其中

$$c_m = \frac{1}{T}\int_{-T/2}^{T/2} \sum_{n=-\infty}^{+\infty} \delta(t-nT) e^{-jm\frac{2\pi}{T}t} dt$$

式中，级数的基频即采样频率 $f_s = \dfrac{1}{T}$，采样角频率 $\Omega_s = \dfrac{2\pi}{T}$。

在积分区间 $\left[-\dfrac{T}{2}, \dfrac{T}{2}\right]$ 内，只有一个采样脉冲 $\delta(t)$，因此

$$c_m = \frac{1}{T}\int_{-T/2}^{T/2} \delta(t) e^{-jm\frac{2\pi}{T}t} dt = \frac{1}{T} \qquad (1-5)$$

由此可得

$$\delta_T(t) = \sum_{n=-\infty}^{+\infty} \delta(t-nT) = \frac{1}{T}\sum_{m=-\infty}^{+\infty} e^{jm\frac{2\pi}{T}t} \qquad (1-6)$$

式（1-6）表明，脉冲序列的各次谐波的幅值都等于 $\dfrac{1}{T}$，其梳状谱结构如图1-3（b）所示。

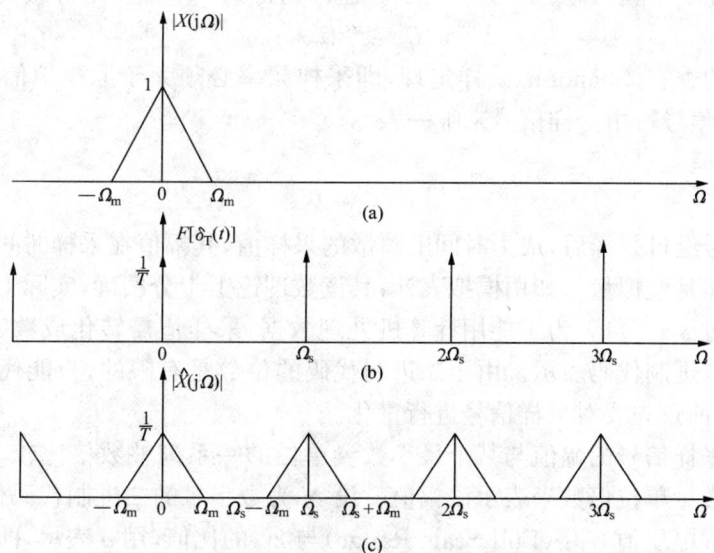

图1-3　理想采样信号的频谱

（a）$x(t)$ 的频谱；（b）理想采样；（c）理想采样后 $x(t)$ 的频谱周期延拓

采样信号 $x_s(nT_s)$［为了方便起见，在下面的叙述中，$x_s(nT_s)$ 用 $x_s(t)$ 代替］的频谱为

$$\hat{X}(j\Omega) = \int_{-\infty}^{\infty} x_s(t) e^{-j\Omega t} dt = \int_{-\infty}^{\infty} x(t)\delta_T(t) e^{-j\Omega t} dt \qquad (1-7)$$

将式（1-6）代入式（1-7）得

$$\hat{X}(j\Omega) = \frac{1}{T} \sum_{m=-\infty}^{+\infty} \int_{-\infty}^{\infty} x(t) e^{-j(\Omega - m\Omega_s)t} dt \tag{1-8}$$

原连续时间信号 $x(t)$ 的频谱为

$$X(j\Omega) = \int_{-\infty}^{\infty} x(t) e^{-j\Omega t} dt \tag{1-9}$$

设 $x(t)$ 的频谱如图 1-7（a）所示，比较式（1-8）和式（1-9），可得

$$\hat{X}(j\Omega) = \frac{1}{T} \sum_{m=-\infty}^{+\infty} X[j(\Omega - m\Omega_s)] \tag{1-10}$$

由此可见，一个连续的时间信号经过理想采样后频谱发生了两个变化：一是乘以 $\frac{1}{T}$ 因子；另外一个是出现了无穷多个分别以 $\pm\Omega_s$，$\pm2\Omega_s$，…为中心的和 $\frac{1}{T}X(j\Omega)$ 形状完全一样的频谱，即频谱产生了周期延拓，如图 1-3（c）所示。因为频谱是复数，这里只画了其幅度。这种频谱周期延拓的现象可以从脉冲调制角度解释。根据频域卷积定理，时间上相乘的信号，其频谱相当于原来两个时间函数频谱的卷积。由于脉冲函数序列具有如图 1-3（b）所示的梳状谱，因而 $X(j\Omega)$ 与 $\delta_T(t)$ 的梳状谱的卷积就是简单地将 $X(j\Omega)$ 在 $\delta_T(t)$ 各次谐波坐标位置上重新构图，因此出现了频谱 $X(j\Omega)$ 的周期延拓。由此可以得到一个结论：在时域的采样，形成频域的周期函数，其周期等于采样角频率 Ω_s。

设 $x(t)$ 是带限信号，其频谱限制在 $0 \leqslant \Omega \leqslant \Omega_m$ 的范围之内，Ω_m 是可能的最高频率，如图 1-3（a）所示，其频谱称为基带频谱。当 $\Omega_s \geqslant 2\Omega_m$ 时，理想采样信号频谱中，基带频谱以及各次谐波调制频谱彼此不重叠，如图 1-3（c）所示。这样就得到一个重要不等式

$$\Omega_s \geqslant 2\Omega_m \tag{1-11}$$

这就是著名的香农（Shannon）采样定理，即采样频率必须大于原模拟信号频谱中最高频率的两倍，则模拟信号可由采样信号来唯一表示。

二、量化与编码

1. 量化

连续模拟信号经过采样后，成为时间上离散的采样值，其幅值在采样时间 τ 内依然是连续的。采样幅值仍然是模拟量。如用模拟表计，其读数理论上十分精确，实际上受精度的制约其一般有效值不超过 3～4 位。为了能用计算机处理数据，采样值需转化成数字量，也就是将采样信号的幅值用二进制代码表示。由于二进制代码的位数是有限的，只能代表有限个信号的电平，故在编码之前首先要对采样信号进行量化。

量化就是把采样信号的幅值与某个最小数量单位的一系列整数倍比较，以最接近于采样信号幅值的最小数量单位倍数来表示该幅值。设 N 为数字量的二进制代码位数，量化单位定义为量化器满量程电压值 U_{FSR}（Full Scale Range）与 2^N 的比值，用 q 表示，即

$$q = \frac{U_{FSR}}{2^N} \tag{1-12}$$

量化方法可以采用"有舍有入"的量化方法。其量化过程如图 1-4 所示，即将信号幅值分为若干层，各层的间隔相等，且等于量化单位 q。当信号幅值小于量化单位 $q/2$ 时，舍去；当信号幅值大于量化单位 $q/2$ 但小于量化单位 q 时，进一个量化单位。这种量化方法引起的误差可控制在较小的范围，通常精度不低于模拟表计，因此目前大部分 A/D 转换器均采用这种量化方法。

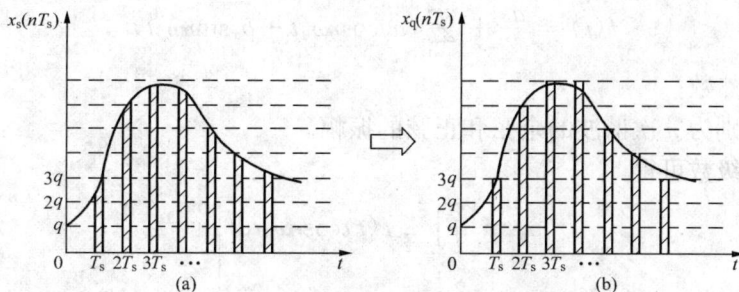

图1-4 "有舍有入"的量化过程

(a)采样示意;(b)"有舍有入"的量化

2. 编码

把量化信号的数值用二进制代码表示,这里就称为编码。

二进制的数码由多个码位组成,数码最左端的码位叫最高有效位,用符号 MSB 表示;数码最右端的码位叫最低有效位,用符号 LSB 表示。每个码位有"0"、"1"两个状态,量化引入的最大误差为 $\pm\frac{1}{2}$ LSB。

量化和编码都是由 A/D 转换器完成的。

逐次逼近式 ADC:逐次逼近式 A/D 转换器原理电路示意图如图 1-5 所示。它由逐次逼近寄存器 SAR、D/A 转换器、比较器、时序及控制逻辑等组成。其工作过程如下:

当发出"转换命令"SAR 寄存器清零后,控制电路先设定 SAR 中的最高位为"1",其余为"0",此预测数据被送至 D/A 转换器,转换成电压 U_f,然后将 U_f 与输入的模拟电压 U_A 在比较器中进行比较(比较器为高增益运算放大器,输出逻辑为 0 或 1)。如果比较结果 $U_A \geqslant U_f$,则保留 SAR 最高位为"1";若 $U_A < U_f$,则最高位"1"清为"0"。然后对次高位进行转换、比较和判断,

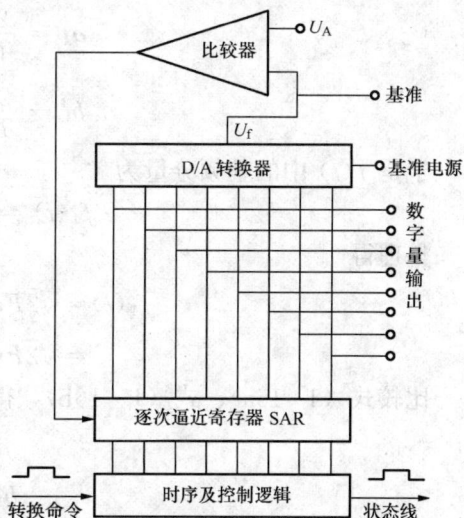

图1-5 逐次逼近式 A/D 转换器原理电路图

决定次高位应取"1"还是"0"。重复上述过程,直至确定 SAR 最低位是"0"还是"1"为止。这个过程完成后,状态线就改变状态,表示已完成一次完整的转换。最后 SAR 中的内容就是与输入的模拟电压对应的二进制数字代码。SAR 的位数越多,越能精确地逼近模拟信号,在确定的转换节拍下,其转换时间也越长。

第三节 交流采样的电量计算和前置算法

当采用传统电量变送器时,其输出直流量与输入量相对应,通过 A/D 转换后可直接运用。当交流采样时,则需要进行以下的处理。

一、交流采样的电量计算

1. 电压/电流量计算

对于一个周期性信号 $f(t) = f(t+T)$,在满足一定条件下可展开成傅里叶级数

$$f(t) = \frac{a_0}{2} + \sum_{n=1}^{\infty} (a_n \cos n\omega_0 t + b_n \sin n\omega_0 t) \tag{1-13}$$

式中 n ——自然数；

    a_n、b_n ——分别为 n 次谐波的余弦和正弦的振幅。

    根据傅里叶级数可得

$$\left. \begin{aligned} a_n &= \frac{2}{T} \int_{-\frac{T}{2}}^{\frac{T}{2}} f(t) \cos n\omega_0 t \, \mathrm{d}t \\ b_n &= \frac{2}{T} \int_{-\frac{T}{2}}^{\frac{T}{2}} f(t) \sin n\omega_0 t \, \mathrm{d}t \\ \omega_0 &= \frac{2\pi}{T} \\ a_0 &= \frac{2}{T} \int_{-\frac{T}{2}}^{\frac{T}{2}} f(t) \, \mathrm{d}t \end{aligned} \right\} \tag{1-14}$$

因此基频分量（$n=1$）的傅里叶余弦和正弦系数分别为

$$\left. \begin{aligned} a_1 &= \frac{2}{T} \int_{-\frac{T}{2}}^{\frac{T}{2}} f(t) \cos \omega_0 t \, \mathrm{d}t \\ b_1 &= \frac{2}{T} \int_{-\frac{T}{2}}^{\frac{T}{2}} f(t) \sin \omega_0 t \, \mathrm{d}t \end{aligned} \right\} \tag{1-15}$$

于是 $f(t)$ 中的基频分量为

$$f_1(t) = a_1 \cos \omega_1 t + b_1 \sin \omega_1 t \tag{1-16a}$$

整理得

$$\begin{aligned} f_1(t) &= \sqrt{2} F \cos(\omega_1 t + \theta) \\ &= \sqrt{2} F (\cos \omega_1 t \cos \theta - \sin \omega_1 t \sin \theta) \end{aligned} \tag{1-16b}$$

比较式（1-16a）、式（1-16b），得

$$a_1 = \sqrt{2} F \cos \theta$$

$$b_1 = -\sqrt{2} F \sin \theta$$

所以

$$F = \sqrt{\frac{a_1^2 + b_1^2}{2}} \tag{1-17}$$

以电压量为例，对于基频分量，离散数字信号式的积分改为求和，如果每周采样 N 次，则得第 K 次采样时的电压基频分量的傅里叶实部 U_R 和虚部 U_I 分别如式（1-18）所示

$$U_R = \frac{2}{N} \sum_{m=0}^{N-1} U_{[K-(N-1-m)]} \cos\left(\frac{2\pi}{N} m\right)$$

$$U_I = -\frac{2}{N} \sum_{m=0}^{N-1} U_{[K-(N-1-m)]} \sin\left(\frac{2\pi}{N} m\right) \tag{1-18}$$

显然，基频信号的幅值 U_m 和初相角 θ 分别为

$$U_m = \sqrt{U_R^2 + U_I^2}$$

$$\theta = \mathrm{tg}^{-1}\left(\frac{U_I}{U_R}\right)$$

若取 $N=12$，即一个工频周期内采样 12 点，则根据式（1-18）傅里叶采样算法，基波

信号的实部和虚部分别为

$$U_R = \frac{1}{6}\left[U_0 - U_6 + \frac{\sqrt{3}}{2}(U_1 + U_{11} - U_5 - U_7) + \frac{1}{2}(U_2 + U_{10} - U_4 - U_8)\right] \quad (1\text{-}19)$$

$$U_I = -\frac{1}{6}\left[U_3 - U_9 + \frac{\sqrt{3}}{2}(U_2 + U_4 - U_8 - U_{10}) + \frac{1}{2}(U_1 + U_5 - U_7 - U_{11})\right] \quad (1\text{-}20)$$

式中 $U_0 \sim U_{11}$ ——采样值。

运用式（1-19）和式（1-20），可以计算交流电压基波信号的实部和虚部分量，从而计算出幅值和相位角。

同理，可以方便地得到交流电流量采样的计算方法。

2. 有功功率和无功功率的计算

对于三相功率计算，表达式随采集的信号不同而不同，主要可分为"三表法"和"两表法"。

采用"三表法"，即采集发电机定子三相电压和电流，则功率为式（1-21）所示，式中变量下标 A、B、C 分别代表 ABC 三相，其下标 R、I 分别代表傅里叶实部和虚部。

$$
\begin{aligned}
S &= \dot{U}_A \overset{*}{I}_A + \dot{U}_B \overset{*}{I}_B + \dot{U}_C \overset{*}{I}_C \\
&= (U_{AR} + jU_{AI})(I_{AR} - jI_{AI}) + (U_{BR} + jU_{BI})(I_{BR} - jI_{BI}) + (U_{CR} + jU_{CI})(I_{CR} - jI_{CI}) \\
&= (U_{AR}I_{AR} + U_{AI}I_{AI} + U_{BR}I_{BR} + U_{BI}I_{BI} + U_{CR}I_{CR} + U_{CI}I_{CI}) \\
&\quad + j(U_{AI}I_{AR} - U_{AR}I_{AI} + U_{BI}I_{BR} - U_{BR}I_{BI} + U_{CI}I_{CR} - U_{CR}I_{CI})
\end{aligned} \quad (1\text{-}21)
$$

即

$$P = U_{AR}I_{AR} + U_{AI}I_{AI} + U_{BR}I_{BR} + U_{BI}I_{BI} + U_{CR}I_{CR} + U_{CI}I_{CI} \quad (1\text{-}22)$$

$$Q = U_{AI}I_{AR} - U_{AR}I_{AI} + U_{BI}I_{BR} - U_{BR}I_{BI} + U_{CI}I_{CR} - U_{CR}I_{CI} \quad (1\text{-}23)$$

采用"二表法"，量测 $\dot{U}_{AB}$、$\dot{U}_{CB}$、$\dot{I}_A$ 和 $\dot{I}_C$，则有

$$S = \dot{U}_{AB}\overset{*}{I}_A + \dot{U}_{CB}\overset{*}{I}_C \quad (1\text{-}24)$$

$$P = U_{ABR}I_{AR} + U_{ABI}I_{AI} + U_{CBR}I_{CR} + U_{CBI}I_{CI} \quad (1\text{-}25)$$

$$Q = U_{ABI}I_{AR} - U_{ABR}I_{AI} + U_{CBI}I_{CR} - U_{CBR}I_{CI} \quad (1\text{-}26)$$

在上述功率计算中所用的电压、电流均为有效值。

3. 功角的计算

如图 1-6 所示，功角分为内角和外角。内功角 δ_i 是指发电机假想转子电动势相量 $\dot{E}_q$ 和机端电压 $\dot{U}_G$ 之间的夹角。外功角 δ_a 是 $\dot{E}_q$ 与系统电压 $\dot{U}_x$ 之间的夹角，δ_a 对发电机的稳定运行有决定性意义。

图 1-6 中，X_e 为发电机外部网络电抗（$X_e = X_T + X_L$，X_T 为变压器电抗，X_L 为线路电抗），X_d 为发电机直轴同步电抗，X_q 为横轴同步电抗。

由图 1-6 可知

$$\dot{E}_q = \dot{U}_G + j\dot{I}X_q$$

$$\dot{U}_x = \dot{U}_G - j\dot{I}X_e$$

在 △OAB 中，令 $\overline{OB}=a$，$\overline{OA}=b$，$\overline{AB}=c$，则

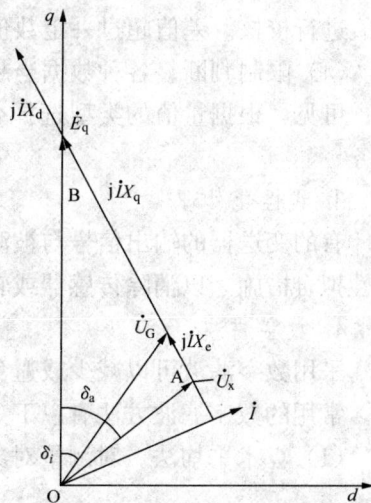

图 1-6 计算发电机功角相量图

$$\delta_a = \cos^{-1}\left(\frac{c^2 - b^2 - a^2}{-2ab}\right) \tag{1-27}$$

二、输入数据的前置处理

计算机采集的模拟量种类繁多，且每种量测范围又很不一致。通常先用各种传感器（变送器）把这些模拟量转换成相应的电流或电压信号，再通过 A/D 转换器变换成数字量后送入计算机。经过 A/D 转换读入的数据，以不同的通道号代表不同的物理量，存入指定的存储单元。

上述数据还要进行一系列简单处理——前置处理，然后存入数据库保存。数据前置处理流程如图 1-7 所示。数据的前置处理可以剔除错误数据、消除采样误差、滤除噪声干扰及确定量值，目的是希望最终得到较接近实际的数据。

1. 标度变换

进入 A/D 的信号一般是电平信号，但其意义却有所不同。例如同样是 5V 电压，可以代表 540℃ 蒸汽温度，也可以代表 500A 电流、110kV 电压等。因此，经 A/D 转换后的同一数字量所代表的物理意义是很不相同的。所以要由程序乘上不同的系数进行标度变换，把它们恢复到原来的量值。

图 1-7　数据前置处理流程

2. 数据的有效性检验

其目的是判断采入的数据是否有明显的出错或为干扰信号等。可根据物理量的特性来判断。例如：

（1）变化缓慢的参数，可用同一参数前、后周期的变化量来判断。如后一周期内的量变化超过一定范围，与规律不符，则可认为该数据是不可信的"坏"数据。

（2）利用相关参数间的关系互相校核。例如励磁电压与励磁电流之间有较强的相关性，可以互相校核。当励磁电压升高时，励磁电流必定按一定关系上升，不符合这种情况的数据是不可信的。

（3）对于一些重要参数，可以用两个测点或在同一测点上装两台变送器，用它们之间的差值进行校核。差值超过一定数值的数据是不可信的。对于可疑数据，需进一步判别。

（4）限制判断。各种数据当超过其可能最大变化范围时，该数据为不可信的。

可见，根据量值的类型选择合适的判断方法，达到可信目的，即是数据有效性检验的任务。

3. 线性化处理

有的变送器的输出信号与被测参数之间可能呈非线性关系，为了提高测量精度，可采取线性拟合措施，以消除传感器或转换过程引起的非线性误差。

4. 数字滤波

采用数字滤波可以减少或避免阻容元件滤波引起大的时间滞后，减少噪声在信号中的比重。常用的数字滤波方法有以下三种。

（1）算术平均法。对测量对象进行多次采样，取其平均值作为测量值，即

$$\overline{Y} = \frac{1}{n}\sum_{i=1}^{n} X_i \tag{1-28}$$

式中　$\overline{Y}$——平均值；

X_i——第 i 次测量值；

n——采样次数。

采样次数多，滤波效果好，但所需时间长。

（2）加权平均法。对本次测量值 X_n 和前 k 次测量值 X_{n-1}，X_{n-2}，…，X_{n-k} 进行加权平均，得到的值作为本次的测量值 Y_n，即

$$Y_n = \sum_{i=0}^{k} a_i X_{n-i} \tag{1-29}$$

其中

$$0 \leqslant a_i \leqslant 1, \sum_{i=0}^{k} a_i = 1$$

式中 a_i——权系数；

Y_n——第 n 次加权平均值；

X_{n-i}——第 $n-i$ 次的测量值。

（3）一阶递归滤波。根据上一次对量测的滤波值与本次测量值进行加权平均而得到本次量测的滤波值，即

$$Y_n = \beta X_n + (1-\beta) Y_{n-1} \tag{1-30}$$

式中 Y_n，Y_{n-1}——分别为第 n 次，第 $n-1$ 次的量测滤波值；

X_n——第 n 次测量值；

β——滤波系数，其值小于 1.0 而大于 0。

自动装置的结构、数据采集和处理是数字式自动装置的基本技术问题，本书作了简要介绍。如今通信技术几乎成为自动装置必不可少的内容，涉及交换信息的通信问题也很值得一提。例如，这里介绍的计算机系统、工业控制机系统与上位机之间的通信，集散控制系统、现场总线系统应用网络通信技术交换信息等。另外，通信的介质也不局限于导线，光纤通信以其高速、可靠的优点而广为应用。但是，由于通信技术飞跃发展，已形成了系统性很强的专门学科，建议读者选读或参阅相关教材。

第二章　同步发电机的自动并列

第一节　概　　述

一、并列操作的意义

电力系统运行中，任一母线电压瞬时值可表示为

$$u = U_\mathrm{m}\sin(\omega t + \varphi) \qquad (2-1)$$

式中　U_m ——电压幅值；

　　　ω ——电压的角频率；

　　　φ ——初相角。

式（2-1）反映了电网运行中该母线电压的幅值、频率和相角。这三个重要参数常被指定为运行母线电压的状态量。电网电压也常用相量 $\dot U_\mathrm{x}$ 来表示。

如图 2-1（a）所示，一台发电机组在投入系统运行之前，它的电压 u_G 与并列母线电压 u_x 的状态量往往不等，须对待并发电机组进行适当的调整，使之符合并列条件后才允许断路器 QF 合闸作并网运行。这一系列操作称为并列操作。

随着负荷的变动，电力系统中发电机运行的台数也经常改变。因此，同步发电机的并列操作是电厂的一项重要操作。另外，当系统发生某些事故时，也常要求将备用发电机组迅速投入电网运行。由于某种原因，解列运行的电网需要联合运行，这就需要两电网间实行并列操作。可见，在电力系统运行中并列操作是较为重要又频繁的。

电力系统的容量在不断增大，同步发电机的单机容量也越来越大，不恰当的并列操作将导致严重后果。因此，对同步发电机的并列操作进行研究、提高并列操作的准确度和可靠性，对于系统的可靠运行具有很重要的现实意义。

同步发电机组并列时遵循如下的原则。

（1）并列断路器合闸时，冲击电流应尽可能小，其瞬时最大值一般应不超过待并发电机额定电流的 1～2 倍。

（2）发电机组并入电网后，应能迅速进入同步运行状态，其暂态过程要短，以减小对电力系统的扰动。

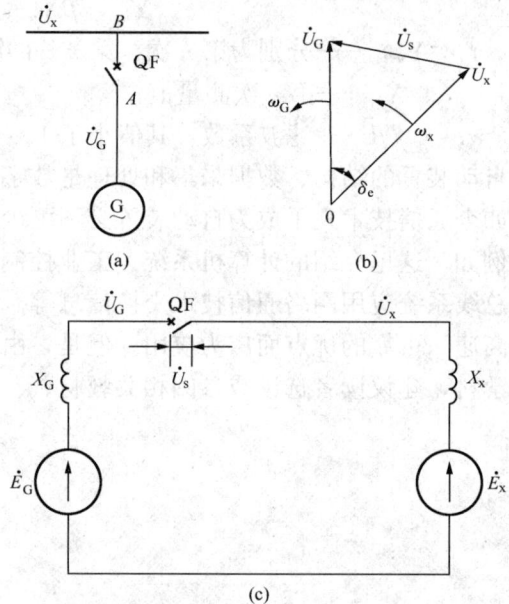

图 2-1　准同期并列

(a) 电路示意；(b) 相量图；(c) 等值电路图

同步发电机的并列方法可分为准同期并列和自同期并列两种。

在电力系统正常运行情况下，一般采用准同期并列方法将发电机组投入运行。因此，这是本书主要介绍的内容。自同期并列方法已很少采用，只有当电力系统发生事故时，为了迅速投入水轮发电机组，过去曾采用自同期并列方法。随着自动控制技术的进步，特别是计算机型数字式自动并列方法已十分成熟，现在也可用准同期法快速投运水轮发电机组。因此，对自同期并列方法本书只简单介绍它的一般原理。

二、准同期并列

设待并发电机组 G 已经加上了励磁电流，其端电压为 $\dot{U}_G$，调节待并发电机组 $\dot{U}_G$ 的状态参数使之符合并列条件。如图 2-1（a）所示，QF 为并列断路器，QF 的另一侧为电网电压 $\dot{U}_x$。并列断路器合闸之前，QF 两侧电压状态量一般不相等，需要对发电机 G 进行控制，使它符合并列条件，然后才能发出 QF 的合闸信号。

由于 QF 两侧电压的状态量不等，QF 主触头间具有电压差 $\dot{U}_s$，其值可由图 2-1（b）的电压相量求得。

设发电机电压的角频率为 ω_G，电网电压 U_x 的角频率为 ω_x，它们间的相量差 $\dot{U}_G-\dot{U}_x$ 为 $\dot{U}_s$。计算并列时冲击电流的等值电路如图 2-1（c）所示。当电网参数一定时，冲击电流取决于合闸瞬间的 $\dot{U}_s$ 值。要求 QF 合闸瞬间 $\dot{U}_s$ 的值尽可能小，应使其冲击电流最大值不超过允许值。最理想情况 $\dot{U}_s$ 的值为零，这时 QF 合闸的冲击电流也就等于零；并且希望并列后能顺利地进入同步运行状态，对电网无任何扰动。

综上所述，发电机并列的理想条件为并列断路器两侧电源电压的三个状态量全部相等，即图 2-1（b）中 $\dot{U}_G$、$\dot{U}_x$ 两个相量完全重合并且保持同步旋转。所以并列的理想条件可表达为

$$\left.\begin{array}{l} \omega_G=\omega_x \text{ 或 } f_G=f_x \text{（即频率相等）} \\ U_G=U_x \text{（即电压幅值相等）} \\ \delta_e=0 \text{（即相角差为零）} \end{array}\right\} \quad (2-2)$$

这时，并列合闸的冲击电流等于零，并且并列后发电机 G 与电网立即进入同步运行，不发生任何扰动现象。可以设想，如果待并发电机的调速器和调压器按式（2-2）进行调节，实现理想的并列操作，则可极大地简化并列过程。

但是，实际运行中待并发电机组的调节系统很难实现式（2-2）的理想条件调节。因此三个条件很难同时满足。其实在实际操作中也没有这样苛求的必要。因为并列合闸时只要求冲击电流较小、不危及电气设备，合闸后发电机组能迅速拉入同步运行，对待并发电机和电网运行的影响较小，不致引起任何不良后果。

因此，在实际并列操作中，并列的实际条件允许偏离式（2-2），其偏离的允许范围则需经过分析确定。下面分析同步发电机组并列时偏离式（2-2）的理想条件所引起的后果。

（一）电压幅值差

设发电机并列时的电压相量如图 2-2（a）所示，即并列时发电机频率 f_G 等于电网频率 f_x、相角差 δ_e 等于零、电压幅值不等（$U_G \neq U_x$）。则冲击电流的有效值为

$$I_h''=\frac{U_G-U_x}{X_d''+X_x} \quad (2-3)$$

式中　U_G、U_x——发电机电压、电网电压有效值；

　　　　X''_d——发电机次暂态电抗；

　　　　X_x——电力系统等值电抗。

从图 2 - 2（a）可见，冲击电流主要为无功电流分量。冲击电流最大瞬时值的计算式为

$$i''_{hm} = 1.8\sqrt{2}I''_h \tag{2-4}$$

冲击电流的电动力对发电机绕组产生影响，由于定子绕组端部的机械强度最弱，所以须特别注意对它所造成的危害。由于并列操作为正常运行操作，待并发电机冲击电流最大瞬时值限制在 1～2 倍额定电流以下为宜。

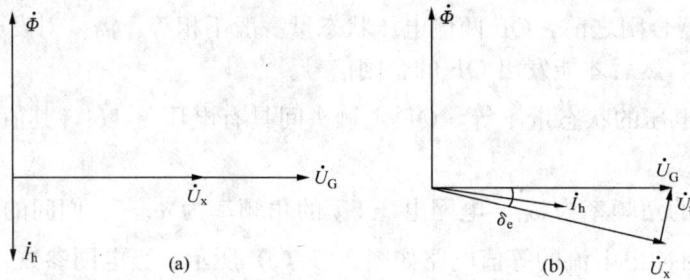

图 2 - 2　准同期并列条件分析
(a) $\delta_e = 0$；(b) $\delta_e \neq 0$

（二）合闸相角差

设并列合闸时，断路器两侧电压相量如图 2 - 2（b）所示，即：

（1）$U_G = U_x$，电压幅值相等。

（2）$f_G = f_x$，频率相等。

（3）$\delta_e \neq 0$，合闸瞬间存在相角差。

这时发电机为空载情况，电动势即为端电压，并与电网电压相等，此时冲击电流的有效值为

$$I''_h = \frac{2E''_q}{X''_q + X_x}\sin\frac{\delta_e}{2} \tag{2-5}$$

式中　X''_q——发电机交轴次暂态电抗；

　　　　E''_q——发电机交轴次暂态电动势。

当相角差较小时，这种冲击电流主要为有功电流分量，说明合闸后发电机与电网间立刻交换有功功率，使机组联轴受到突然冲击，这对机组和电网运行都是不利的。为了保证机组安全运行，一般将有功冲击电流限制在较小数值。参照式（2-4），可求出其冲击电流最大瞬时值。

设待并发电机电压与电网电压之差为 $\dot{U}_s$，当 $\dot{U}_G$ 与 $\dot{U}_x$ 间既存在幅值差，又存在相角差，这时 $\dot{U}_s$ 所产生的冲击电流可综合以上两种典型情况进行分析。

（三）频率不相等

设待并发电机的电压相量如图 2 - 3（a）所示，且有 $U_G = U_x$，电压幅值相等；$f_G \neq f_x$ 或 $\omega_G \neq \omega_x$，频率不相等。

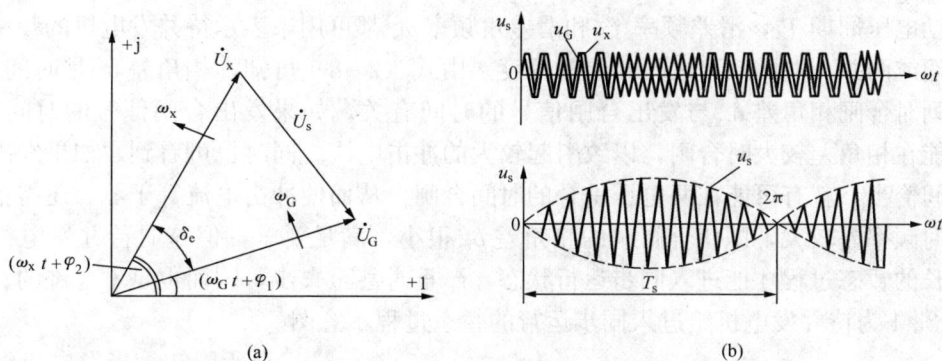

图 2-3 脉动电压

(a) 相量图；(b) 波形图

这时断路器 QF 两侧间电压差 u_s 为脉动电压，对 u_s 的描述为

$$u_s = U_{mG}\sin(\omega_G t + \varphi_1) - U_{mx}\sin(\omega_x t + \varphi_2)$$

设初始角 $\varphi_1 = \varphi_2 = 0$，则

$$u_s = 2U_{mG}\sin\left(\frac{\omega_G - \omega_x}{2}t\right)\cos\left(\frac{\omega_G + \omega_x}{2}t\right) \tag{2-6}$$

令 $U_s = 2U_{mG}\sin\left(\dfrac{\omega_G - \omega_x}{2}t\right)$ 为脉动电压的幅值，则

$$u_s = U_s\cos\left(\frac{\omega_G + \omega_x}{2}t\right) \tag{2-7}$$

由式（2-7）可知 u_s 波形可以看成是幅值为 U_s、频率接近于工频的交流电压波形。又 $\omega_s = \omega_G - \omega_x$，为滑差角频率。图 2-3 所示两电压相量间的相角差为

$$\delta_e = \omega_s t \tag{2-8}$$

于是

$$U_s = 2U_{mG}\sin\frac{\omega_s t}{2} = 2U_{mG}\sin\frac{\delta_e}{2} = 2U_{mx}\sin\frac{\delta_e}{2} \tag{2-9}$$

由此可见，u_s 为正弦脉动波，其最大幅值为 $2U_{mG}$（或 $2U_{mx}$），所以 u_s 又称为脉动电压。$\dot{U}_s$ 的相量图及其瞬时值波形如图 2-3（a）、(b) 所示。如用相量分析，为简单起见可设想系统电压 $\dot{U}_x$ 固定，而待并发电机的电压 $\dot{U}_G$ 以恒定滑差角频率 ω_s 对 $\dot{U}_x$ 转动。当相角差 δ_e 从 0 到 π 变动时，u_s 的幅值相应地从零变到最大值 $2U_{mG}$；当 δ_e 从 π 到 2π（重合）变动时，u_s 的幅值又从最大值回到零。转动一圈的时间为脉动周期 T_s。

由于滑差角频率 ω_s 与滑差频率 f_s 间具有下列关系

$$\omega_s = 2\pi f_s \tag{2-10}$$

所以脉动周期为

$$T_s = \frac{1}{f_s} = \frac{2\pi}{\omega_s} \tag{2-11}$$

当滑差角频率用标幺值表示时，则有

$$\omega_{s*} = \frac{\omega_s}{2\pi f_N} \tag{2-12}$$

式中　f_N——额定频率，我国电网的额定频率为 50Hz。

脉动电压周期 T_s，滑差频率 f_s 和滑差角频率 ω_s 都可用来表示待并发电机的频率与电网频率之间或两并列电网频率之间相差的程度。由式（2-8）可知，相角差 δ_e 是时间的函数，所以并列时合闸相角差 δ_e 与发出合闸信号的时间有关，如果发出合闸信号的时间不恰当，就有可能在相角差较大时合闸，以致引起较大的冲击电流。同时也可看到，如果发出合闸信号的时间恰当，就有可能在两电压重合的时间合闸，从而使冲击电流等于零。还需指出，如果并列时频率差较大，即使合闸时的相角差 δ_e 很小，满足要求，但这时待并发电机需经历一个很长的暂态过程才能进入同步运行状态，严重时甚至失步，因而也是不允许的。

图 2-4 为待并发电机组进入同步运行的暂态过程示意图。

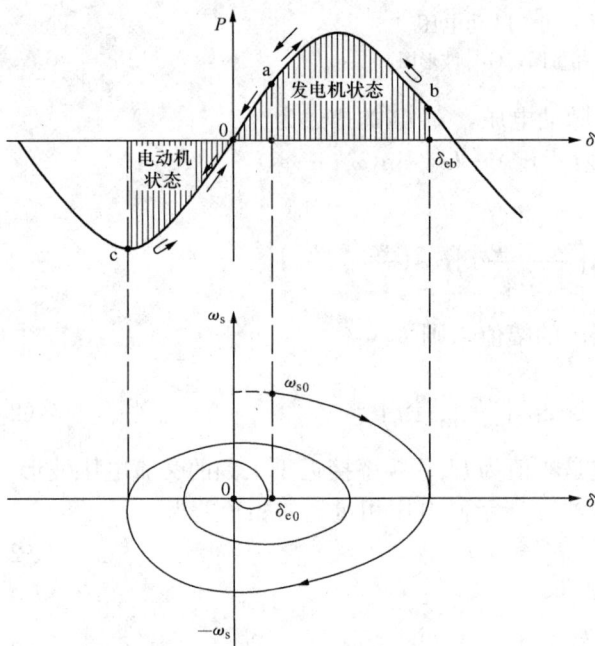

图 2-4　并列的同步过程分析

众所周知，当发电机组与电网间进行有功功率交换时，如果发电机的电压 $\dot{U}_G$ 超前电网电压 $\dot{U}_x$，发电机发出功率，则发电机将制动而减速。反之，当 $\dot{U}_G$ 落后 $\dot{U}_x$ 时，发电机吸收功率，则发电机将加速。所以交换功率的方向与相角差 δ_e 的正负有关。

下面定义发电机发出功率为"发电机状态"；发电机吸收功率为"电动机状态"。现设原动机的输入功率恒定不变，又 ω_G 大于 ω_x；令合闸时的相角差为 δ_{e0}（图 2-4 中的 a 点），并为超前情况。可见合闸后发电机处于"发电机状态"而受到制动。发出功率沿功角特性到达 b 点时 $\omega_G = \omega_x$，这时发电机仍处于"发电机状态"，所以 ω_G 继续减小，由于 $\omega_G < \omega_x$，所以 δ_e 逐渐减小，发电机功率沿特性曲线往回摆动到达坐标原点时，因 $\omega_G < \omega_x$ 而使相角差 δ_e 开始变负，交换功率变负，发电机组处于"电动机状态"又重新加速，交换功率沿特性曲线变动直到 $\omega_G = \omega_x$ 图中的 c 点，相角差 δ_e 又往反方向运动。这样来回摆动，由于阻尼等因素直到进入同步运行时为止。

显然，进入同步状态的暂态过程与合闸时滑差角频率 ω_{s0} 的大小有关。当 ω_{s0} 较小时，到达最大相角 b 点时的 δ_{eb} 较小，可以很快进入同步运行。当 ω_{s0} 较大时，如图 2-4 所示，则需经历较长时间振荡才能进入同步运行。如果 ω_{s0} 很大，b 点超出 180°，则将导致失步。所以合闸时 ω_{s0} 的极限值应根据发电机能否进入同步运行的稳定条件进行校验。在一般情况下，并列时的 ω_s 值远小于上述极限值，因此可以不必校验。但是，当并列的发电机组与电网间的联系较弱时，也有可能需按稳定条件对 ω_{s0} 进行校验。

三、自同期并列

自同期并列操作是将一台未加励磁电流的发电机组升速到接近于电网频率，滑差角频率

ω_s 不超过允许值，且在机组的加速度小于某一给定值的条件下，首先合上并列断路器 QF，接着立刻合上励磁开关 SE，给转子加上励磁电流，在发电机电动势逐渐增长的过程中，由电力系统将并列的发电机组拉入同步运行。

自同期并列最突出的优点是无需选择并列合闸时机，因而控制操作非常简单。限于当时控制技术水平，在电力系统发生事故且频率波动较大的情况下，应用自同期并列可以迅速把备用机组投入电网运行，所以曾一度广泛应用于水轮发电机组，作为处理系统事故的重要措施之一。

自同期并列方式不能用于两个系统间的并列操作。同时应该看到当发电机以自同期方式投入电网时，在投入瞬间，未经励磁的发电机接入电网，相当于电网经发电机次暂态电抗 X_d'' 短路，因而不可避免地要引起冲击电流（如图 2 - 5 所示）。

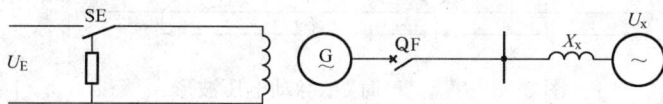

图 2 - 5　自同期并列简图

自同期并列的冲击电流周期分量为

$$I_h'' = \frac{U_x}{X_d'' + X_x} \tag{2 - 13}$$

式中　U_x——归算到发电机端的电网电压；

X_x——归算后的电网等值电抗。

这时，发电机母线电压 U_G 为

$$U_G = \frac{U_x}{X_d'' + X_x} X_d'' \tag{2 - 14}$$

式（2 - 13）和式（2 - 14）表明，当机组一定时，自同期并列的冲击电流主要决定于系统的情况，即决定于 U_x 和 X_x。自同期时发电机的端电压值 U_G 与冲击电流成正比。

另外，必须指出，发电机母线电压瞬时下降对其他用电设备的正常工作将产生影响，为此也需受到限制，所以自同期并列操作方法在非正常情况下采用时会有限制地采用。

第二节　准同期并列的基本原理

采用准同期并列方法将待并发电机组投入电网运行，前已述及在满足并列条件的情况下，只要控制得当就可使冲击电流很小且对电网扰动甚微。因此准同期并列是电力系统运行中的主要并列方式。

设并列断路器 QF 两侧电压分别为 $\dot{U}_G$ 和 $\dot{U}_x$；并列断路器 QF 主触头闭合瞬间所出现的冲击电流值以及进入同步运行的暂态过程，决定于合闸时的脉动电压 $\dot{U}_s$ 值和滑差角频率 ω_s。因此，准同期并列主要是对脉动电压 $\dot{U}_s$ 和滑差角频率 ω_s 进行检测和控制，并选择合适的时间发出合闸信号，使合闸瞬间的 $\dot{U}_s$ 值在允许值以内。检测的信息取自 QF 两侧的电压，而且主要是对 $\dot{U}_s$ 进行检测并提取信息。因此有必要对脉动电压的变化规律进行分析。

一、脉动电压

为便于分析问题，设待并发电机电压 $\dot{U}_G$ 与电网电压 $\dot{U}_x$ 的幅值相等，而 ω_G 与 ω_x 恒定且不等，因此 $\dot{U}_G$ 和 $\dot{U}_x$ 是作相对恒速运动的两个电压相量。令两电压相量重合瞬间为起始点，这时 U_s 的表达式由式（2-7）和式（2-9）得

$$u_s = U_s \cos \frac{\omega_G + \omega_x}{2} t$$

$$U_s = 2U_{mx} \sin \frac{\omega_s t}{2} = 2U_{mG} \sin \frac{\omega_s t}{2}$$

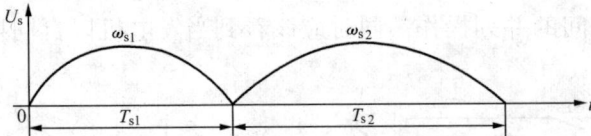

图 2-6　$U_G = U_x$ 时 U_s 脉动电压波形

U_s 脉动电压波形如图 2-6 所示，为正弦脉动波形，它的最大幅值为 $2U_{mx}$（或 $2U_{mG}$），其脉动周期 T_s 与 ω_s 的关系见式（2-11）。

如果并列断路器 QF 两侧的电压幅值不相等，由图 2-1（b）的相量图，应用三角公式可求得 U_s 的值为

$$U_s = \sqrt{U_{mx}^2 + U_{mG}^2 - 2U_{mx}U_{mG}\cos\omega_s t} \qquad (2-15)$$

当 $\omega_s t = 0$ 时，$U_s = |U_{mG} - U_{mx}|$ 为两电压幅值差；

当 $\omega_s t = \pi$ 时，$U_s = |U_{mG} + U_{mx}|$ 为两电压幅值和。

两电压幅值不等时 U_s 脉动电压波形如图 2-7 所示，由于脉动周期 T_s 只与 ω_s 有关，所以图 2-7 中的脉动电压周期 T_s 表达得与图 2-6 相同。

图 2-6 和图 2-7 表明，在 U_s 的脉动电压波形中载有准同期并列所需检测的信息——电压幅值差、频率差以及相

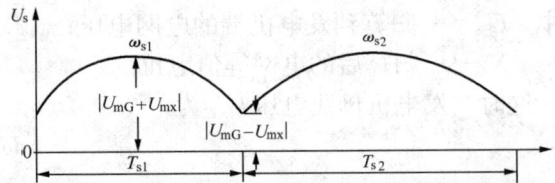

图 2-7　U_G 与 U_x 不等时 U_s 脉动电压波形

角差随时间的变化规律。因而并列两侧间的电压 U_s 为自动并列装置提供了并列条件信息和合适的合闸信号控制发出时机。

1. 电压幅值差

电压幅值差 $|U_{mG} - U_{mx}|$ 对应于脉动电压 U_s 波形的最小幅值，由图 2-7 得到

$$U_{smin} = |U_{mG} - U_{mx}|$$

由此表明并列操作的合闸时机即使掌握得非常理想，且相角差为零，但当并列点两侧有电压幅值差存在时仍会导致冲击电流，其值与电压幅值差成正比。为了限制并网合闸时的冲击电流，设定电压幅值差限制，作为并列条件之一。

2. 频率差

$\dot{U}_G$ 与 $\dot{U}_x$ 间的频率差就是脉动电压幅值 U_s 的频率 f_s，它与滑差角频率 ω_s 的关系如式（2-10）所示，即

$$\omega_s = 2\pi f_s$$

可见 ω_s 反映了频率差 f_s 的大小。由式（2-11）中的关系可知，要求 ω_s 小于某一允许值，就相当于要求脉动电压周期 T_s 大于某一给定值。

例如，设滑差角频率的允许值 ω_{sy} 规定为 $0.2\%\omega_N$，$f_N = 50\mathrm{Hz}$，即

$$\omega_{sy} \leqslant 0.2 \times \frac{2\pi f_N}{100} \leqslant 0.2\pi \quad (\text{rad/s})$$

对应的脉动电压周期 T_s 值为

$$T_s \geqslant \frac{2\pi}{\omega_{sy}} = 10 \quad (\text{s})$$

所以 U_s 的脉动周期 $T_s > 10s$ 才能满足 $\omega_{sy} < 0.2\%\omega_N$ 的要求。这就是说测量 T_s 的值可以检测待并发电机组与电网间的滑差角频率 ω_s 的大小，即频率差的大小。

上述分析，假定了 f_G、f_x 为恒定，即发电机电压与电网电压两相量间为相对等速运动。但对于要求快速并网的机组来说，这一假定就未必成立。因为这时机组在并列操作过程中，转速可能还在变化，尚未稳定，在一个较长滑差周期内 ω_s 值并不恒定，故自动并列装置应能实时检测 ω_s 及相角差加速度 $\frac{d\omega_s}{dt}$ 等数值，以利于快速并网的实施。

3. 合闸相角差 δ_e 的控制

前面已经提及，最理想的合闸瞬间是在 $\dot{U}_G$ 与 $\dot{U}_x$ 两相量重合的瞬间。考虑到断路器操动机构和合闸回路控制电器的固有动作时间，必须在两电压相量重合之前发出合闸信号，即取一提前量。

U_s 随相角差 δ_e 的变化规律为发出合闸信号的提前量提供了计算和判别依据。目前，准同期并列装置采用的提前量有恒定越前相角和恒定越前时间两种。在 $\dot{U}_G$ 与 $\dot{U}_x$ 两相量重合之前恒定角度 δ_{YJ} 发出合闸信号的，称为恒定越前相角并列装置。在 $\dot{U}_G$ 与 $\dot{U}_x$ 两相量重合之前恒定时间 t_{YJ} 发出合闸信号的，称为恒定越前时间并列装置。一般并列合闸回路都具有固定动作时间，因此恒定越前时间并列装置得到广泛采用。

二、准同期并列装置

1. 控制单元

为了使待并发电机组满足并列条件，准同期并列装置主要由下列三个单元组成。

(1) 频率差控制单元。它的任务是检测 $\dot{U}_G$ 与 $\dot{U}_x$ 间的滑差角频率 ω_s，且调节待并发电机组的转速，使发电机电压的频率接近于电网频率。

(2) 电压差控制单元。它的功能是检测 $\dot{U}_G$ 与 $\dot{U}_x$ 间的电压差，且调节发电机电压 U_G，使它与 U_x 间的电压差值小于规定允许值，促使并列条件的形成。

(3) 合闸信号控制单元。检查并列条件，当待并机组的频率和电压都满足并列条件时，合闸控制单元就选择合适的时间发出合闸信号，使并列断路器 QF 的主触头接通时，相角差 δ_e 接近于零或控制在允许范围以内。

2. 自动化程度分类

准同期并列装置主要控制单元的组成可用图 2-8 表达。同步发电机的准同期并列装置按自动化程度可分为以下两种。

(1) 半自动并列装置。这种并列装置没有频率差控制和电压差控制功能，只有合闸信号控制单元。并列时，待并发电机的频率和电压由运行人员监视和调整，当频率和电压都满足并列条件时，并列装置就在合适的时间发出合闸信号。它与手动并列的区别仅仅是合闸信号由该装置经判断后自动发出，而不是由运行人员手动发出。

(2) 自动并列装置。如图 2-8 所示，其中设置了频率差控制单元、电压差控制单元和合闸信号控制单元。由于发电机一般都配有自动电压调节装置，因此以往有人值班的发电厂中，发电机的电压往往由运行人员直接操作控制，不需配置电压差控制单元，从而简化了并列装置的结构；在无人值班的发电厂中，自动准同期并列装置需设置具有电压自动调节功能的电压差调整单元。同步发电机并列时，发电机的频率或频率和电压都由并列装置自动调节，使它与电网的频率、电压间的差值减小。当满足并列条件时，自动选择合适时机发出合闸信号，整个并列过程无需运行人员参与，这也正是现在人们对自动并列装置的要求。

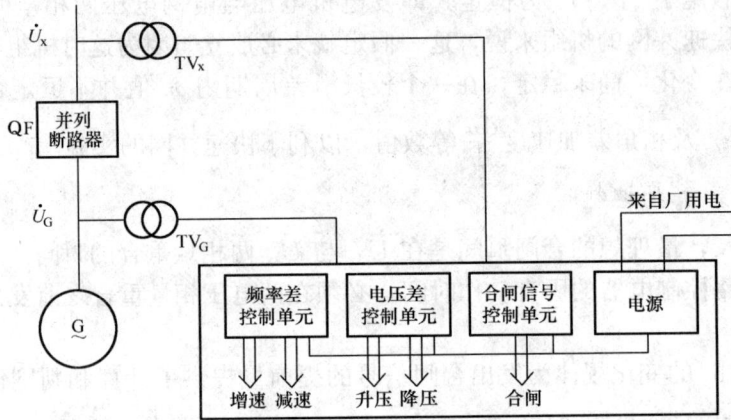

图 2-8　准同期并列装置主要组成单元

三、准同期并列合闸信号的控制逻辑

在准同期并列操作中，合闸信号控制单元是准同期并列装置的核心部件，所以准同期并列装置原理也往往是指该控制单元的原理。其控制原则是当频率和电压都满足并列条件的情况下，在 $\dot{U}_G$ 与 $\dot{U}_x$ 两相量重合之前发出合闸信号。两电压相量重合之前的信号称为提前量信号，其逻辑结构图如图 2-9 所示。

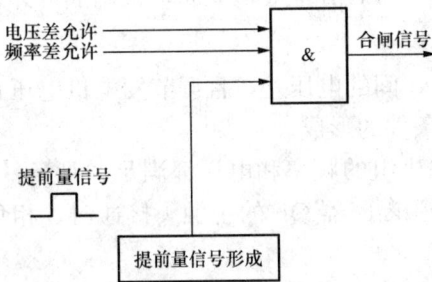

图 2-9　准同期并列合闸信号控制的逻辑结构图

前已提及，按提前量的不同，准同期并列装置可分为恒定越前相角和恒定越前时间两种原理。

（一）恒定越前相角准同期并列

装置所取的提前量信号是某一恒定相角 δ_{YJ}，即在脉动电压 U_s 到达 $\delta_e=0$ 之前的 δ_{YJ} 相角差时发出合闸信号，对该装置工作原理的分析可用图 2-10 来表示。为了简单起见，设 U_G 与 U_x 相等且都为额定值，由式（2-9）可知，相角差 δ_e 与脉动电压 u_s 间存在着一定的对应关系。在图 2-10 中，设越前相角为 δ_{YJ}，它所对应的 U_s 电压值为 U_A。现设断路器的合闸时间为 t_{QF}，显然，当 ω_s 很小时，QF 主触头闭合瞬间的相角差近似认为接近于 δ_{YJ} 值。当 $\omega_s=\omega_{sy0}=\dfrac{\delta_{YJ}}{t_{QF}}$ 时，并列时的合闸相角差等于零。ω_{sy0} 称为最佳滑差角频率。当 $\omega_s>\omega_{sy0}$ 时，合闸相角差又将增大。与越前相角 δ_{YJ} 相对应的越前时间随滑差角频率 ω_s 而变。由于断路器 QF 的合闸时间 t_{QF}

近乎恒定，因而合闸时的相角差与 ω_s 有关。为了使合闸时冲击电流值不超过允许值，滑差角频率的允许值就必须限制在某一范围以内，其值可根据发电机的参数计算求得。

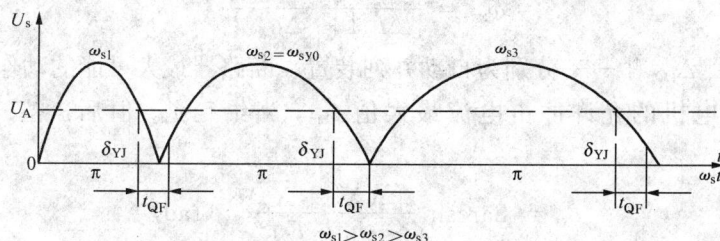

图 2 - 10　恒定越前相角原理

（二）恒定越前时间准同期并列

它所采用的提前量为恒定时间信号，即在脉动电压 u_s 到达两电压相量 $\dot{U}_G$、$\dot{U}_x$ 重合（$\delta_e = 0$）之前 t_{YJ} 发出合闸信号，一般取 t_{YJ} 等于并列装置合闸出口继电器动作时间 t_c 和断路器的合闸时间 t_{QF} 之和，因此采用恒定越前时间的并列装置在理论上可以使合闸相角差 δ_e 等于零。

在 δ_e 等于零之前的恒定时间 t_{YJ} 发出合闸信号，它对应的越前相角 δ_{YJ} 的值是随 ω_s 而变化的，其变化规律如图 2 - 11 所示。

由于 $\delta_{YJ} = \omega_s t_{YJ}$，当 t_{YJ} 为定值时，发出合闸脉冲时的越前相角与 ω_s 成正比。

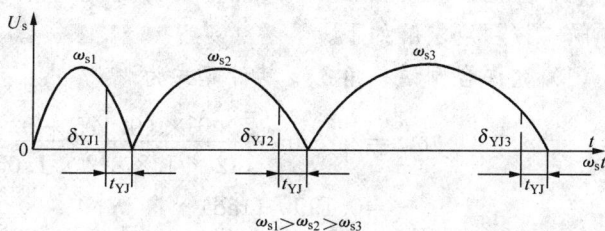

图 2 - 11　恒定越前时间原理

虽然从理论上讲，按恒定越前时间原理工作的自动并列装置可以使合闸相角差 δ_e 等于零，但实际上由于装置的越前信号时间、出口继电器的动作时间以及断路器的合闸时间 t_{QF} 存在着分散性，因而并列时仍难免具有合闸相角误差，这就使并列时的允许滑差角频率 ω_{sy} 受到限制。

四、恒定越前时间并列装置的整定计算

恒定越前时间并列装置需要整定的参数如下。

1. 越前时间 t_{YJ}

通常令
$$t_{YJ} = t_c + t_{QF} \tag{2-16}$$

式中　t_c——自动装置合闸信号输出回路的动作时间；

　　t_{QF}——并列断路器的合闸时间。

t_{YJ} 主要决定于 t_{QF}，其值随断路器的类型而不同。所以装置中的 t_{YJ} 应便于整定，以适应不同断路器的需要。

2. 允许电压差

U_G 与 U_x 间允许电压差值一般定为 $(0.1 \sim 0.15) U_N$（U_N 为额定电压）。

3. 允许滑差角频率

由于装置输出回路和断路器合闸动作时间都存在着误差，因此就造成合闸相角误差 δ_e，在时间误差一定的条件下，δ_e 与 ω_s 成正比。设 δ_{ey} 为发电机组的允许合闸相角，由式（2-17）可求得最大允许滑差 ω_{sy} 为

$$\omega_{sy} = \frac{\delta_{ey}}{\mid \Delta t_c \mid + \mid \Delta t_{QF} \mid} \tag{2-17}$$

式中　$\mid \Delta t_c \mid$、$\mid \Delta t_{QF} \mid$——分别为自动并列装置、断路器最大可能的动作误差时间。

δ_{ey} 决定于发电机的允许冲击电流最大值 i''_{hm}，当给定 i''_{hm} 值后，按式（2-4）和式（2-5）可求得

$$\delta_{ey} = 2\arcsin \frac{i''_{hm}(X''_q + X_x)}{2 \times 1.8\sqrt{2}E''_q} \quad (\text{rad}) \tag{2-18}$$

将求得的 δ_{ey} 值代入式（2-17），即可求得允许滑差 ω_{sy}。

【例 2-1】　某发电机采用自动准同期并列方式与系统进行并列，系统的参数已归算到以发电机额定容量为基准的标幺值。一次系统的参数为：发电机交轴次暂态电抗 X''_q 为 0.125；系统等值机组的交轴次暂态电抗与线路电抗为 0.25；断路器合闸时间 $t_{QF} = 0.5\text{s}$，它的最大可能误差时间为 $\pm 20\% t_{QF}$；自动并列装置最大误差时间为 $\pm 0.05\text{s}$；待并发电机允许的冲击电流值为 $i''_{hm} = \sqrt{2}I_{GN}$。

试计算允许合闸误差角 δ_{ey}、允许滑差角频率 ω_{sy}，与相应的脉动电压周期 T_s。

解　按题意求解如下。

（1）允许合闸误差角 δ_{ey}。其计算式为

$$\delta_{ey} = 2\arcsin \frac{\sqrt{2} \times 1 \times (0.125 + 0.25)}{\sqrt{2} \times 1.8 \times 2 \times 1.05} = 2\arcsin 0.099\,2$$

$$= 0.199 \quad (\text{rad})$$

即为 11.4°。

式中 E''_q 按 1.05 计算是考虑到并列时电压有可能超过额定电压值的 5%。

（2）允许滑差角频率 ω_{sy}。

断路器合闸动作误差时间 $\Delta t_{QF} = 0.5 \times 0.2 = 0.1(\text{s})$

自动并列装置的误差时间 $\Delta t_c = 0.05(\text{s})$

所以

$$\omega_{sy} = \frac{0.199}{0.15} = 1.33(\text{rad/s})$$

如果滑差角频率用标幺值表示，则

$$\omega_{sy*} = \frac{\omega_{sy}}{2\pi f_N} = \frac{1.33}{2\pi \times 50} = 0.42 \times 10^{-2}$$

（3）脉动电压周期 T_s。其计算式为

$$T_s = \frac{2\pi}{\omega_{sy}} = \frac{2\pi}{1.33} = 4.7(\text{s})$$

在准同期并列计算中，按理还应包括稳定性校验，就是由稳定性条件来确定并列的最大允许滑差角频率 ω'_{sy}。但从校验结果来看，在通常情况下，按冲击电流条件所得的滑差角频率 ω_{sy} 值远小于按稳定条件求得的滑差角频率值 ω'_{sy}。由于总是取其中较小的 ω_{sy} 作为并列允许条件，因此一般就不必进行该项校验计算，如果待并发电机组与系统间的联系较弱，则还应进行稳定性校验，以确定其允许滑差角频率值。

第三节　自动并列装置的工作原理

一、装置的控制逻辑

　　恒定越前时间准同期并列装置中的合闸信号控制单元由滑差角频率检测、电压差检测和越前时间信号等环节组成。它的控制逻辑如图 2-12（a）所示。由图可见，恒定越前时间信号能否通过与门 Y1 成为合闸输出信号，决定于滑差角频率检测和电压差检测的结果。如果其中任何一个不符合并列条件，那么由或非门 H1 输出的非逻辑使与门 Y1 闭锁，因而所产生的越前时间信号不能通过与门 Y1，也就不能发出合闸信号。只有在滑差角频率和电压差都符合并列条件的情况下，越前时间信号才能通过与门 Y1 成为合闸信号输出。由此可见，它们间的时间配合如图 2-12（b）所示，在一个脉动电压周期内，必须在越前时间信号到达之前完成频率差和电压差的检测任务，作出是否让越前时间信号通过与门 Y1 的判断，也就是作出是否允许并列合闸的判断。

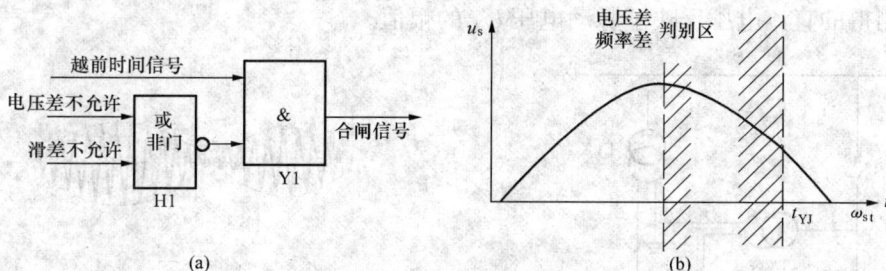

图 2-12　并列装置控制逻辑
(a) 控制逻辑；(b) 时间配合

　　因此在 U_s 每一个脉动周期内，确定出电压差和频率差的检测区间，由图 2-12（b）表达了它们间的配合关系，在越前时间 t_{YJ} 信号之前电压差和频率差检测环节就已分别作出符合或不符合并列条件的判断。如果不符合并列条件，则或非门 H1 的输入逻辑值为"1"，或非门 H1 的两个输入端只要有一个输入端出现"1"，H1 的输出逻辑即为"0"，与门 Y1 就被闭锁，所形成的越前时间信号就不起作用，所以电压差或频率差只要有一个不符合并列条件，就不允许合闸，在下一个 u_s 的脉动周期内重新检测。重复上述过程，直到并列条件都满足。如果符合并列条件，则 H1 的输入逻辑值均为"0"，其输出逻辑值为 1，与门 Y1 不被闭锁，这时所产生的越前时间信号 t_{YJ} 就可通过 Y1 输出合闸信号。所以，当电压差和频率差都符合条件时，就在 t_{YJ} 发出合闸信号，从而完成并列操作的合闸控制任务。应用图 2-12（a）逻辑框图，就很容易把自动并列装置的控制原理阐述清楚。在微机数字式自动并列装置中，虽然应用的是存储逻辑，编制的软件与布线逻辑在形式上有较大的差别，但在制订软件框图时，也得遵循上述基本原理所阐述的控制逻辑。

二、并列的检测信号

　　前面讨论准同期并列原理时，主要分析了并列断路器 QF 两侧的电压差 u_s 脉动电压的变化规律；阐明了在脉动电压 u_s 中载有电压差和频率差的信息，并在一定条件下反映了相角差 δ_e 的变化规律，可为自动并列装置检测和控制提供所需的信息。反映并列断路器两侧电压差的脉

动电压 u_s 可由并列断路器两侧的电压互感器二次侧 $\dot{U}_G$ 和 $\dot{U}_x$ 电压测得。接到自动并列装置二次侧交流电压的相位和幅值，在现场必须认真核对后接到自动并列装置，使其正确反映主触头间 U_s 的实际值。

（一）整步电压

自动并列装置检测并列条件的电压人们常称为整步电压。

随着元器件更新以及自动控制和检测技术的进步，整步电压的形式也随之不同，为了对自动并列装置发展有较系统认识，这里作简要介绍。

1. 正弦型整步电压

电压互感器二次侧 $\dot{U}_G$ 和 $\dot{U}_x$ 的电压差接线如图 2-13（a）所示。因为它的包络线波形是正弦的，称为正弦整步电压，它是早期准同期并列装置所采用的测量信号，如图 2-13 所示。

待并发电机和系统母线电压互感器二次侧 b 相电压直接连接，$\dot{U}_{Ga}$ 和 $\dot{U}_{xa}$ 之间的电压即为其差值电压 $\dot{U}_s$，如图 2-13（b）所示。经整流后，直流侧的电压波形 $u_{s,set}$ 如图 2-13（c）所示，所测得的直流电压反映了脉动电压 U_s 的幅值。

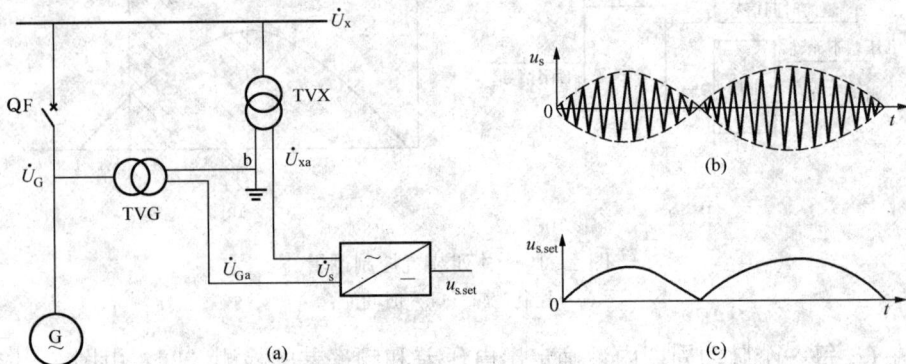

图 2-13　正弦型整步电压
(a) 接线图；(b) u_s 波形；(c) $u_{s,set}$ 波形

设 $U_G = U_x$，则正弦整步电压 $u_{s,set}$ 为

$$u_{s,set} = 2U_x K_z \sin\frac{\omega_s t}{2} = 2U_x K_z \sin\frac{\delta_e}{2} \tag{2-19}$$

式中　K_z——整流系数。

如 $U_G \neq U_x$，则 $u_{s,set}$ 的波形与图 2-7 中的 u_s 相似。这表明 $u_{s,set}$ 不仅是相角差 δ_e 的函数，而且还与电压差值有关。这就使得利用 $u_{s,set}$ 检测并列条件的越前时间信号和频差检测信号引入了受电压影响的因素，尤其是造成越前时间信号的时间误差，成为合闸误差的主要原因之一。因此，这种利用正弦整步电压检测并列条件的方法被线性整步电压的方法所替代。

2. 线性整步电压

线性整步电压只反映 $\dot{U}_G$ 和 $\dot{U}_x$ 间的相角差特性，而与它们的电压幅值无关，从而使越前时间信号和频率差的检测不受电压幅值的影响，提高了并列装置的控制性能，因而被模拟式自动并列装置广泛使用。

（1）半波线性整步电压。图 2-14（a）为半波线性整步电压形成电路示例。它主要由三极管 VT1 和 VT2 等元件所构成的相敏、积分和双 T 滤波器等电路组成。系统电压 $\dot{U}_x$ 和待并发电机电压 $\dot{U}_G$ 的二次侧电压经变压器 T1、T2 和电阻 R_1、R_2 加到三极管 VT1 和 VT2 的基极，其极性如图 2-14（a）所示。因此，$\dot{U}_x$ 与 $\dot{U}_G$ 同相时，加到 VT1、VT2 基极交流电压的波形 u_{x1}、u_{G2} 相差 180°。

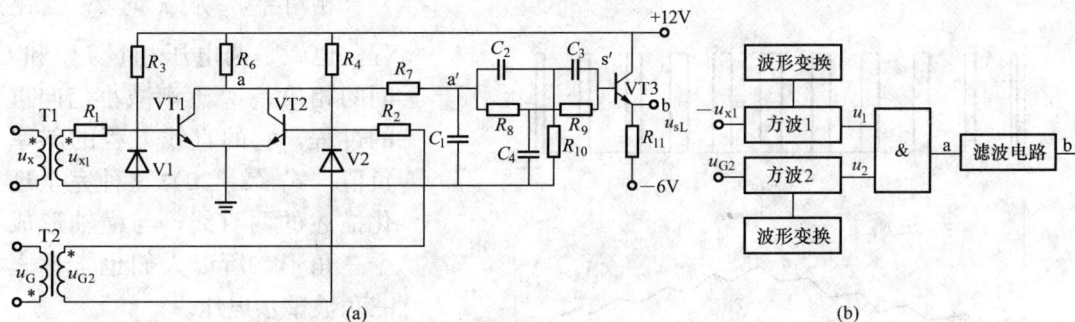

图 2-14　半波线性整步电压形成电路
（a）电路图；（b）逻辑框图

显然，只有在 VT1 与 VT2 都截止，即两个三极管基极输入电压同时为负的瞬间，a 点的电位才为高电位。从这个意义上说，三极管 VT1 与 VT2 构成与逻辑。其逻辑框图如图 2-14（b）所示，逻辑表达式为 $U_a = \overline{U}_{x1} \cdot (-\overline{U}_{G2})$。也可有另一种说法，当 VT1 或 VT2 中任一个三极管的基极电位为正，则由于该三极管导通，a 点电位为低电位，其逻辑表达式为 $U_a = \overline{U_{x1} + (-U_{G2})}$。当把 u_{x1} 与 u_{G2} 频率不同的两个电压分别引至 VT1 和 VT2 的基极时，a 点电位 u_a 的波形如图 2-15 所示。它是一系列幅值一定而宽度与相角差 δ_e 有关的矩形波。在 $\delta_e = \pi$ 时，矩形最宽。当 δ_e 为零或 2π 时，矩形的宽度为零。这样，当 δ_e 从 $0 \sim \pi$ 变动时，矩形波的宽度渐增；而当 δ_e 从 π 向 2π 变动时，矩形波的宽度就渐减。可见，这一系列矩形波宽度的变化，反映了发电机电压 $\dot{U}_G$ 与系统电压 $\dot{U}_x$ 间相角差 δ_e 的变化。这就为并列装置判别相角差提供了极好的检测信息。

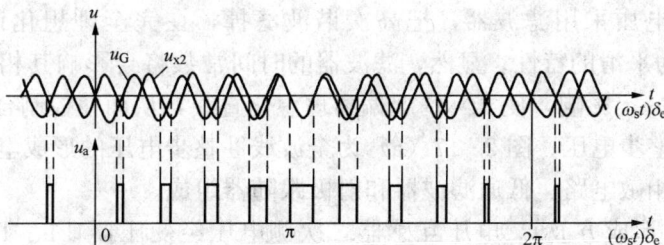

图 2-15　矩形波宽度与 δ_e 角的关系

在模拟式自动并列装置中，把这一系列宽度不等的矩形波通过图 2-14（a）中由 R_7 和 C_1 组成的积分电路进行积分，该积分电路是滤去高次谐波的低通滤波器。其输出端就是锯齿波形的三角波电压 u_a' [如图 2-16（b）所示]。进一步由双 T 滤波器滤波后，得到三角波形特性。考虑阻抗匹配，采用了射极输出。线性整步电压 u_{sL} 与相角差 δ_e 之间的关系如图

2-16（c）所示。其特性的数学描述可用两个直线方程表示为

$$u_{sL} = \frac{U_{sLm}}{\pi}\delta_e \quad 0 \leqslant \delta_e \leqslant \pi$$

$$u_{sL} = 2U_{sLm} - \frac{U_{sLm}}{\pi}\delta_e \quad \pi \leqslant \delta_e \leqslant 2\pi \qquad (2-20)$$

式中　U_{sLm}——$\delta_e = \pi$ 时刻，u_{sL} 的顶值电压。

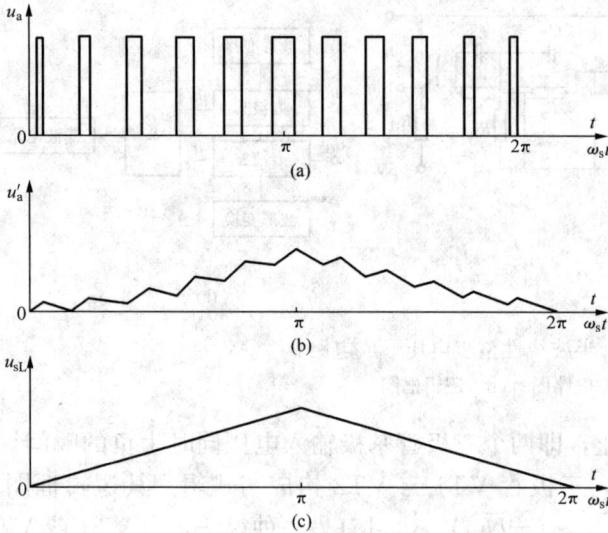

图 2-16　半波线性整步电压的形成
(a) 矩形宽度变化；(b) 滤波输出波形；(c) 理想化 u_{sL} 波形

相角差 δ_e 从 π 向 2π 变化过程，也就是两电压相量 $\dot{U}_x$ 和 $\dot{U}_G$ 间的相角差 δ_e 逐渐减小趋向重合的过程，它的直线方程的斜率为负值。式（2-20）这种完全理想化描述的两直线，与横轴形成一个三角形，所以人们也常称之为三角波整步电压。

显然这种线性整步电压波形（或称三角波整步电压）与相角差 δ_e 间的关系与接入电压互感器二次电压的极性有关，如果把其中某一电压接入的极性反接，则三角波形和 δ_e 间关系正好相移 π（180°），此时 δ_e 从 π 向 2π 变化趋向重合过程的直线方程的斜率为正值，而 δ_e 从 $0 \sim \pi$ 变化的直线方程的斜率则为负值。

线性整步电压只反映 $\dot{U}_G$ 与 $\dot{U}_x$ 间的相角差特性，而与它们的电压幅值无关，从而使越前时间信号和频率差的检测不受电压幅值的影响，提高了并列装置的控制性能，因而被模拟式自动并列装置广泛采用，而电压差检测则由并列两侧电压的幅值进行比较，另设专门电路完成。

半波线性整步电压采用滤波器，把高次谐波滤掉，在完全理想化设想下才获得如图 2-16（c）所示较为平滑的特性。显然，滤波器的时间常数将会影响其相移，且滑差角频率 ω_s 的变化对其也有一定影响，使实际情况偏离理想化直线，从而使控制合闸时间引入误差。

（2）全波线性整步电压。图 2-17（a）为全波线性整步电压的形成电路示例。它由电压变换、整形电路、相敏电路、低通滤波器和射极跟随器组成。

1）整形电路（形成方波）。电压互感器二次侧电压经变压器 T1、T2 输出电压分别为 u_G 和 u_x。三极管 VT1、VT2 工作在正偏置工况下，只要 u_G 或 u_x 微偏正，即在电压的正半周时间内，VT1 或 VT2 就导通，A 点或 B 点处于低电平。反之，当 u_G 或 u_x 处于负半周期时，A 点或 B 点处于高电平。可见，整形电路是将 u_G 和 u_x 的正弦波转换成与之频率和相位相同的一系列方波，方波的幅值与 u_G、u_x 的幅值无关，如图 2-18（a）、（b）、（c）所示。

2）相敏电路。由三极管 VT3 和电阻 $R_7 \sim R_9$、二极管 V7、V8 组成。当 A、B 点电压同时处于高电平或同时处于低电平时，对称性电路使 VT3 得不到偏置而截止。其集电极上

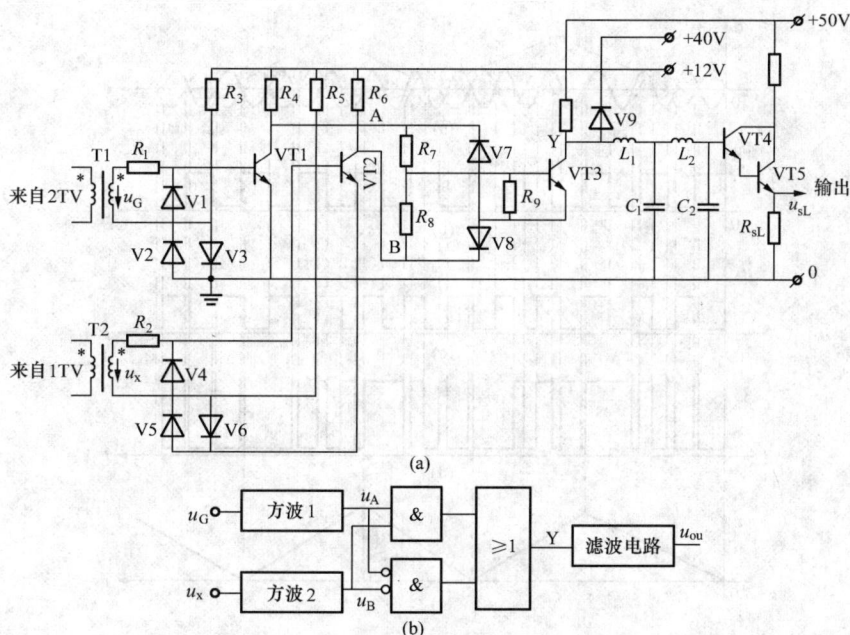

图 2-17 全波线性整步电压形成电路示例
(a) 电路图；(b) 逻辑图

Y 点为高电平。若 A 点和 B 点的电平高低不一致，即相异时，VT3 导通，Y 点为低电平。其逻辑框图可以表示为图 2-17 (b)，Y 点逻辑为 $Y=A \cdot B+\overline{A} \cdot \overline{B}=\overline{A \oplus B}$。脉冲间隔反映了相角差 δ_e 的大小，由逻辑表达式可知这个相敏电路在正、负周期内共获得二次相位比较机会。矩形脉冲较半波整步电路多了一倍。必须注意的是 δ_e 等于零时，Y 点高电平时间最长，即矩形脉冲最宽，脉冲间的间隔最小，u_{sL} 输出最大。当 $\delta_e=\pi$ 时，矩形脉冲宽度为零，脉冲间隔为最大，u_{sL} 输出为零，波形如图 2-18 (d)、(e) 所示。不难想到，如果 u_G、u_x 任一输入接线的极性改变，即两输入电压的极性不一致，则 u_{sL} 特性也就相移 π（180°）。

3）滤波电路和射极跟随器输出。模拟式自动并列装置为了获得 u_{sL} 与相角差 δ_e 的线性关系，采用 L、C 滤波器平滑波形。其特性见图 2-18 (e)，为了提高整步电压信号的负载能力，采用射极跟随器输出。整步电压的数学表达式为

$$u_{sL}=\frac{U_{sLm}}{\pi}(\pi+\delta_e) \qquad -\pi \leqslant \delta_e \leqslant 0$$

$$u_{sL}=\frac{U_{sLm}}{\pi}(\pi-\delta_e) \qquad 0 \leqslant \delta_e \leqslant \pi \qquad (2-21)$$

式中 U_{sLm} ——三角波的顶值电压。

全波线性整步电压较半波多了一倍矩形脉冲，因而可适当减小滤波器时间常数，使它的性能有所改善，所以一般采用全波方案。

当待并发电机频率和系统频率不等时，式（2-21）中 δ_e 是时间 t 的函数，主要与 ω_s 有关。设待并发电机在稳定转速工况下运行，系统的频率也恒定，这样 ω_s 就为常数。设初相角为零，相角差 δ_e 可表达为

$$\delta_e=\omega_s t$$

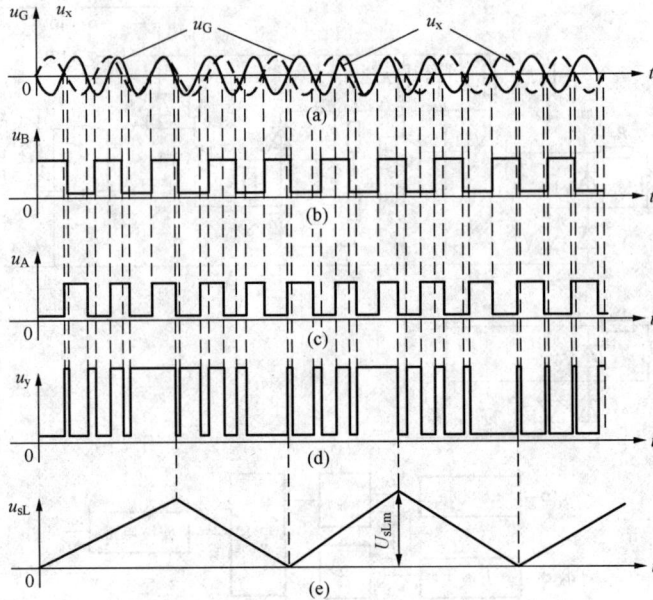

图 2 - 18　全波线性整步电压

(a) 交流电压波形；(b) B 点 u_B 的方波；(c) A 点 u_A 的方波；
(d) Y 点的矩形波；(e) 理想化的 u_{sL} 波形

　　当滑差角频率 ω_s 值不同时，三角波整步电压波形如图 2 - 19 所示，它们幅值相同，横坐标表示两电压相量相对运动一周（360°）的时间长短，图中 $\omega_{s1} > \omega_{s2} > \omega_{s3}$。因此，可以用它来检测 ω_s 的大小，以及求得相位重合前的恒定越前时间信号 t_{YJ}。

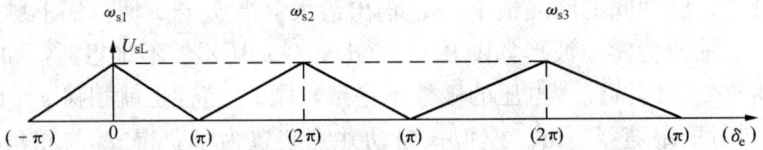

图 2 - 19　不同滑差角频率的三角波整步电压（$\omega_{s1} > \omega_{s2} > \omega_{s3}$）

（二）相角差 $\delta_e(t)$ 的实时检测

　　上述线性整步电压与相角差 δ_e 的对应关系是从宽度不等的矩形波（见图 2 - 15）经滤波器处理后获得的。使实际电路引入了导致误差的因素。但是它揭示了一个很重要的事实，矩形波的宽度与并列电源波形的相角差 δ_e 相对应。如把矩形波宽度（对应于 δ_e）实时记录下来，那么它就是相角差的运动轨迹 $\delta_e(t)$，其中载有除电压幅值外极其丰富的并列条件信息，其作用与整步电压相似，可以计算求得当前的相角差 δ_{e0}、滑差角频率 $\left(\dfrac{\Delta\delta_e}{\Delta t}\right) = \omega_s$、相角差加速度 $\dfrac{\Delta\omega_s}{\Delta t}$，以及恒定越前时间的最佳合闸导前相角差 δ_{YJ} 等。现在计算机型数字式自动并列装置可以发挥其高速运算的优势，充分利用 $\delta_e(t)$ 信息，提高了并列装置的合闸控制技术水平。

相角差 δ_e 测量的方案之一如图 2-20 所示，把电压互感器二次侧 u_x、u_G 的交流电压信号转换成同频、同相的两个方波，把这两个方波信号接到异或门。当两个方波输入电平不同时，异或门的输出为高

图 2-20　相角差 δ_e 测量方案

电平，用于控制可编程定时计数器的计数时间，其计数值 N 即与两波形间的相角差 δ_e 相对应。CPU 可读取矩形波的宽度 N 值，求得两电压间相角差的变化轨迹 $\delta_e(t)$。

为了叙述方便起见，设系统频率为额定值 50Hz，待并发电机的频率低于 50Hz。从电压互感器二次侧来的电压波形如图 2-21（a）所示，经削波限幅后得到图 2-21（b）所示方波，两方波经异或门就得到图 2-21（c）中一系列宽度不等的矩形波。CPU 可读取 τ 时间的计数 N，如图 2-21（d）所示。

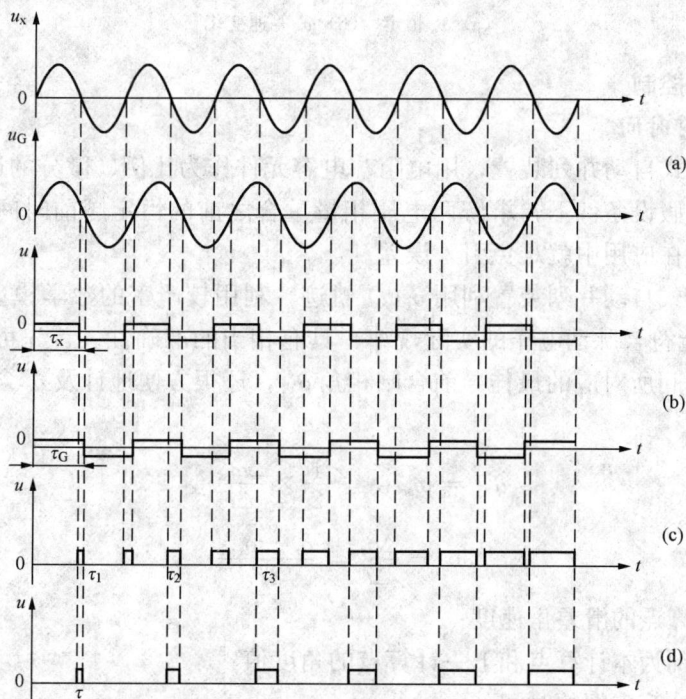

图 2-21　相角差 δ_e 测量波形分析

（a）交流电压波形；（b）交流电压对应的方波；（c）异或门输出的相角差方波；
（d）定时器计数时间 τ（图示为每一工频周期一次）

显然这一系列矩形波的宽度 τ_i 与相角差 δ_i 相对应。系统电压方波的宽度 τ_x 为已知，它等于 $\frac{1}{2}$ 周期（180°），因此 δ_i 可按式（2-22）求得

$$\left.\begin{array}{l} \delta_i = \dfrac{\tau_i}{\tau_x}\pi, \quad \tau_i \geqslant \tau_{i-1} \\[2mm] \delta_i = \left(2\pi - \dfrac{\tau_i}{\tau_x}\pi\right) = \left(2 - \dfrac{\tau_i}{\tau_x}\right)\pi, \quad \tau_i < \tau_{i-1} \end{array}\right\} \qquad (2-22)$$

式（2-22）中 τ_x 和 τ_i 的值，CPU 可从定时计数器读入求得。如采用线性整步电压全波电路，则每一个工频周期（约 20ms）可作两次计算，CPU 可记录下 $\delta_e(t)$ 的轨迹，如图 2-22 所示。

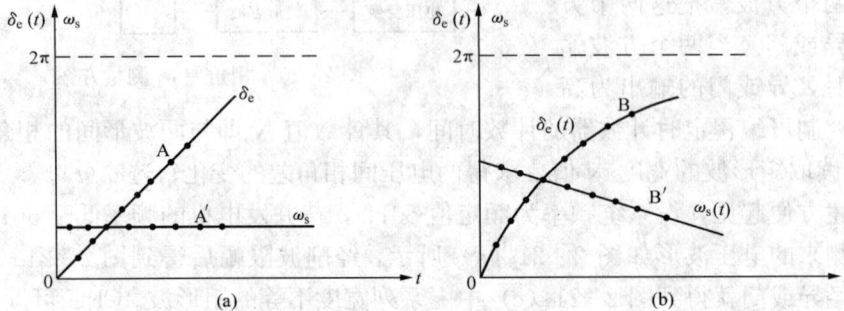

图 2-22　$\delta_e(t)$ 轨迹
(a) ω_s 恒定；(b) ω_s 等速变化

三、并列合闸控制

（一）恒定越前时间

以往电子模拟式自动并列装置，用电阻、电容元件作为比例、微分的运算器件，在线性整步电压作理想化假设条件下，求解两电压相量重合之前的恒定越前时间 t_{YJ}。由于实际电路偏离理想条件，在应用中就难免引入误差。

计算机型数字式自动并列装置利用 $\delta_e(t)$ 轨迹，利用较严密的数学模型，计算求得的恒定越前时间 t_{YJ}，能符合脉动电压的实际规律，具有相当的准确性。首先可按式（2-23）计算求得恒定越前时间所对应的最佳导前合闸相角 δ_{YJ}，还很方便地计及 δ_e 含有加速度的情况：δ_{YJ} 计算式为

$$\delta_{YJ} = \omega_{si} t_{DC} + \frac{1}{2} \times \frac{\Delta \omega_{si}}{\Delta t} t_{DC}^2 \tag{2-23}$$

其中

$$\omega_{si} = \frac{\Delta \delta_i}{\Delta t} = \frac{\delta_i - \delta_{i-1}}{2\tau_x} \tag{2-24}$$

式中　　ω_{si}——计算点的滑差角速度；

　　　δ_i、δ_{i-1}——分别为本计算点和上一计算点的角度值；

　　　$2\tau_x$——两计算点间的时间；

　　　t_{DC}——中央处理单元（CPU）发出合闸信号到断路器主触头闭合时需经历的时间。

设 t_c 为出口继电器动作时间，t_{QF} 为断路器的合闸时间，则

$$t_{DC} = t_{QF} + t_c \tag{2-25}$$

由于两相邻计算点间的 ω_s 变化甚微，因此 $\Delta \omega_{si}$ 一般可经若干计算点后才计算一次，所以式（2-23）的 $\frac{\Delta \omega_{si}}{\Delta t}$ 可表示为

$$\frac{\Delta \omega_{si}}{\Delta t} = \frac{\omega_{si} - \omega_{si-n}}{2\tau_x n} \tag{2-26}$$

式中　　ω_{si}、ω_{si-n}——分别为本计算点和前 n 个计算点求得的 ω_s 值。

根据式（2-23）可以求出最佳的合闸越前相角 δ_{YJ} 值，该值与本计算点的相角 δ_i 按式

（2-27）进行比较（式中 ε 为计算允许误差），如果

$$|(2\pi-\delta_i)-\delta_{\mathrm{YJ}}|\leqslant\varepsilon \tag{2-27}$$

式（2-27）成立，则立刻发出合闸信号。

如果

$$|(2\pi-\delta_i)-\delta_{\mathrm{YJ}}|>\varepsilon \tag{2-28}$$

又

$$(2\pi-\delta_i)>\delta_{\mathrm{YJ}} \tag{2-29}$$

则继续进行下一点计算，直到 δ_i 逐渐逼近 δ_{YJ} 符合式（2-27）为止。

设在计算中，一个滑差周期的 $\delta_e(t)$ 曲线如图 2-22（a）中直线 A 所示，它所对应的 ω_s 为常数（直线 A'），这时 $\Delta\omega_{si}=0$，表示电网和待并机组的频率稳定。如果 $\delta_e(t)$ 的曲线如图 2-22（b）中曲线 B 所示，与它对应的 $\omega_s(t)$ 为直线 B'（ω_s 按等速变化），这相当于待并机组按恒定加速度升速，发电机频率与电网频率逐渐接近。这时式（2-23）为计及发电机角加速度后求出的最佳合闸导前角。可见，计算机型数字式准同期并列装置可以方便地考虑频率差的不同变化规律，只要完善地描述式（2-23），甚至 ω_s 含加速度也并不需要增加硬件就可以进行合闸控制计算，这是非常突出的优点。

最佳的合闸导前角 δ_{YJ} 与本计算点的 δ_i 比较也有可能出现

$$(2\pi-\delta_i)<\delta_{\mathrm{YJ}} \tag{2-30}$$

这就是如图 2-23 中所示，错过了合闸时机的情况。设待并发电机转速恒定，本点计算时 a 点对应 δ_i 已接近 δ_{YJ}，但不符合式（2-27）而符合式（2-28）和式（2-29）。可是当下一个计算点时，b 点还是不符合式（2-27），却符合式（2-28）和式（2-30），这就错过了合闸时机。

为了避免上述情况，在进行本点 δ_i 计算时，可同时对下一个计算点 δ_{i+1} 值进行时差 Δt_e 预测。估计最佳合闸导前相角 δ_{YJ} 是否介于本计算点与下一个预测点 δ_{i+1} 之间，以便及时采取措施，推算出 $\delta_i\sim\delta_{\mathrm{YJ}}$ 所需的时间。这样可以不失

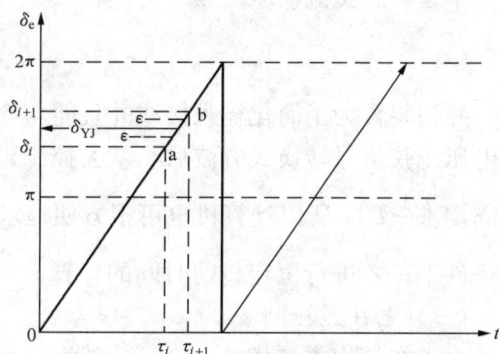

图 2-23　错过合闸时机的情况

时机地在越前相角 δ_{YJ} 瞬间发出合闸信号。因此，一旦待并发电机的电压、频率符合允许并列条件，在一个滑差周期内就可捕捉到最佳合闸导前相角 δ_{YJ}，及时发出合闸信号。

由于断路器的合闸时间具有一定的分散性，在给定允许合闸误差角的条件下，并列时的允许滑差角频率及角加速度也需通过计算确定。

（二）频率差检测

（1）频率差检测是在恒定越前时间之前完成的检测任务，用来判别是否符合并列条件。在计算机型数字式自动并列装置中，相角差 $\delta_e(t)$ 的轨迹中含有滑差角频率 ω_{si} 的信息可以利用，如式（2-24）所示。

ω_{si} 的值可以每一工频周期（约 20ms）计算一次。由 ω_{si} 在已知时段（Δt）间的变化还可求得 ω_{si} 的一阶导数 $\dfrac{\Delta\omega_{si}}{\Delta t}$，$\omega_{si}$ 的一阶导数说明待并机组的转速尚未稳定，还在升速（或减速）之中，如其值过大，并网后进入同步运行的暂态过程就会较长甚至失步，因此也宜作为并列条件之一加以限制。这对于启动水轮发电机组要求快速并网运行的操作而言，就有必要设置

$\dfrac{\Delta\omega_{si}}{\Delta t}$ 限制，作为防止操之过急的技术措施之一。

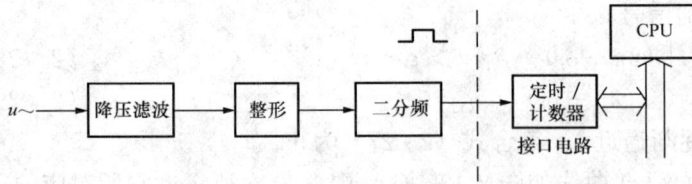

图 2-24　频率测量

（2）频率差检测也可用直接测量两并列电压频率的方法，求得频率差值以及频率高、低的信息。数字电路测量频率的基本方法是测量交流信号的周期 T。其典型线路如图 2-24 所示。把交流电压正弦信号转换为方波，经二分频后，它的半波时间即为交流电压的周期 T。具体的实施可利用正半周高电平作为可编程定时/计数器开始计数的控制信号，其下降沿即停止计数并作为中断申请信号，由 CPU 读取其中计数值 N，并使计数器复位，以便为下一个周期计数作好准备。

如可编程定时/计数器的计时脉冲频率为 f_c，则交流电压的周期 T 为

$$T = \frac{1}{f_c}N$$

于是求得交流电压的频率为

$$f = \frac{f_c}{N} \tag{2-31}$$

并列装置为了简化输入接线并且能与 $\delta_e(t)$ 测量电路合用，因此省略二分频环节，把交流电压正弦信号转换成方波后，就去控制定时/计数器电路，要知道这时的计数时间只有半个周期 $\left(\dfrac{1}{2}T\right)$，所以计算机也可很方便地求得频率值、频差大小和方向。只有在频率差允许的条件下，才进行恒定越前时间的计算。

（三）电压差检测

由于在频率差和相角差 $\delta_e(t)$ 检测电路中，不载有并列点两侧电压幅值的信息，所以需要设置专门电压差检测电路。电压差检测的任务和频率差检测任务相似，也在恒定越前时间之前作出电压幅值差是否符合并列条件的判断。

在基于数字计算机控制系统的自动并列装置中，电压差检测也可采用和频率差检测相类似的方案，直接读入 u_G 和 u_x 的幅值，然后求得两电压幅值间的高低和差值，读取交流电压幅值的方法可有以下不同的选择。

（1）直流采样。模拟器件 AD536A 是可供选用的实例之一，它把交流电压均方根值转换成低电平直流电压，采样后就可求得 $\dot{U}_G$ 和 $\dot{U}_x$ 的幅值，如图 2-25（a）所示，AD536A 就是其中的传感器。

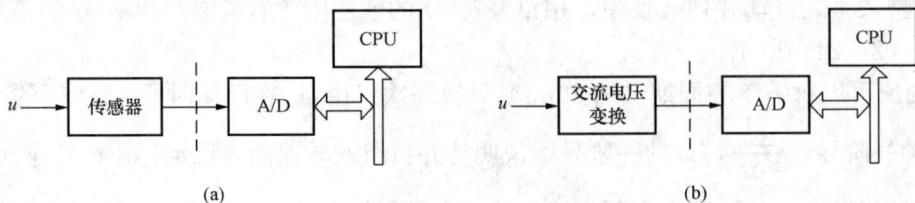

(a)　　　　　　　　　　　　　　　(b)

图 2-25　读取交流电压幅值的方法

（a）直流采样；（b）交流采样

（2）交流采样。把电压互感器二次侧的交流电压转换成低电平的交流电压后采用交流采样计算，求得 $\dot{U}_\text{G}$ 和 $\dot{U}_\text{x}$ 的幅值等信息，示意图如图 2 - 25（b）所示。交流采样虽然增加了 CPU 的负担，但它也可以获得更丰富的信息。

随着科学技术的进步，传感器、大规模集成电路器件等都在不断发展，电力系统自动并列装置中对电压检测的具体实施方案也必然与时俱进，不断更新。

第四节　频率差与电压差的调整

一、频率差调整

频率差调整的任务是将待并发电机的频率调整到接近于电网频率，使频率差趋向并列条件允许的范围，以促成并列的实现。如果待并发电机的频率低于电网频率，则要求发电机升速，发升速脉冲。反之，应发减速脉冲。发电机的转速按照比例调节准则，当频率差（Δf）值较大时，发出的调节量相应大些。当频率差值较小时，发出的调节量也就小些，以配合并列操作的工作。

根据上述要求，频率差控制任务由频率差测量和调节量控制两部分组成，前者判别 u_G 和 u_x 间频率差值大小，作为是否需要调速的依据。又区分 f_G、f_x 的高低作为发升速脉冲或减速脉冲的依据。后者按照比例调节的要求参照机组转速调节特性，控制输出脉冲时间长短，按比例调整发电机组的转速。

1. 频率差测量

参照上述数字式频率测量的方法，自动并列装置可直接测量 u_G、u_x 两并列电压的频率 f_G、f_x，然后进行计算判别，设 Δf_Z 为设定的允许频率差，当

$$| f_\text{G} - f_\text{x} | \leqslant \Delta f_\text{Z} \tag{2 - 32}$$

则不发调速脉冲，进行越前时间合闸控制计算。设

$$| f_\text{G} - f_\text{x} | > \Delta f_\text{Z} \tag{2 - 33}$$

则发调速控制脉冲，不进行越前时间合闸控制计算。若 $f_\text{G} > f_\text{x}$，则输出减速脉冲信号；若 $f_\text{G} < f_\text{x}$，则输出加速脉冲信号。

2. 调节量控制

发电机的转速按照比例调节准则，要求输出的调节脉冲时间与频率差值（Δf）成比例。由于各机组转速调整特性并不一致，因此调节量（脉冲时间的长短）与被调量（Δf）之间的关系，即调节系数，随机组而异，调节系数需通过查表求得。

频率差调整输出的过程通道为执行继电器，继电器动作控制调速电动机工作，继电器动作时间与输出脉冲时间的长短有关，所以，输出脉冲时间的长短就是相当于调节量的大小。

二、电压差调整

电压差调整的任务是在并列操作过程中自动调节待并发电机的电压值，使电压差条件符合并列的要求。它的实施原理与频率差调整极其相似，可直接测量 u_G、u_x 的幅值，然后求取电压差绝对值 $| \Delta U |$。设 $| \Delta U |$ 小于或等于设定的允许电压差值 ΔU_s，则不进入电压调整控制程序；如 $| \Delta U |$ 大于 ΔU_s，就进入电压控制调整程序。其实施原则可参见频率差控制。

第五节　基于数字计算机控制系统的自动并列装置的组成

一、概述

随着现代信息技术的发展，数字处理器构成的控制系统由于硬件简单、编程方便灵活、运行可靠、技术成熟，目前已成为当前基于数字计算机控制系统的自动并列装置硬件的主流。

在第一章中，已对基于数字处理器的控制系统的架构作了介绍，基于数字计算机控制系统的自动并列装置通常选用微控制器（MCU），其具有以下特点。

（1）MCU 具有高速运算和逻辑判断能力，它的指令周期以微秒计，实时性很好，这对于发电机频率（50Hz）的电压信号来说，可以快递地进行相角差 δ_e 和滑差角频率 ω_s 计算，其速度近似于实时运算，也可以分别按照频率差和电压差的大小和方向，等待并列的发电机组实施相应的自动调节，还能在考虑到相差角 δ_e 可能为加速度的情况下进行较为严密的计算。总之，它能按 δ_e 实时变化的规律采取相应的措施求得最佳越前时间，发出合闸信号，具有较好的技术性能。

（2）MCU 与 ROM/EPROM/RAM、总线以及 A/D、D/A、显示系统、看门狗等功能以及总线接口的电路一起组成基于数字计算机控制系统的自动并列装置。

二、自动并列装置的组成

自动并列装置的主要工作由频率差、电压差、合闸信号三个控制单元组成，如图 2-8 所示。如这三个控制单元的工作由计算机来完成，这就是基于数字计算机控制系统的自动并列装置。

（一）计算机控制系统

如图 2-26 所示，以中央处理单元（CPU）为核心的数字式并列装置，是一台专用的计算机控制系统。因此按照计算机控制系统组成原则，硬件的基本配置由主机，输入、输出接口和输入、输出过程通道等部件组成。

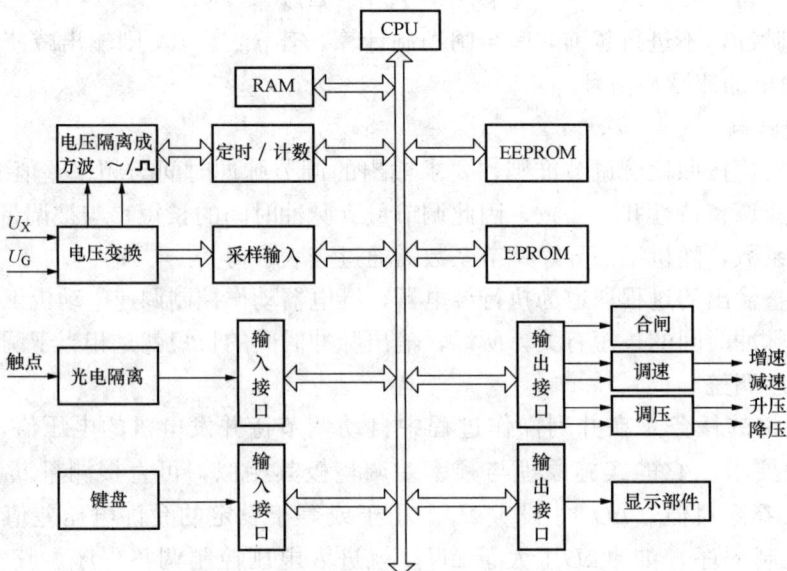

图 2-26　基于数字计算机控制系统的自动并列装置硬件原理框图

中央处理器单元（CPU）是计算机系统的核心，控制对象运行变量的采样输入存放在可读写的随机存储器（RAM）内，固定的参数和编制的程序则固化在只读存储器（ROM）内，自动并列装置的重要参数，如断路器合闸时间、频率差和电压差允许并列的阈值，滑差角加速度计算系数，频率和电压控制调节的脉冲宽度系数等，为了既能固定存储，又便于设置和整定值的修改，可存放在 EEPROM 中。

（二）输入、输出接口电路

在计算机控制系统中，输入、输出过程通道的信息不能直接与计算机总线相接，它必须由接口电路来完成信息传递的任务。现在各种 CPU 芯片都有相应的通用接口芯片供选用。它们有串行接口、并行接口、管理接口（计数/定时、中断管理等）、模拟量数字量间转换（A/D、D/A）等电路。这些接口电路与总线连接，供 CPU 读写，有关这些通用接口电路的介绍，可参阅有关基础课程教材。

（三）输入、输出过程通道

输入、输出过程通道与并列装置的自动化程度有关，图 2-26 是实现全自动并列操作的原理框图。为了实现发电机自动并列操作，须将电网和待并发电机的电压、频率等物理量按要求送到接口电路进入计算机。计算机将调节量、合闸信号等输出去控制待并机组，就需要把计算机接口电路输出信号变换为适合于对待并机组进行调节或合闸的操作信号。可见在计算机接口电路和并列操作控制对象的过程之间必须设置信息的传递和变换设备，通常人们称之为过程输入、输出通道。它是接口电路和控制对象之间传递信号的媒介。所以必须按控制对象的要求，选择与之匹配的器件为传输信号的通道。

1. 输入通道

并列装置在现场工作时，需输入的信息有下列几项。

（1）状态量输入。并列点两侧电压互感器二次侧交流电压是并列条件的信息源，在其波形中载有电压、频率、相角差等信息，经隔离及电路转换后送到接口电路。有关状态量输入接线的原理已在前面作了介绍，请参阅相关内容。

（2）并列点参数调用的地址（数字量）。自动并列装置在现场运行时，还需要输入具有并列点地址意义的信息，用于调用与并列点对应的一套参数，如越前时间（t_{YJ}）、允许滑差角频率（ω_{sz} 或 Δf_z）、允许电压幅值差（ΔU_{set}）、频率差控制和电压差控制的调整系数等。当操作控制对象确定后，由运行人员控制（就近操作或远方控制），给出一组数码（数字量）通过接口电路输入。自动并列装置按数码指引地址调用各项参数。为了安全可靠起见，输入数码的编码宜采用特定规则（容错技术），如出现错码也不会调错参数，以防止引起不良操作后果。

（3）工作状态及复位按钮。基于数字计算机控制系统的自动并列装置，按程序执行操作任务，其工作状态有参数设定调试和并列操作之分，为此设置相应的工作状态输入信号，引导程序走向。装置启动后，通过输入接口读入。

基于数字计算机控制系统的自动并列装置启动后一般都有自检，在自检或工作中可能由于硬件、软件或某种偶然原因，导致出错或死机，为此，需设置一复位按钮，能使装置重新启动。操作复位后，装置重新运行，有可能正常，这说明装置本身无故障属偶然因素；也有可能仍旧出错或死机，说明装置确有问题，应退出并运行，检查排除故障。

2. 输出通道

自动并列装置有以下输出控制信号。

（1）调节发电机转速的增速、减速信号。

（2）调节发电机电压的升压、降压信号。

（3）并列断路器合闸脉冲控制信号。

这些控制信号按控制对象的要求或经转换驱动继电器发出合闸控制信号，或经转换为相应的调节量控制驱动信号，执行调节任务。

（四）人—机联系

这是计算机控制系统必备的设施，属常规外部设备。其配置则视具体情况而定。自动并列装置的人—机联系主要用于程序调试、设置或修改参数。装置运行时，此部分用于显示发电机并列过程的主要变量，如相角差 δ、频率差、电压差的大小和方向以及调速、调压的情况。总之，为运行操作人员的监控提供了方便。

其常用的设备有：

（1）键盘——用于输入程序、数据和命令；

（2）CRT 显示器——生产厂调试程序时现场设置参数等工作任务需要；

（3）数码和发光二极管 LED 显示指示——为现场运行人员提供直观的显示，以利于对并列过程的监控，例如两电压间相角差用 LED 发光作圆周运动显示，直观醒目，较受欢迎；

（4）操作设备——为运行人员提供控制的设备，如按钮、开关等。

三、基于数字计算机控制系统的自动并列装置的软件

基于数字计算机控制系统的自动并列装置利用中央处理单元（CPU）的高速处理信息能力，根据编制的程序（软件），在硬件配合下实现发电机的并列操作，因此软件在控制系统中占有十分重要的地位。自动并列装置按所制订的软件流程进行工作，然而程序流程细节可能因人而异，无标准可循，这和每个人处理问题的方式方法不同类似，具有"个性"差异，这里介绍的只是装置的控制逻辑框图，供编程人员参考。

1. 主程序

装置启动后第一步工作就是对主要部件进行自检，如图 2 - 27 所示控制逻辑框图。如自检出错，输出信号报警。如正常，即开始工作。首先读取工作状态指令，有调试、设置参数或并列控制工作，然后进入相应程序。若为并列操作，首先读入并列点地址编码。如出错，即输出报警；如确认无误，就调用该并列点所设定的参数，然后开中断，进入并列条件检测程序。

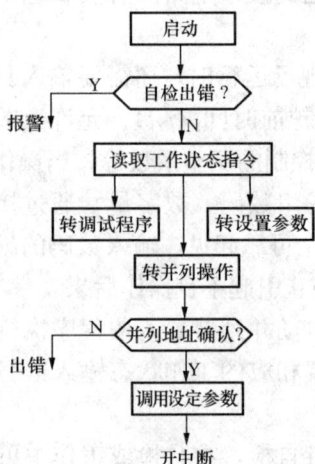

图 2 - 27　主程序工作原理的逻辑框图

2. 并列条件检测程序

在并列控制中，满足并列条件后才允许发出合闸指令，为了防止运行的波动性，电压差、频率差采用定时中断约 20ms 计算一次，因此，并列条件在实时监视之中，为确保并列操作的安全性，Δf、ΔU 只要有一项越限，程序就不进入恒定越前时间发合闸信号的计算。

设电压、频率都有自动调节功能，如频率差、电压检测越限，就由频差调整，实施相应调整按设定好的调整系数和预定调节准则，输出调节控制信号进行调节，促使其满足并列条件。图 2 - 28 为并列条件检测、合闸控制程序的原理框图。

对于没有电压或频率自动调节功能的并列装置，则输出 U_G（或 f_G）与 U_x（或 f_x）间差值的显示信息，供运行人员操作参考，以利于并列条件尽快实现。

如果 Δf、ΔU 都小于设定限值，运行工况已满足并列条件，那就万事俱备，只等待捕捉最佳并列合闸时机，下面的程序就是为实现这一目标制订的，如图 2-28 所示。

首先进行当前相角差 δ_e 计算，以了解当前并列点间脉动电压 U_s 的状况，δ_e 是否处于 $\pi \sim 2\pi$ 区间？因为恒定越前时间 t_{YJ} 一般限定在两相量间相角差逐渐减小区段。因此，如果 δ_e 的值是在 $0 \sim \pi$ 之间，这是相角差 δ_e 逐渐增大区间，就可不必作恒定越前时间（t_{YJ}）最佳导前相角（δ_{YJ}）计算。

如果 δ_e 是在 π 与 2π 区间，那

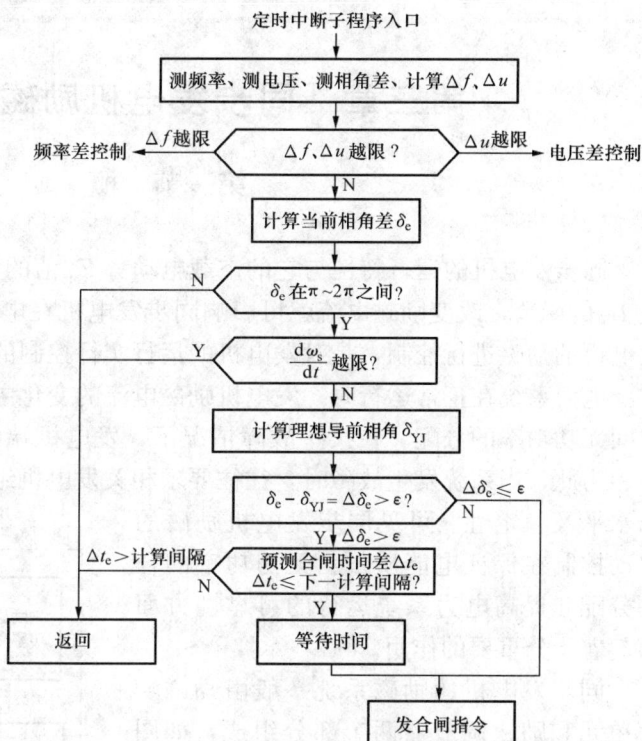

图 2-28　并列条件检测、合闸控制程序原理框图

么，千万别错过良机，要设法捕捉住最佳导前相角 δ_{YJ} 时发出合闸指令。因为一旦错失时机，就得等待到下一个脉动周期才能发出合闸指令，一个本来可以及时完成的控制，不应该被随便推迟，特别是要求快速并网时，能争取几秒钟也可能是对电网的巨大贡献。

式（2-23）为恒定越前时间最佳导前相角 δ_{YJ} 的计算，式中计及 $\dfrac{\Delta \omega_s}{\Delta t}$ 相角差加速度。如果相角差加速度过大，不仅表明转速不稳定，还说明转轴的驱动能量较大，合闸后，其暂态过程严重，甚至失步，所以需设置限值加以限制，力求并列后能顺利进入同步运行。在加速度小于设定值条件下，式（2-23）计算得到的 δ_{YJ} 与当前的 δ_e 作比较，如果式（2-27）成立，$|(2\pi - \delta_i) - \delta_{YJ}| \leqslant \varepsilon$，则立刻发合闸脉冲。

如果差值大于 ε，则进行预测合闸时间差 Δt_e 计算，如大于下一个计算点的间隔，则返回，待下一个计算点重新计算。如果 Δt_e 小于或等于下一计算点时间，那么就延迟 Δt_e，发出并列合闸指令。

这里介绍的并列装置主程序工作原理的逻辑框图 2-27 和并列条件检测、合闸控制程序原理框图 2-28，仅表示基于数字计算机控制系统的自动并列装置控制系统软件编制与贯彻控制原理间的逻辑关系示例，不是并列装置软件的全部内容。并列装置还有自动电压调整和频率调整以及参数设定、调试等工作程序，这里不一一列举。

第三章　同步发电机励磁自动控制系统

第一节　概　　述

同步发电机的运行特性与它的空载电动势 E_q 值的大小有关，而 E_q 的值是发电机励磁电流 I_{EF} 的函数，改变励磁电流就可影响同步发电机在电力系统中的运行状态。因此，对同步发电机的励磁进行控制，是对发电机的运行实行控制的重要内容之一。

电力系统在正常运行时，发电机励磁电流的变化主要影响电网的电压水平和并联运行机组间无功功率的分配。在某些故障情况下，发电机端电压降低将导致电力系统稳定水平下降。为此，当系统发生故障时，往往要求相关发电机组迅速增大励磁电流，以维持电网的电压水平及稳定性。可见同步发电机励磁的自动控制在保证电能质量、无功功率的合理分配和提高电力系统运行的可靠性方面都起着十分重要的作用。

同步发电机的励磁系统一般由励磁功率单元和励磁调节器两个部分组成，如图 3-1 所示。励磁功率单元向同步发电机转子提供直流电流，即励磁电流；励磁调节器根据输入信号和给定的调节准则控制励磁功率单元的输出。整个励磁自动控制系统是由励磁调节器、励磁功率单元和发电机构成的一个反馈控制系统。

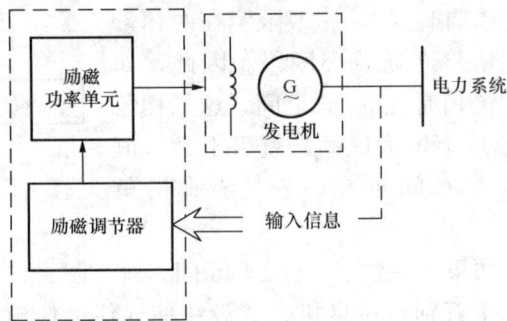

图 3-1　励磁自动控制系统构成框图

本章主要介绍同步发电机励磁自动控制系统的组成原理和它的运行特性。第四章我们再分析其动态特性。

一、同步发电机励磁控制系统的任务

在电力系统正常运行或事故运行中，同步发电机的励磁控制系统起着重要的作用。优良的励磁控制系统不仅可以保证电网和发电机组安全可靠运行，提供合格的电能，而且还可有效地提高系统的技术指标。根据运行方面的要求，励磁控制系统应该承担如下任务。

（一）电压控制

电力系统在正常运行时，负荷总是经常波动的，同步发电机的功率也就发生相应变化。随着负荷的波动，需要对励磁电流进行调节以维持机端或系统中某一点的电压在给定的水平。励磁自动控制系统担负了维持发电机组机端电压水平的任务。为了阐明它的基本概念，可用最简单的单机运行系统来进行分析。

图 3-2 （a）是同步发电机运行原理图，图中 GEW 是励磁绕组，机端电压为 $\dot{U}_G$、电流为 $\dot{I}_G$。在正常情况下，流经 GEW 的励磁电流为 I_{EF}，由它建立的磁场使定子产生的空载感应电动势为 $\dot{E}_q$，改变 I_{EF} 的大小，E_q 值就相应的改变。$\dot{E}_q$ 与 $\dot{U}_G$ 之间的关系可用等值

电路图 3 - 2 （b）来表示。其间的关系式为

$$\dot{U}_G + j\dot{I}_G X_d = \dot{E}_q \tag{3-1}$$

式中　X_d——发电机直轴电抗。

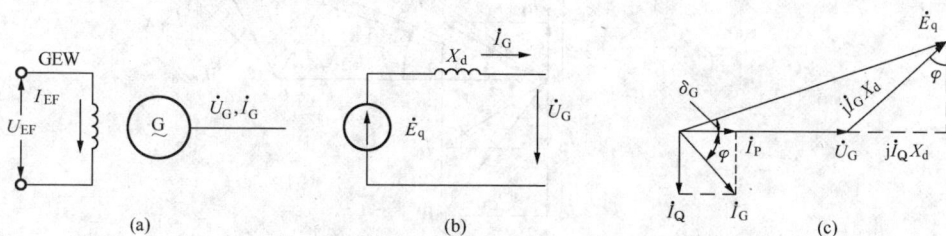

图 3 - 2　同步发电机感应电动势与励磁电流关系
(a) 同步发电机运行原理；(b) 等值电路；(c) 相量图

隐极发电机的相量图如图 3 - 2 （c）所示。发电机感应电动势 $\dot{E}_q$ 与端电压 $\dot{U}_G$ 的幅值关系为

$$E_q\cos\delta_G = U_G + I_Q X_d$$

式中　δ_G——$\dot{E}_q$ 与 $\dot{U}_G$ 间的相角，即发电机的功率角；
　　　I_Q——发电机的无功电流。

一般 δ_G 的值很小，可近似认为 $\cos\delta_G \approx 1$，于是，可得简化的运算式为

$$E_q \approx U_G + I_Q X_d \tag{3-2}$$

式（3 - 2）说明，负荷的无功电流是造成 E_q 和 U_G 幅值差的主要原因，发电机的无功电流越大，两者间的差值也越大。

式（3 - 2）是式（3 - 1）的简化，目的是为了突出其间最基本的关系。由式（3 - 2）看出，同步发电机的外特性必然是下降的。当励磁电流 I_{EF} 一定时，发电机端电压 U_G 随无功负荷增大而下降。图 3 - 3 说明，当无功电流为 I_{Q1} 时，发电机端电压为额定值 U_{GN}，励磁电流为 I_{EF1}。当无功电流增大到 I_{Q2} 时，如果励磁电流不增加，则端电压降至 U_{G2}，可能满足不了运行的要求，必须将励磁电流增大至 I_{EF2} 才能维持端电压为额定值 U_{GN}。同理，无功电流减小时，U_G 会上升，必须减小励磁电流。同步发电

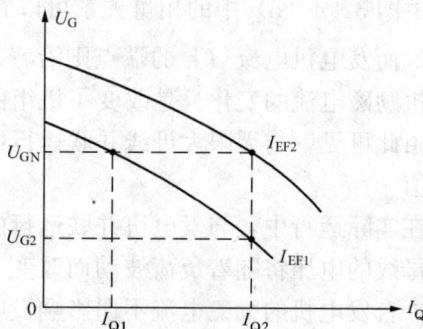

图 3 - 3　同步发电机的外特性

机的励磁自动控制系统就是通过不断地调节励磁电流来维持机端电压为给定水平的，也就被称为自动电压调节器（AVR）。

（二）控制无功功率的分配

为了使分析简单起见，设同步发电机与无限大母线并联运行，即发电机端电压不随负荷大小而变，是一个恒定值，其原理接线如图 3 - 4 （a）所示，图 3 - 4 （b）是它的相量图。

由于发电机发出的有功功率只受调速器控制，与励磁电流的大小无关。故无论励磁电流如何变化，发电机的有功功率 P_G 均为常数，即

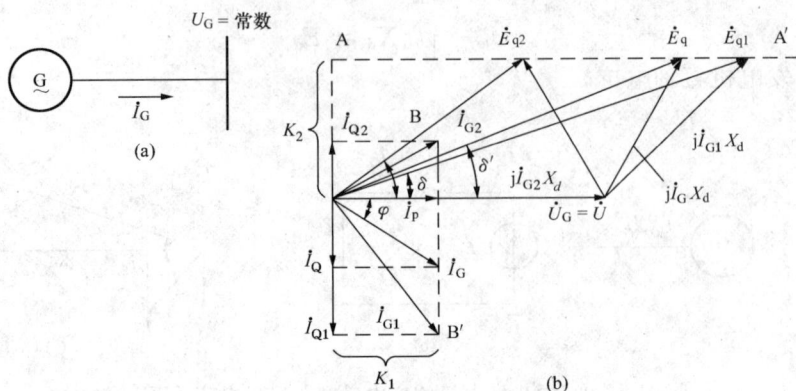

图 3 - 4　同步发电机与无穷大母线并联运行
（a）原理接线图；（b）相量图

$$P_G = U_G I_G \cos\varphi = 常数 \tag{3-3}$$

式中　φ——功率因数角。

当不考虑定子电阻和凸极效应时，发电机功率又可用式（3-4）表示，即

$$P_G = \frac{E_q U_G}{X_d}\sin\delta = 常数 \tag{3-4}$$

式中　δ——发电机的功率角。

以上两式分别说明当励磁电流改变时，$I_G\cos\varphi$ 和 $E_q\sin\delta$ 的值均保持恒定，即

$$I_G\cos\varphi = K_1$$
$$E_q\sin\delta = K_2$$

由图 3 - 4（b）中的相量关系可以看到，这时感应电动势 $\dot{E}_q$ 的端点只能沿着 AA′ 虚线变化，而发电机电流 $\dot{I}_G$ 的端点则沿着 BB′ 虚线变化。因为发电机端电压 U_G 为定值，所以发电机励磁电流的变化只是改变了机组的无功功率和功率角 δ 值大小。

由此可见，与无限大母线并联运行的机组，调节它的励磁电流可以改变发电机无功功率的数值。

在实际运行中，与发电机并联运行的母线并不是无限大母线，即系统等值阻抗并不等于零，母线的电压将随着负荷波动而改变。电厂输出无功电流与它的母线电压水平有关，改变其中一台发电机的励磁电流不但影响发电机电压和无功功率，而且也将影响与之并联运行机组的无功功率，其影响程度与系统情况有关。因此，同步发电机的励磁自动控制系统还担负着并联运行机组间无功功率合理分配的任务。

（三）提高同步发电机并联运行的稳定性

保持同步发电机稳定运行是保证电力系统安全可靠供电的首要条件。电力系统在运行中随时都可能遭受各种干扰，在各种扰动后，发电机组能够恢复到原来的运行状态或者过渡到另一个新的运行的状态，则称系统是稳定的。其主要标志是在暂态过程结束后，同步发电机能维持或恢复同步运行。

为了便于研究，将电力系统的稳定分为静态稳定和暂态稳定两类。

电力系统静态稳定与自动控制中的稳定概念一样，是指电力系统在正常运行状态下，经

受微小扰动后恢复到原来运行状态的能力。可采用自动控制理论所介绍的方法，用微分方程建立该动态系统的数学模型。

电力系统暂态稳定是指电力系统在某一正常方式下突然遭受大扰动后能否过渡到一个新的稳定运行状态，或者恢复到原来运行状态的能力。这里，所谓大的扰动是指电力系统发生某种事故，如高压电网发生短路或发电机被切除等。

现在又把电力系统受到小的或大的干扰后，计及自动调节和控制装置作用的长过程的运行稳定问题称为动态稳定。

在分析电力系统稳定性问题时，不论静态稳定或暂态稳定，在数学模型表达式中总含有发电机电动势 E_q 或 E'_q，因而与励磁电流有关。可见，励磁自动控制系统是通过改变励磁电流从而改变 E'_q 值来改善系统稳定性的，有关内容在电力系统暂态分析课程中已有较详细的介绍。

下面我们简单扼要地分析励磁对静态稳定和暂态稳定的影响。

1. 励磁对静态稳定的影响

图 3 - 5（a）为一个简单的电力系统原理接线图，其中发电机经升压变压器、输电线路和降压变压器接到受端系统。设受端母线电压 U 恒定不变。系统等值网络和相量图如图 3 - 5（b）、（c）所示。

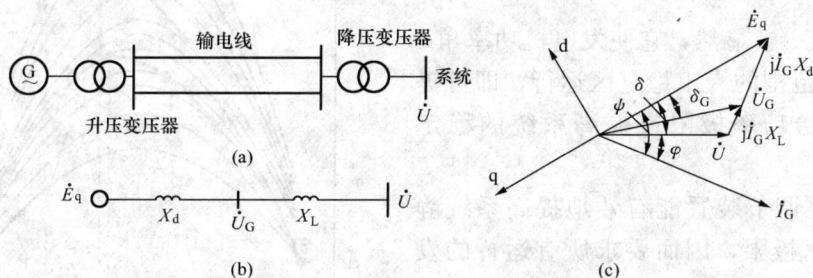

图 3 - 5　单机向无限大母线送电
(a) 原理接线图；(b) 等值网络；(c) 相量图

发电机的输出功率按式（3 - 4）可写成

$$P_G = \frac{E_q U}{X_\Sigma} \sin\delta = \frac{E_q U}{X_d + X_L} \sin(\delta_G + \delta_L) \tag{3 - 5}$$

式中　X_Σ——系统总电抗，一般为发电机、变压器、输电线电抗之和；

　　　　δ——发电机空载电动势 $\dot{E}_q$ 和受端电压 $\dot{U}$ 间的相角；其中 δ_G 为发电机内角，δ_L 为机端电压与受端电压 $\dot{U}$ 之间的相角。

对于空载电动势 E_q 值为某一固定值时，发电机传输功率 P_G 是功率角的正弦函数，如图 3 - 6 所示，称为同步发电机的功率特性或发电机功角特性。

众所周知，当 δ 小于 90°时（如图中 a 点所示），发电机是静态稳定的。当 δ 大于 90°时（如图中 b 点所示），发电机不能稳定运行。δ＝90°时为稳定的极限情况。所以最大可能传输的功率极限为 P_m，即

$$P_m = \frac{E_q U}{X_\Sigma}$$

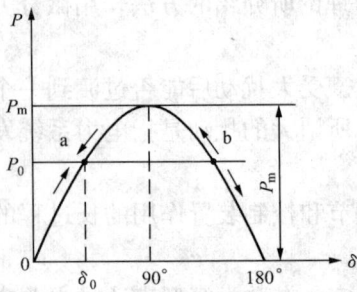

图 3-6　同步发电机的功率特性

实际运行时，为了安全可靠起见留有一定裕度，运行点总是对应低于功率极限值。

上述分析表明，静态稳定极限功率 P_m 与发电机空载电动势 E_q 成正比，而 E_q 值与励磁有关。无自动调节励磁时，因励磁电流恒定，$E_q=$ 常数，此时的功角特性称为内功率特性；励磁电流不同的内功率特性如图 3-7 中的一簇曲线 A 所示。若发电机具有灵敏快速和调节准则完善的励磁调节器，使之能维持机端电压恒定运行，发电机的功率特性可表示为 $P_G=\dfrac{U_G U}{X_L}\sin\delta_L$，称为外功率

特性，$\delta_L=90°$ 为极限传输功率，功率极限 $P_m=\dfrac{U_G U}{X_L}$，见图 3-7 中的曲线 B（粗黑线）的顶点 e，其发电机功角 $\delta=\delta_G+90°>90°$，凡大于 90° 的区域称之为人工稳定区域；若发电机具有灵敏快速按电压偏差比例调节的励磁调节器时，则发电机的功率特性近似按 $E'=$ 常数、X'_Σ 代入式（3-5）求得，传输的功率极限 $P_m=\dfrac{E'U}{X'_\Sigma}$，见图（3-7）中另一条曲线 C（粗黑线）的顶点 e'。显然，它使发电机功率角 δ 能在大于 90° 范围的人工稳定区运行，即可提高发电机输送功率极限或提高系统的稳定储备。

由于励磁调节装置能有效地提高系统静态稳定的功率极限，因而要求所有运行的发电机组都要装设励磁调节器。

当发电机与系统联系较弱时，励磁控制系统需要加入校正信号才能抑制可能出现的低频振荡。有关这方面的内容将在第四章作较详细的分析。

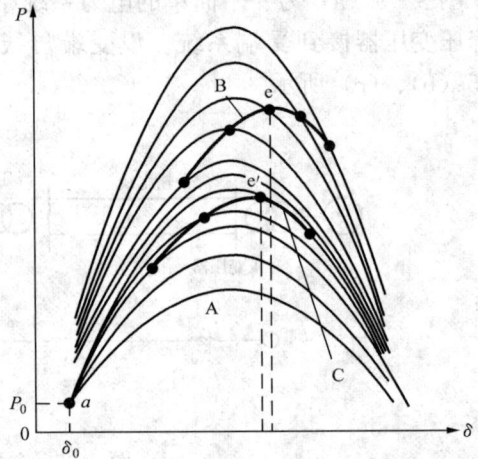

图 3-7　发电机的几条代表性功率特性

2. 励磁对暂态稳定的影响

电力系统遭受大的扰动以后，发电机组能否继续保持同步运行，这是暂态稳定所研究的课题。由于现代继电保护装置的快速切除故障，一般的励磁自动控制系统对暂态稳定的影响不如它对静态稳定的影响那样显著，但在一定条件下仍然可以看出它的明显作用。现以单机到无限大系统为例，设在正常运行情况下，发电机输送功率为 P_{G0}，在功角特性的 a 点运行，如图 3-8 所示。当突然受到某种扰动后，系统运行点由特性曲线 Ⅰ 上的 a 点突然变到曲线 Ⅱ 上的 b 点。由于动力输入部分存在惯性，

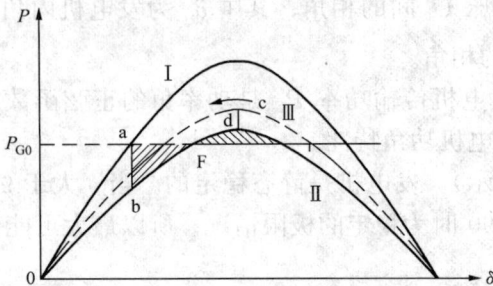

图 3-8　发电机的暂态稳定等面积法则

输入功率仍为 P_{G0}，于是发电机轴上将出现过剩转矩使转子加速，系统运行点由 b 沿曲线 II 向 F 点移动。过了 F 点后，发电机输出功率大于 P_{G0}，转子轴上将出现制动转矩，使转子减速。发电机能否稳定运行决定于曲线 II 与 P_{G0} 直线间所形成的上、下两块面积（如图 3-8 中阴影部分）是否相等，即所谓等面积法则。

在上述过程中，发电机如能强行增加励磁，使受到扰动后的发电机组的运行点移到功角曲线 III 上运行，这样不但减小了加速面积，而且还增大减速面积，因此使发电机第一次摇摆时功角 δ 的幅值减小，改善了发电机的暂态稳定性。当往回摆动时，过大的减速面积并不有利，这时如能让它回到特性曲线 II 上的 d 点运行，就可以减小回程振幅，对稳定更为有利。上述极简单的示例，使我们得到启示：在一定的条件下，励磁自动控制系统如果能按照要求进行某种适当的控制，同样可以改善电力系统的暂态稳定性。

然而，由于发电机励磁系统时间常数等因素的影响，要使它在短暂过程中完成符合要求的控制也很不容易，这要求励磁系统首先必须具备快速响应的条件。为此，一方面减小励磁系统的时间常数，另一方面要尽可能提高强行励磁的倍数。图 3-9 示出了励磁系统时间常数 T_e 与暂态稳定极限功率的关系，由图可见，T_e 在 0.3s 以下时，提高强励倍数 K 对提高暂态稳定极限功率有显著效果。当 T_e 较大时，效果就不明显。从图 3-10 表示的强励倍数与暂态稳定极限功率之间的关系中，可以说明当励磁系统既有快速响应特性又有高强励倍数时，才对改善电力系统暂态稳定有明显的作用。

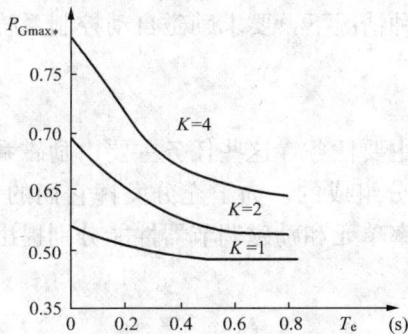

图 3-9 时间常数 T_e 与暂态
稳定极限功率的关系

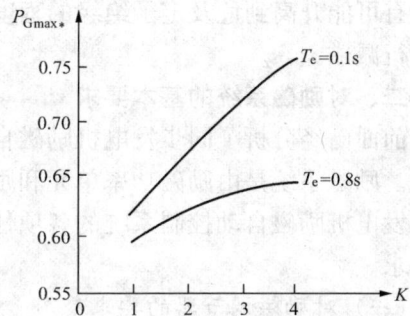

图 3-10 强励倍数与暂态
稳定极限功率的关系

在分析动态稳定时，必须计及励磁调节等自动控制系统的影响。

（四）改善电力系统的运行条件

当电力系统由于种种原因，出现短时低电压时，励磁自动控制系统可以发挥其调节功能，即大幅度地增加励磁以提高系统电压。这在下述情况下可以改善系统的运行条件。

1. 改善异步电动机的自启动条件

短路切除后可以加速系统电压的恢复过程，改善异步电动机的自启动条件。电网发生短路等故障时，电网电压降低，使大多数用户的电动机处于制动状态。故障切除后，由于电动机自启动时需要吸收大量无功功率，以致延缓了电网电压的恢复过程。发电机强行励磁的作用可以加速电网电压的恢复，有效地改善电动机的运行条件。图 3-11 表示了机组有励磁自动控制和没有励磁自动控制时短路切除后电压恢复的不同情况。

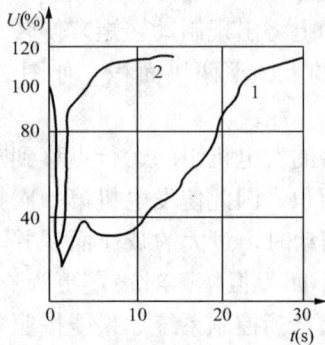

图 3 - 11　短路切除后电压的恢复
1—无励磁自动控制；2—有励磁自动控制

2. 为发电机异步运行创造条件

同步发电机失去励磁时，需要从系统中吸收大量无功功率，造成系统电压大幅度下降，严重时甚至危及系统的安全运行。在此情况下，如果系统中其他发电机组能提供足够的无功功率，以维持系统电压水平，则失磁的发电机还可以在一定时间内以异步运行方式维持运行，这不但可以确保系统安全运行而且有利于机组热力设备的运行。

3. 提高继电保护装置工作的正确性

当系统处于低负荷运行状态时，发电机的励磁电流不大，若系统此时发生短路故障，其短路电流较小，且随时间衰减，以致带时限的继电保护不能正确工作。励磁自动控制系统就可以通过调节发电机励磁以增大短路电流，使继电保护正确工作。

由此可见，发电机励磁自动控制系统在改善电力系统运行方面起了十分重要的作用。

（五）水轮发电机组要求实行强行减磁

当水轮发电机组发生故障突然跳闸时，由于它的调速系统具有较大的惯性，不能迅速关闭导水叶，因而会使转速急剧上升。如果不采取措施迅速降低发电机的励磁电流，则发电机电压有可能升高到危及定子绝缘的程度，所以，在这种情况下，要求励磁自动控制系统能实现强行减磁。

二、对励磁系统的基本要求

前面已经分析了同步发电机励磁自动控制系统的主要任务，这些任务主要由励磁系统来实现。励磁系统是由励磁功率单元和励磁调节器两部分组成的，为了充分发挥它们的作用，完成发电机励磁自动控制系统的各项任务，对励磁功率单元和励磁调节器性能分别提出如下的要求。

（一）对励磁调节器的要求

如图 3 - 1 所示，励磁调节器的主要任务是检测和综合系统运行状态的信息，以产生相应的控制信号，经处理放大后控制励磁功率单元以得到所要求的发电机励磁电流。所以对它的要求如下。

（1）系统正常运行时，励磁调节器应能反映发电机电压高低以维持发电机电压在给定水平。通常认为，自动励磁调节器应能保证同步发电机端电压静差率：半导体型的＜1％；电磁型的＜3％。

（2）励磁调节器应能合理分配机组的无功功率，为此，励磁调节器应保证同步发电机端电压调差率可以在下列范围内进行调整：半导体型的为±10％；电磁型的为±5％。

（3）远距离输电的发电机组，为了能在人工稳定区域运行，要求励磁调节器没有失灵区。

（4）励磁调节器应能迅速反应系统故障、具备强行励磁等控制功能，以提高暂态稳定和改善系统运行条件。

（5）具有较小的时间常数，能迅速响应输入信息的变化。

（6）机组突然故障跳闸的时候，应能快速灭磁。

（7）励磁调节器正常工作与否，直接影响了发电机组的安全运行，因此要求能够长期可靠的工作。

（二）对励磁功率单元的要求

励磁功率单元受励磁调节器控制，对它的要求如下。

（1）要求励磁功率单元有足够的可靠性并具有一定的调节容量。在电力系统运行中，发电机依靠励磁电流的变化进行系统电压和本身无功功率的控制。因此，励磁功率单元应具备足够的调节容量以适应电力系统中各种运行工况的要求。

（2）具有足够的励磁顶值电压和电压上升速度。前面已经提到，从改善电力系统运行条件和提高电力系统暂态稳定性来说，希望励磁功率单元具有较大的强励能力和快速的响应能力。因此，在励磁系统中励磁顶值电压和电压上升速度是两项重要的技术指标。

励磁顶值电压 U_{EFq} 是励磁功率单元在强行励磁时可能提供的最高输出电压值。该值与额定励磁电压 U_{EFN} 之比称为强励倍数。其值的大小，涉及制造和成本等因素，一般取 1.6～2。

励磁电压上升速度是衡量励磁功率单元动态行为的一项指标，它与试验条件和所用的定义有关。具有直流励磁机的励磁系统，当励磁电压初值为发电机额定负载励磁电压时，阶跃建立励磁顶值电压（继电强励装置动作），励磁电压上升速度曲线如图 3-12 所示。一般地说，在暂态稳定过程中，发电机功率角摇摆到第一个周期最大值的时间约为 0.4～0.7s，所以，通常将励磁电压在最初 0.5s 内上升的平均速率定义为励磁电压响应比。

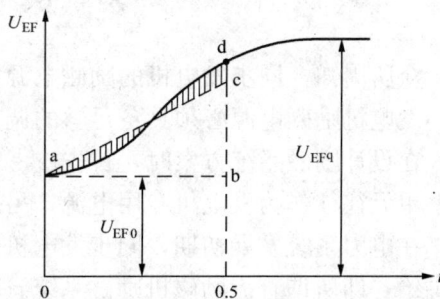

图 3-12 发电机励磁电压上升速度曲线

发电机的励磁绕组是一个电感性负载，为了简单起见，在忽略发电机转子电阻和定子回路对它影响的条件下，转子磁场方程可简化为

$$\Delta u_{EF}(t) = K \frac{d\Delta\Phi_G}{dt}$$

$$\Delta\Phi_G = \frac{1}{K}\int_0^{\Delta t} \Delta u_{EF}(t)dt \tag{3-6}$$

式中　$\Delta u_{EF}(t)$——励磁电压增量的时间响应；

$\Delta\Phi_G$——转子磁通增量；

K——与转子参数有关的常数。

在暂态过程中，励磁功率单元对发电机运行产生实际影响的最主要的物理量是转子磁通增量 $\Delta\Phi_G$，它的值如式（3-6）所示，正比于励磁电压伏秒曲线下的面积增量。所以在图 3-12 中，在起始电压 U_{EF0} 处作一水平线，再作一斜线 ac，使它在最初 0.5s 所覆盖的面积等于电压伏秒曲线 ad 在同一时间所覆盖的面积。换句话说，使图中画阴影的两部分面积相等，则表示的 $\Delta\Phi_G$ 量值相同。图中 U_{EF0} 为强行励磁初始值，取等于额定工况下的励磁电压值 U_{EFN}，于是励磁电压响应比可以定义为

$$R_R = \left(\frac{U_c - U_b}{U_a}\right)/0.5 = 2\Delta U_{*bc}(1/s) \tag{3-7}$$

式中　ΔU_{*bc}——图 3 - 12 中 bc 段电压标幺值。

一般 U_a 为额定工况下的励磁电压，则 $\dfrac{U_{EFg}}{U_a}$ 为强励倍数。

励磁电压响应比粗略地反应了励磁系统的动态指标。用上升过程来定义励磁电压响应比，是因为在大多数情况下，人们对发电机强行励磁作用更为关切。其实，在暂态稳定过程中，励磁自动控制系统的减磁过程也是同样重要的。

现在一般大容量机组往往采用快速励磁系统，励磁系统电压响应时间（励磁电压达到 95％顶值电压所需时间）为 0.1s 或更短的励磁系统，称为高起始响应励磁系统（或称快速励磁系统）。在这里，用响应时间作为动态性能评定指标。

由于励磁系统的强励倍数和电压上升速度涉及到励磁系统的结构和造价等，所以在选择方案时应根据发电机在系统中的地位和作用等因素，提出恰当的指标以适应运行上的要求，过高的要求有时也未必合理。

第二节　同步发电机励磁系统

众所周知，同步发电机的励磁电源实质上是一个可控的直流电源。为了满足正常运行要求，发电机励磁电源必须具备足够的调节容量，并且要有一定的强励倍数和励磁电压响应速度。在设计励磁系统方案时，首先应考虑它的可靠性。计及系统电网故障对它的影响，励磁功率单元往往作为发电机专用电源，另外，它的启励方式也应力求简单方便。

在电力系统发展初期，同步发电机的容量不大，励磁电流由与发电机组同轴的直流发电机供给，即所谓直流励磁机励磁系统。随着发电机容量的提高，所需励磁电流也相应增大，机械整流子在换流方面遇到了困难，而大功率半导体整流元件制造工艺又日益成熟，于是大容量机组的励磁功率单元就采用了交流发电机和半导体整流元件组成的交流励磁机励磁系统。

不论是直流励磁机励磁系统还是交流励磁机励磁系统，励磁机通常与主机同轴旋转。为了缩短主轴长度、降低造价、减少环节，又出现用发电机自身作为励磁电源的方法，即发电机自并励系统，又称为静止励磁系统。这种励磁系统对于水轮发电机尤为适用。

下面对几种常用的励磁系统作简要介绍。由于在励磁系统中励磁功率单元往往起主导作用，因此下面着重分析励磁功率单元。

一、直流励磁机励磁系统

直流励磁机励磁系统是过去常用的一种励磁方式。由于它是靠机械整流子换向整流的，当励磁电流过大时，换向就很困难，所以这种方式只能在 10 万 kW 以下小容量机组中采用。直流励磁机大多与发电机同轴，它是靠剩磁来建立电压的，按励磁机励磁绕组供电方式的不同，又可分为自励式和他励式两种。

（一）自励直流励磁机励磁系统

图 3 - 13 是自励直流励磁机励磁系统的原理接线图。发电机转子绕组由专用的直流励磁机 DE 供电，调整励磁机磁场电阻 R_C 可改变励磁机励磁电流中的 I_{RC}，从而达到人工调整发电机转子电流的目的，实现对发电机励磁的手动调节。

图 3 - 13 还表示了励磁调节器与自励直流励磁机的一种连接方式。在正常工作时，I_{AVR}

与 I_{RC} 同时负担励磁机的励磁绕组 EEW 的调节功率，这样可以减小励磁调节器的容量，这对于功率放大系统较小，由电磁元件组成的励磁调节器来说是很必要的。

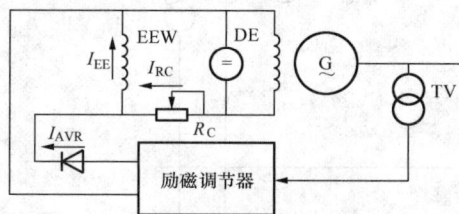

图 3-13　自励直流励磁机励磁系统原理接线　　　　图 3-14　他励直流励磁机励磁系统原理接线

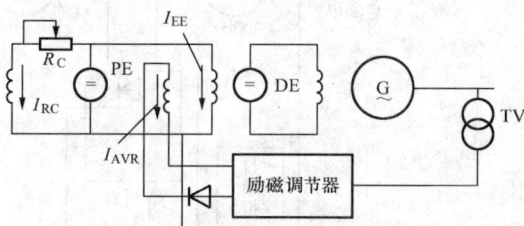

（二）他励直流励磁机励磁系统

他励直流励磁机励磁绕组是由副励磁机供电的，其原理接线图如图 3-14 所示。副励磁机 PE 与励磁机 DE 都与发电机同轴。

比较图 3-13 与图 3-14，自励与他励的区别在于励磁机的励磁方式不同，他励比自励多用了一台副励磁机。由于他励方式取消了励磁机的自并励，励磁单元的时间常数就是励磁机励磁绕组的时间常数，与自励方式相比，时间常数减小了，即提高了励磁系统的电压增长速率。他励直流励磁机励磁系统一般用于水轮发电机组。

直流励磁机有电刷、整流子等转动接触部件，运行维护繁杂，从可靠性来说，它又是励磁系统中的薄弱环节。在直流励磁机励磁系统中以往常采用电磁型调节器，这种调节器以磁放大器作为功率放大和综合信号的元件，反应速度较慢，但工作较可靠。

二、交流励磁机励磁系统

目前，容量在 100MW 以上的同步发电机组都普遍采用交流励磁机励磁系统，同步发电机的励磁机也是一台交流同步发电机，其输出电压经大功率整流器整流后供给发电机转子。交流励磁机励磁系统的核心是励磁机，它的频率、电压等参数是根据需要特殊设计的，其频率一般为 100Hz 或更高。

交流励磁机励磁系统根据励磁机电源整流方式及整流器状态的不同又可分为以下几种。

（一）他励交流励磁机励磁系统

他励交流励磁机励磁系统是指交流励磁机备有他励电源——中频副励磁机或永磁副励磁机。在此励磁系统中，交流励磁机经硅整流器供给发电机励磁，其中硅整流器可以是静止的也可以是旋转的，因此又可分为下列两种方式。

1. 交流励磁机静止整流器励磁系统

如图 3-15 所示的励磁自动控制系统是由与主机同轴的交流励磁机、中频副励磁机和调节器等组成。在这个系统中，发电机 G 的励磁电流由频率为 100Hz 的交流励磁机 AE 经硅整流器 V 供给，交流励磁机的励磁电流由晶闸管可控整流器供给，其电源由副励磁机提供。副励磁机是自励式中频交流发电机，用自励恒压调节器保持其端电压恒定。由于副励磁机的启励电压较高，不能像直流励磁机那样能依靠剩磁启励，所以在机组启动时必须外加启励电源，直到副励磁机输出电压足以使自励恒压调节器正常工作时，启励电源方可退出。在此励磁系统中，励磁调节器控制晶闸管元件的控制角，来改变交流励磁机的励磁电流，达到控制发电机励磁的目的。

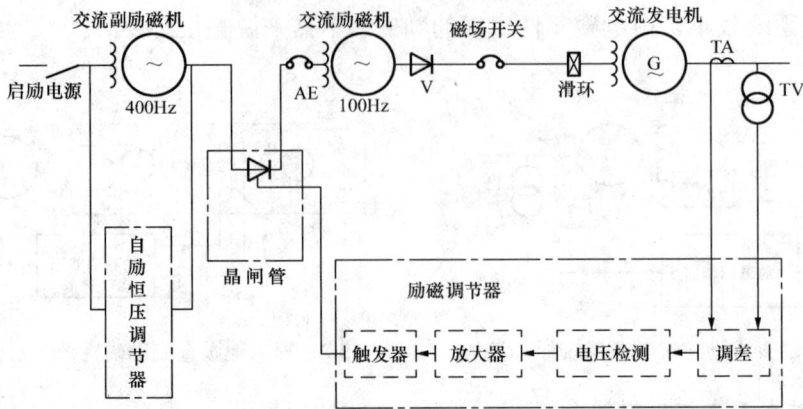

图 3-15　他励交流励磁机励磁系统原理接线

这种励磁系统的性能和特点如下。

（1）交流励磁机和副励磁机与发电机同轴是独立的励磁电源，不受电网干扰，可靠性高。

（2）交流励磁机时间常数较大，为了提高励磁系统快速响应，励磁机转子采用叠片结构，以减小其时间常数和因整流器换相引起的涡流损耗，频率采用 100Hz 或 150Hz。因为 100Hz 叠片式转子与相同尺寸的 50Hz 实心转子相比，励磁机时间常数可减小约一半。交流副励磁机频率为 400～500Hz。

（3）同轴交流励磁机、副励磁机，加长了发电机主轴的长度，使厂房长度增加，因此造价较高。

（4）有滑动接触部件滑环，转子电流受限制，且需要一定的维护工作量。

（5）一旦副励磁机或自励恒压调节器发生故障，均可导致发电机组失磁。如果采用永磁发电机作为副励磁机，不但可以简化调节设备，而且励磁系统的可靠性也可大为提高。

2. 交流励磁机旋转整流器励磁系统（无刷励磁）

图 3-15 所示的交流励磁机励磁系统是国内运行经验最丰富的一种系统。它有一个薄弱环节——滑环。滑环是一种滑动接触元件，随着发电机容量的增大，发电机转子电流也相应增大，这给滑环的正常运行和维护带来了困难，通常认为不宜超越 6～10kA。为了提高发电机组的容量，就必须设法取消滑环，使整个励磁系统都无滑动接触元件，即所谓无刷励磁系统。

图 3-16 是无刷励磁系统的原理接线图。它的副励磁机是永磁发电机，其磁极是旋转的，电枢是静止的，而交流励磁机正好相反。交流励磁机电枢、硅整流元件、发电机的励磁绕组都在同一根轴上旋转，所以它们之间不需要任何滑环与电刷等接触元件，这就实现了无刷励磁。

无刷励磁发电机灭磁时，首先励磁调节器（AVR）进行逆变，使励磁调节器的输出电压为负值，因此发电机励磁电压很快下降到零，在稍延时后才断开整流装置的电源开关以保证灭磁，此时发电机励磁绕组中的电流，通过整流回路及绕组自然衰减。

在无刷励磁发展的早期，一般认为无刷励磁系统在发电机的转子电路中无法接入直流灭磁开关，不能实施快速灭磁。通常认为这是一个很大的问题。因为当发电机内部定子绕组一旦发生两点接地相间故障时，如灭磁时间稍长，就有可能使发电机定子铁芯损坏严重，必须"取出铁芯进行大修"后果严重，损失太大。发电机采用立刻断电快速灭磁的措施，是希望故障时使发电机铁芯的损坏控制在"可以小修"的范围内。

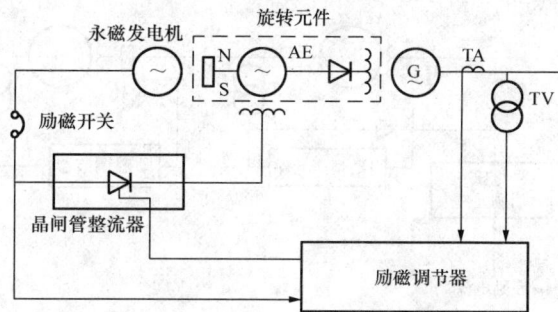

图 3 - 16　无刷励磁系统原理接线

20 世纪 90 年代，随着继电保护水平提高，发电机定子一点接地保护范围可以达到 100%，没有死区，这就可以在发电机定子一点接地时，使发电机停机，不允许带"伤"运行，而发电机定子绕组在同一瞬间两点接地的概率几乎为零，由于没有相间短路的可能，也就无快速灭磁的要求，仅有相间短路的可能。

在发电机励磁回路中串接灭磁开关等设备，降低了发电机励磁系统的可靠性，从实际运行的统计表明灭磁开关等设备的运行事故较多，现在发电机继电保护的进步可以取消此设备，提高运行可靠性。无刷励磁系统近年也因占地小、运行维护简单，得到了广泛的应用。

无刷励磁系统没有滑环与炭刷等滑动接触部件，转子电流不再受接触部件技术条件的限制，因此特别适合于超大容量发电机组。此种励磁系统的性能和特点为以下几点。

（1）无炭刷和滑环，维护工作量可大为减少。

（2）发电机励磁由励磁机独立供电，供电可靠性高。并且由于无刷，整个励磁系统可靠性更高。

（3）发电机励磁控制是通过调节交流励磁机的励磁实现的，因而励磁系统的响应速度较慢。为提高其响应速度，除前述励磁机转子采用叠片结构外，还采用减小绕组电感取消极面阻尼绕组等措施。另外，在发电机励磁控制策略上还采取相应措施——增加励磁机励磁绕组顶值电压，引入转子电压深度负反馈，以减小励磁机的等值时间常数。

（4）对励磁系统的检测（如转子电流、电压、转子绝缘，熔断器信号等）一般需要采用非接触的感应传输方式来实现。

（5）要求旋转整流器和快速熔断器等有良好的机械性能，能承受高速旋转的离心力。

（6）因为没有接触部件的磨损，也就没有炭粉和铜屑引起的对电机绕组的污染，故电机的绝缘寿命较长。

（二）自励交流励磁机励磁系统

与自励直流励磁机一样，自励交流励磁机的励磁电源也是从本机直接获得的，所不同的是，直流励磁机为了调整电压需要用一个磁场电阻；而自励交流励磁机为了维持其端电压恒定，则改用了可控整流元件。

1. 自励交流励磁机静止可控整流器励磁系统

这种励磁方式的原理接线如图 3 - 17 所示。发电机 G 的励磁电流由交流励磁机 AE 经晶闸管整流装置 VS 供给。交流励磁机的励磁一般采用晶闸管自励恒压方式。励磁调节器

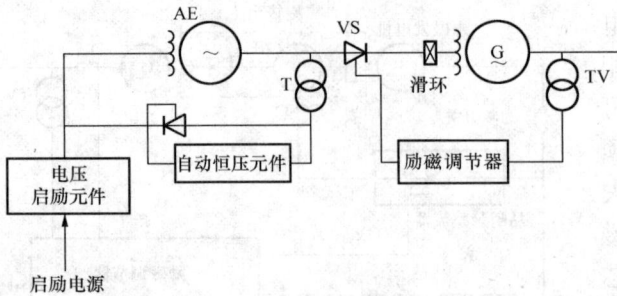

图 3-17　自励交流励磁机静止可控整流器励磁系统原理接线

AVR 直接控制晶闸管整流装置。采用电子励磁调节器及晶闸管整流装置，其时间常数很小，与图 3-15 的励磁方式相比，励磁调节的快速性较好。但本励磁方式中，励磁机的容量比图 3-15 中的要大，因为它的额定工作电压必须满足强励顶值电压的要求，而在图 3-15 中，励磁机额定工作电压远小于顶值电压，只有在强励情况下才短时达到顶值电压。因此，晶闸管励磁的励磁机容量要比硅整流励磁的大得多。

2. 自励交流励磁机静止整流器励磁系统

这一励磁系统原理接线如图 3-18 所示。发电机 G 的励磁电流由交流励磁机 AE 经硅整流装置 V 供给，电子型励磁调节器控制晶闸管整流装置 VS，以达到调节发电机励磁的目的。这种励磁方式与图 3-17 励磁方式相比其响应速度较慢，因为在这里还增加了交流励磁机自励回路环节，使动态响应速度受到影响。交流励磁机自并励方式使励磁系统结构大为简化，是汽轮发电机常用的励磁方式。

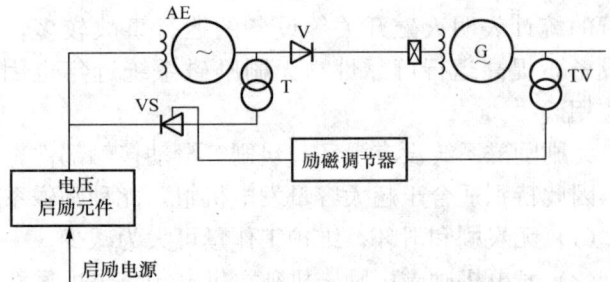

图 3-18　自励交流励磁机静止整流器励磁系统原理接线

三、静止励磁系统（发电机自并励系统）

静止励磁系统（发电机自并励系统）中发电机的励磁电源不用励磁机，而由机端励磁变压器供给整流装置。这类励磁装置采用大功率晶闸管元件，没有转动部分，故称静止励磁系统。由于励磁电源是由发电机本身提供，故又称为发电机自并励系统。

静止励磁系统原理接线如图 3-19 所示。它由机端励磁变压器供电给整流器电源，经三相全控整流桥直接控制发电机的励磁。它具有明显的优点，被推荐用于大型发电机组，特别是水轮发电机组。国外某些公司把这种方式列为大型机组的定型励磁方式。我国已在一些机组上主要是在一些大型机组上，采用静止励磁方式。

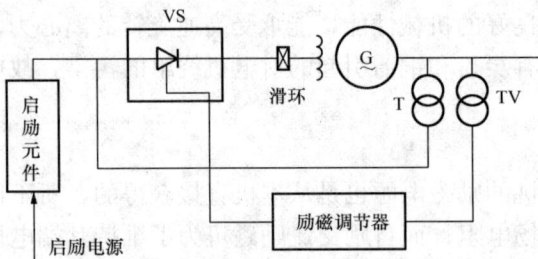

图 3-19　静止励磁系统原理接线

静止励磁系统的主要优点如下。

（1）励磁系统接线和设备比较简单，无转动部分，维护费用省，可靠性高。

（2）不需要同轴励磁机，可缩短主轴长度，这样可减小基建投资。

（3）直接用晶闸管控制转子电压，可获得很快的励磁电压响应速度，可近似认为具有阶跃函数那样的响应速度。

（4）由发电机端取得励磁能量。机端电压与机组转速的一次方成正比，故静止励磁系统输出的励磁电压与机组转速的一次方成比例。而同轴励磁机励磁系统输出的励磁电压与转速的平方成正比。这样，当机组甩负荷时静止励磁系统机组的过电压就低。

但对于静止励磁系统，人们曾有过以下两点疑虑。

（1）静止励磁系统的顶值电压受发电机端和系统侧故障的影响，在发电机近端三相短路而切除时间又较长的情况下，不能及时提供足够的励磁，以致影响电力系统的暂态稳定。

（2）由于短路电流的迅速衰减，带时限的继电保护是否能正确动作。

国内外的分析研究和试验表明，静止励磁系统的缺点并非原先设想的那么严重。对于大、中容量机组，由于其转子时间常数较大，转子电流要在短路 0.5s 后才显著衰减。因此，在短路刚开始的 0.5s 之内静止励磁方式与他励方式的励磁电流是很接近的，只是在短路 0.5s 后，才有明显差异。考虑到高压电网中重要设备的主保护动作时间都在 0.1s 之内，且都设双重保护，因此没有必要担心。至于接在地区网络的发电机，由于短路电流衰减快，继电保护的配合较复杂，要采取一定的技术措施以保证其正确动作。

静止励磁系统特别适宜用于发电机与系统间有升压变压器的单元接线中。由于发电机引出线采用封闭母线，机端电压引出线故障的可能性极小，设计时只需考虑在变压器高压侧三相短路时励磁系统有足够的电压即可。

第三节　励磁系统中的整流电路

同步发电机励磁系统中整流电路的主要任务是将交流电压整流成直流电压供给发电机励磁绕组或励磁机的励磁绕组。大型发电机的转子励磁回路通常采用三相桥式不可控整流电路，在发电机自并励系统中采用三相桥式全控整流电路；励磁机励磁回路通常采用三相桥式半控整流或三相桥式全控整流电路。整流电路是励磁系统中必备的部件，它对运行有极重要的影响。这里着重讲述三相桥式整流电路的一些基本特性，对整流电路的换流压降及外特性也作了必要介绍。有关整流电路方面更详细内容，限于篇幅不作介绍，可参阅有关专著。

一、三相桥式不可控整流电路

如图 3 - 20 所示，三相桥式不可控整流电路由三相变压器的二次侧（或交流励磁机电枢绕组）供电，整流元件为二极管 V1～V6 其直流侧负载 R_f 可以是发电机转子线圈或励磁机励磁绕组等。

由二极管的基本特性可知，该电路任何时刻只能是阳极电位最高和阴极电位最低的两个二极管处于正向电压而导通；其他四个二极管受到反向电压而不能导通。例如在图 3 - 20 （b）中 e_a、e_b、e_c 分别代表电源的相电压，$\omega t_0 \sim \omega t_1$ 期间，线电压 e_{ab} 最大，图中 e_a 电位最高，e_b 电位最低；所以接于 a 相的 V1 和接于 b 相的 V6 两个二极管导通。如果忽略二极管的导通压降，则 H 点电位受 e_a 钳位，这时由于 V3、V5 的电位小于 e_a，受反向电压而不能导通。同理，L 点电位受 e_b 钳位为最低，V2、V4 亦受反向电压而不能导通。

在 $\omega t_1 \sim \omega t_2$ 期间，线电压 e_{ac} 最大，接于 a 相的 V1 和接于 c 相的 V2 两个二极管导通，

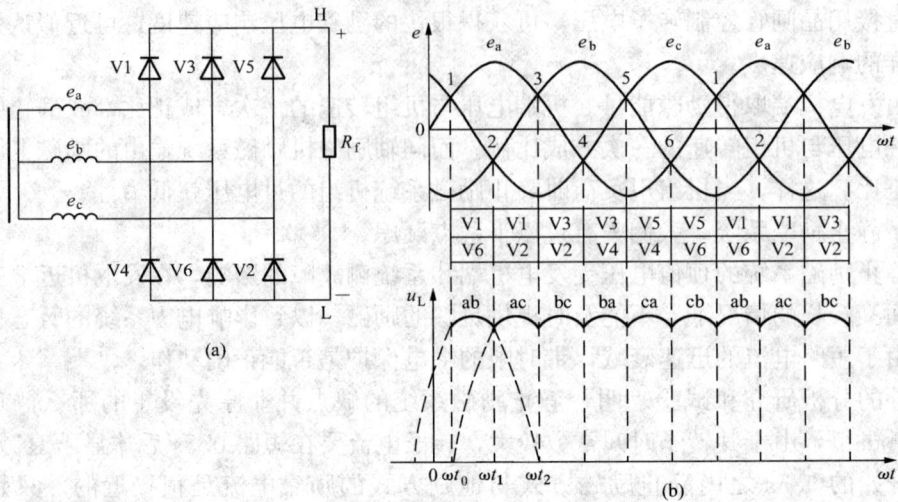

图 3 - 20　三相桥式不可控整流电路和波形
(a) 整流电路；(b) 输出电压波形

其余四个二极管不能导通。每一时间段内二极管的导通情况，如图 3 - 20（b）相电压波形下面的列表所示。

由表列出的各个二极管轮流导通的次序可见，每一周期中，每个二极管导通 $\frac{1}{3}$ 周期（120°），每一时段总有两个二极管导通，它们以三相电压波形的交点 [如图 3 - 20（b）中的 1～6 点] 为起点轮换，其中一个二极管导通与阻断，轮换周期为 $\frac{1}{6}$ 周期（60°）。二极管元件承受最大正、反向电压为线电压，如图 3 - 20（b）中 $\omega t_0 \sim \omega t_1$ 期间，不导通的二极管 V3 承受反向电压为 e_{ab}；若在 V1、V6 两管导通瞬间，V1 稍先导通，则 V6 承受正向电压 e_{ab}。

负载电压 u_{d0} 是线电压波形的包络线，以 $\frac{2\pi}{6}$ 为其脉动周期，输出空载电压平均值为

$$U_{d0} = \frac{6}{2\pi} \int_{\frac{\pi}{6}}^{\frac{\pi}{2}} (e_a - e_b) \mathrm{d}\omega t = 2.34 E_a = 1.35 E_{ab} \tag{3 - 8}$$

式中　E_a——变压器二次侧相电压有效值；

　　　E_{ab}——变压器二次侧线电压有效值；

　　　U_{d0}——输出空载电压平均值。

二、三相桥式半控整流电路

（一）工作原理

如图 3 - 21 所示，整流二极管 V2、V4、V6 是共阳极连接，晶闸管 VS1、VS3、VS5 是共阴极连接，V1 为续流二极管，在电路中仅在桥的一侧用可控的晶闸管，故称为半控整流桥。

三个晶闸管的导通顺序与三相电源相序的顺序相同为 VS1、VS3、VS5。因为是三相电源，所以触发脉冲间相位也依次相差 120°。

在三相可控整流电路中，控制角 α 起点规定为各相的自然换相点，见图 3 - 21（b）中三

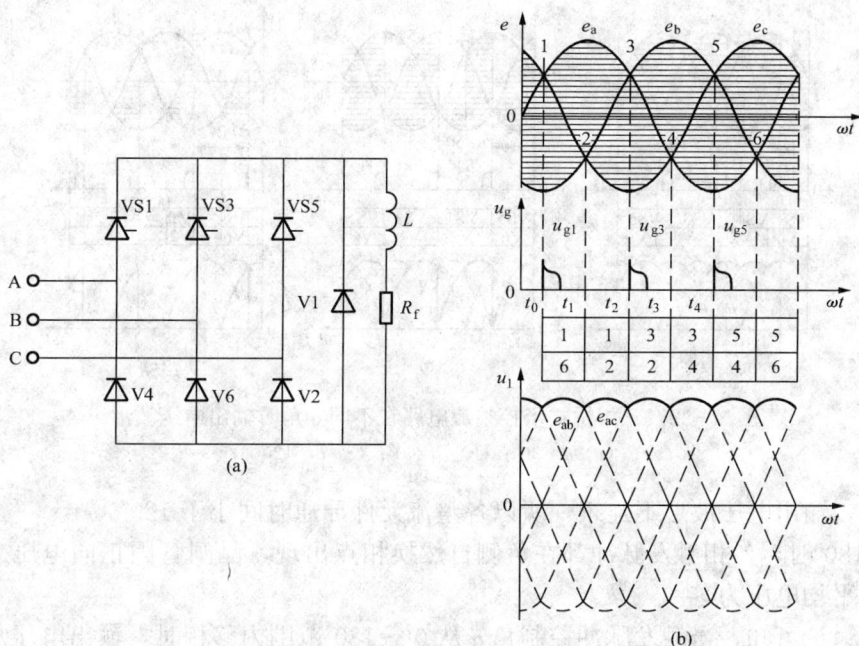

图 3-21　三相桥式半控整流电路和输出波形

（a）半控桥整流电路；（b）输出电压波形（$\alpha=0°$）

相电压波形交点的 1、3、5 处。由图可见，$\alpha=0°$ 时，A、B、C 三相触发脉冲各在所对应的自然换相点 1、3、5 处时刻触发，这时半控桥各元件导通顺序和时间与上述不可控整流桥完全相同。例如在 t_0 时刻 A 相 VS1 的控制极加触发脉冲，使 VS1 导通与 V6 形成通路，经 60°电压交点 2 后 C 相电位低于 B 相电位，所以 V2 导通，V6 则由于承受反向电压而关断，V6 换流至 V2 输出电压按 e_{ac} 变化，再经 60°在电压交点 3 时刻，B 相 VS3 的控制极出现触发脉冲 u_{g3} 使 VS3 导通，此时 $e_b>e_a$，VS1 因承受反向电压被迫关闭，即 VS1 导通了 120°换流给 VS3，输出电压按 e_{bc} 变化。以后在电压交点 4、5、6 点处换流，重复上述的过程。电路工作情况与不可控整流桥并无区别。

若控制角 $\alpha=30°$、60°，输出电压波形如图 3-22（a）、（b）所示，电路不一定是承受最高电压的晶闸管元件导通，而是受触发的晶闸管和最低电压相的二极管导通。如图 3-22（a）中 $\alpha=30°$ 时的 $\omega t_0\sim\omega t_1$ 时段和图 3-22（b）中 $\alpha=60°$ 的 $\omega t_0\sim\omega t_2$ 时段，在自然换相点 1 处由于 A 相未出现触发脉冲，VS1 虽处于最高正向电压仍不导通，这时 VS5 则仍处于正向电压而继续导通。$\alpha=30°$ 时，在 VS1 控制极出现 u_{g1} 触发脉冲使 VS1 导通，VS5 承受反向电压被迫关断。$\alpha=60°$ 时，VS1 控制极出现 u_{g1} 触发脉冲而导通，VS5 因正向电压已降为零不能维持其最小电流而自然关断（电阻负载时）。如图 3-22（b）所示的输出电压波形。由图 3-22（a）、（b）可见，各元件持续导通时间仍为 120°，输出电压以 $\frac{2\pi}{3}$ 为周期。

当 $\alpha>60°$ 如图 3-22（c）所示，$\alpha=120°$ 时，由于各相触发脉冲后移 120°，即 u_{g5} 于交点 1 处触发 VS5，u_{g1} 于交点 3 处触发 VS1，u_{g3} 于交点 5 处触发 VS3。在 t_0 时刻 VS5 和 V6 导通，直到负侧自然换相点 2 处，VS5 正向压降为零而自然关断，这时由于 VS1 尚未被触发

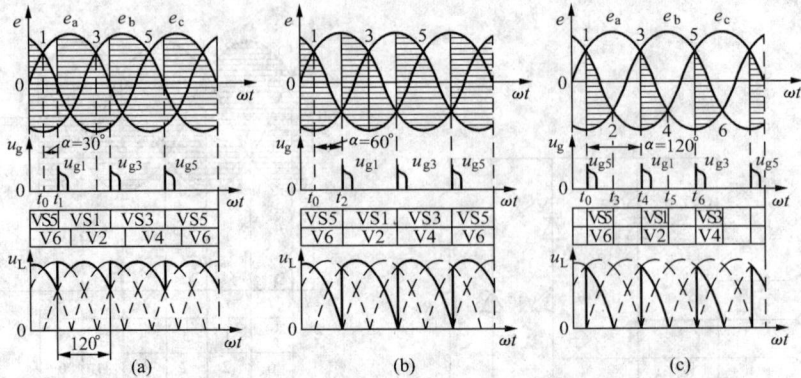

图 3 - 22　三相桥式半控整流电路在不同 α 角时输出电压波形

(a) $\alpha=30°$；(b) $\alpha=60°$；(c) $\alpha=120°$

也不能导通，输出电压波形不连续，所以各整流元件导通时间小于 120°。

当 $\alpha=180°$ 时，各相触发脉冲都在负侧自然换相点出现，晶闸管因正向电压为零而不能导通，输出平均电压为零。

由上述讨论可知，当触发脉冲控制角 α 从 0°～180°范围内移相时，输出电压从最大值连续降低到零。

（二）输出电压与控制角关系

（1） $\alpha \leqslant \dfrac{2\pi}{6}$ 时，输出电压波形连续，周期为 $\dfrac{2\pi}{3}$，此时

$$U_d = \frac{1}{\dfrac{2\pi}{3}}\left[\int_{\frac{\pi}{6}+\alpha}^{\frac{\pi}{2}}(e_a-e_b)\mathrm{d}\omega t + \int_{\frac{\pi}{2}}^{\frac{5\pi}{6}+\alpha}(e_a-e_c)\mathrm{d}\omega t\right]$$

$$= 2.34E_a\left(\frac{1+\cos\alpha}{2}\right) = 1.35E_{ab}\left(\frac{1+\cos\alpha}{2}\right) \tag{3-9}$$

（2） $\dfrac{2\pi}{6} < \alpha \leqslant \pi$ 时，波形不连续，周期为 $\dfrac{2\pi}{3}$，此时

$$U_d = \frac{1}{\dfrac{2\pi}{3}}\int_{\frac{\pi}{}}^{\frac{7\pi}{6}}(e_a-e_c)\mathrm{d}\omega t = 2.34E_a\left(\frac{1+\cos\alpha}{2}\right) = 1.35E_{ab}\left(\frac{1+\cos\alpha}{2}\right) \tag{3-10}$$

三相桥式半控整流电路输出电压与控制角 α 的关系可表示为

$$U_d = 2.34E_a\left(\frac{1+\cos\alpha}{2}\right) = 1.35E_{ab}\left(\frac{1+\cos\alpha}{2}\right) \tag{3-11}$$

（三）失控现象和续流二极管的作用

上面的讨论是假定负载为纯电阻的情况，因此，当 $\alpha > 60°$ 时，输出电压波形出现了不连续，即当晶闸管由于正向电压为零而自然关断时，导通电流也就为零。但当负载为电感性且电感量很大以及供电电压降为零时，输出电流的瞬时值不为零，因电感的反电动势 $L\dfrac{\mathrm{d}i}{\mathrm{d}t}$ 方向如图 3 - 23 括号中所示，力图阻止电流减小；若电感产生的电动势足够大时，就由该感应电动势经二极管和当时导通的晶闸管释放电感的磁能，导致该晶闸管不能关断。在图 3 - 22（c）中的 $t_4 \sim t_5$ 时段内，VS1 经负载和 V2 导通，在 t_5 点 VS1 应关断，但由于反电动势足

够大，方向如图3-23中括号中所示，经
V2、VS1导通释放磁能，VS1不能关断，
直到下一个晶闸管触发导通为止，这种现
象称为失控。这时，得不到原有的输出电
压波形，使整流输出电压值降低。

　　为了防止失控现象的发生，在电感性
负载两端并接一反向续流二极管V1，在晶
闸管电压过零关断时，电感两端的反电动
势经续流二极管形成电流回路，由于续流

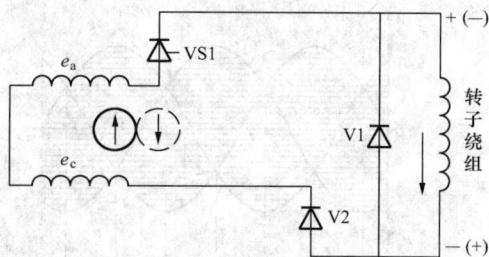

图3-23　电感负载失控分析

二极管两端电压甚低，接近于零，从而保证晶闸管能可靠关断，显然续流二极管应选择正向
压降小的，以确保晶闸管的可靠关断。

三、三相桥式全控整流电路

(一) 工作原理

　　如图3-24所示，三相桥式全控整流电路的六个整流元件全部采用晶闸管，VS1、VS3、
VS5为共阴极连接，VS2、VS4、VS6为共阳极连接。为保证电路正常工作，对触发脉冲提

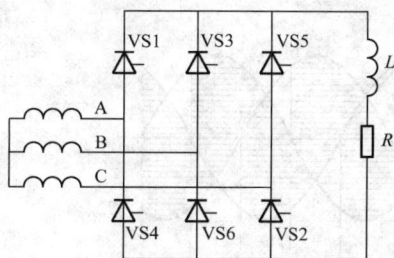

图3-24　三相桥式全控整流电路

出了较高的要求，除了共阴极组的晶闸管需由触发
脉冲控制换流外，共阳极组的晶闸管也必须靠触发
脉冲换流，由于上、下两组晶闸管必须各有一只晶
闸管同时导通，电路才能工作，六只晶闸管的导通
顺序为1、2、3、4、5、6。它们的触发脉冲相位依
次相差60°；又为了保证开始工作时，能有两个晶闸
管同时导通，需用宽度大于60°的触发脉冲，也可用
双触发脉冲，例如在给VS1脉冲时也补给VS6一个
脉冲。

　　设e_a、e_b、e_c为全控整流电路的相电压，对应图3-24整流电路输出电压波形如图3-25
所示。

　　当控制角$\alpha=0°$时，各晶闸管的触发脉冲在它们对应自然换相点时刻发出，如图
3-25(a)所示，输出电压波形与不可控桥的一样，各元件每周导通持续120°。

　　$\alpha=60°$时，输出电压波形见图3-25(b)，各相正、负侧晶闸管的触发脉冲滞后于自然
换相点60°出现，例如在2点之前VS5、VS6导通，在2点时刻u_{g1}触发VS1、VS6，这时
VS1、VS6导通，VS5关断。交流相电压中画阴影部分表示导通面积，其输出电压波形如图
3-25(b)（图中黑脉冲是双脉冲中的补脉冲）所示。

　　综上分析可知，当控制角$\alpha<60°$时，共阴极组输出的阴极电位在每一瞬间都高于共阳极
组的阳极电位，输出电压u_d的瞬时值都大于零，波形是连续的。

　　$\alpha>60°$时，当线电压瞬时值为零并转负值时，由于电感的作用，导通着的晶闸管继续导
通，整流输出为负的电压波形，从而使整流电压的平均值降低。图3-25(c)所示为电感负
载、$\alpha=90°$时的输出电压波形。现假设在t_1之前电路已在工作、即晶闸管VS5和VS6导通，
在t_1时触发VS1、VS6，导电元件为VS1和VS6，输出电压为e_{ab}。当线电压e_{ab}由零变负
时，由于大电感存在，晶闸管VS1和VS6继续导通，输出电压仍是e_{ab}，但此时为负值，直

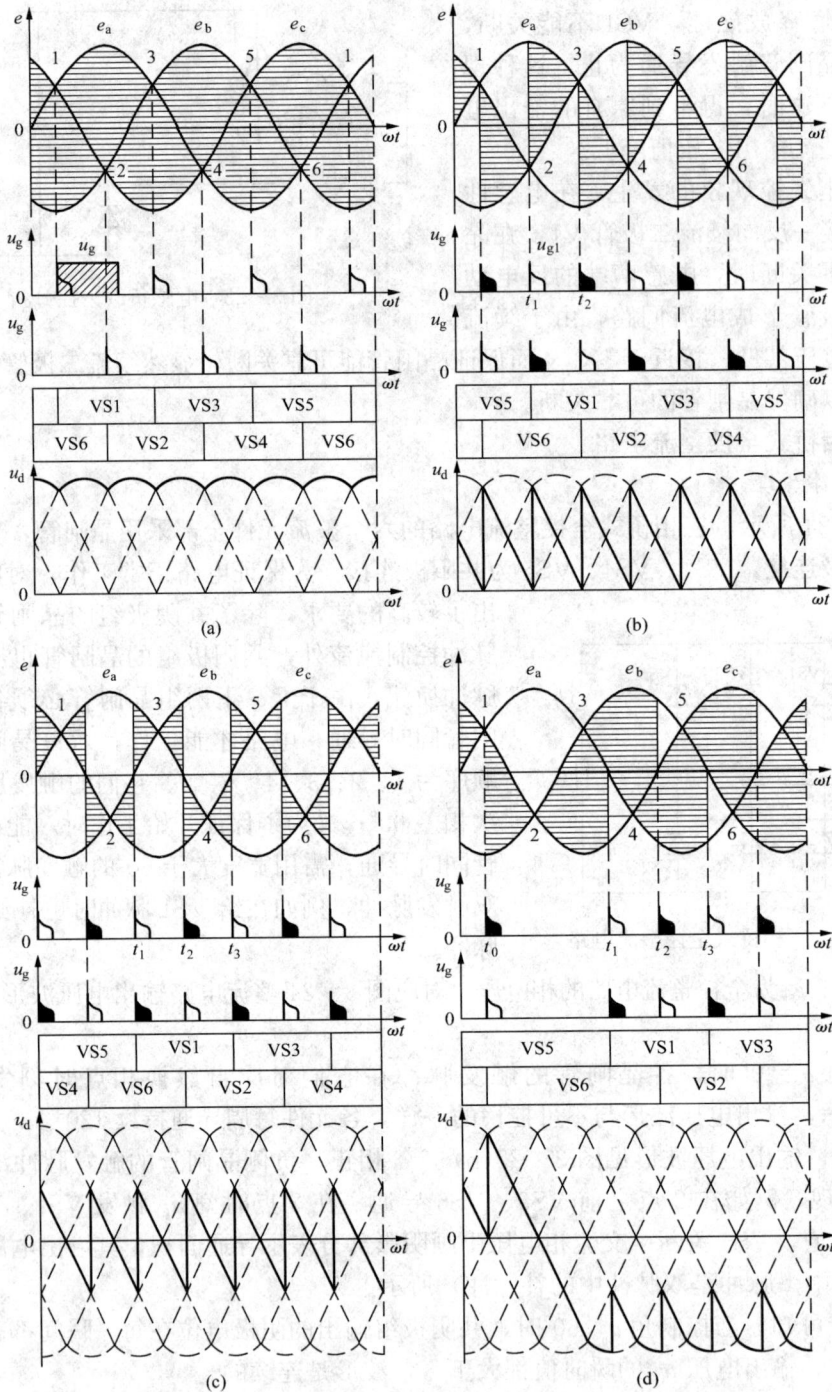

图 3-25　三相桥式全控整流电路输出电压波形

(a) $\alpha=0°$；(b) $\alpha=60°$；(c) $\alpha=90°$；(d) α 由 $60°$ 转为 $150°$

到 t_2 时刻触发晶闸管 VS2，才迫使晶闸管 VS6 承受反向电压而关断，导电元件为 VS1 和 VS2，输出电压转为 e_{ac}。由图可以看出，当电流连续的情况下，$\alpha=90°$ 时输出电压的波形面积正负两部分相等，电压的平均值为零。

在 $\alpha < 90°$ 时，输出平均电压 U_d 为正，三相全控桥工作在整流状态，将交流转为直流。

$90° < \alpha \leqslant 180°$ 时，输出平均电压 U_d 为负值，三相全控桥工作在逆变状态，将直流转为交流。

图 3-25（d）表示控制角 α 由 $60°$ 转至 $150°$ 时的输出电压波形图。现说明它们的工作情况。

设原来三相桥式全控整流电路工作在整流状态，负载电流流经电感而储有一定的磁场能量。在 t_1 时刻控制角 α 突然后退到 $150°$，VS1 接受触发脉冲而导通，这时 e_{ab} 为负值，但由于电感 L 电流减小的感应电动势 e_L 较大，使 $e_L - e_{ba}$ 仍为正值，故 VS1 与 VS6 仍在正向阳极电压下工作并输出电压 e_{ab}。这时电感线圈上的自感电动势 e_L 与负载电流的方向一致，直流侧发出功率，将原来在整流状态下储存于磁场的能量释放出来送回到交流侧，将能量送回交流电网。

在 t_2 时刻，对 C 相的 VS2 输入触发脉冲，这时 e_{ac} 虽然进入负半周，但电感电动势 e_L 仍足够大，可以维持 VS1 与 VS2 的导通，继续向交流侧反馈能量，这样依次逆变导通一直进行到电感线圈内储存的能量释放完毕，逆变过程才结束。

（二）三相桥式全控整流电路输出电压与控制角间关系

三相桥式全控整流电路在电感性负载时，输出电压 u_d 的波形在一个周期内分为匀称的六段，故计算其平均电压 U_d，只需求交流线电压 $\sqrt{2}E_{ab}\cos\omega t$ 在 $\left(-\dfrac{\pi}{6}+\alpha\right)$ 至 $\left(\dfrac{\pi}{6}+\alpha\right)$ 的平均值即可

$$U_d = \frac{1}{\frac{2\pi}{6}} \int_{-\frac{\pi}{6}+\alpha}^{\frac{\pi}{6}+\alpha} \sqrt{2}E_l\cos\omega t\, \mathrm{d}\omega t = \frac{3}{\pi}\sqrt{2}E_{ab} \times 2\sin\frac{\pi}{6}\cos\alpha = 1.35E_{ab}\cos\alpha \qquad (3\text{-}12)$$

在 $\alpha < 90°$ 时，输出平均电压 U_d 为正，三相全控桥工作在整流状态。

在 $\alpha > 90°$ 时，输出平均电压 U_d 为负，三相全控桥工作在逆变状态。在三相桥式全控整流电路中常将 $\beta(180° - \alpha)$ 称为逆变角，逆变角 β 总是小于 $90°$ 的。可用式（3-13）表示三相桥式全控在逆变工作状态的反向直流平均电压，即

$$U_\beta = -1.35E_{ab}\cos(180° - \beta) = 1.35E_{ab}\cos\beta \qquad (3\text{-}13)$$

对电阻性负载，在 $\alpha \leqslant \dfrac{\pi}{3}$ 时电流连续，其输出电压平均值仍可用式（3-12）进行计算。

当 $\alpha > \dfrac{\pi}{3}$ 时输出电压波形出现间断，这时输出直流电压平均值为

$$U_d = \frac{1}{\frac{\pi}{3}} \int_{\frac{\pi}{6}+\alpha}^{\pi} \sqrt{2}E_l\sin\omega t\, \mathrm{d}\omega t = \frac{3\sqrt{2}}{\pi}E_{ab}\left[1 + \cos\left(\frac{\pi}{3}+\alpha\right)\right]$$

$$\qquad (3\text{-}14)$$

$$= 1.35E_{ab}\left[1 + \cos\left(\frac{\pi}{3}+\alpha\right)\right]$$

由式（3-14）可见，当 $\alpha = 120°$ 时，$U_d = 0$，所以电阻性负载的最大移相范围是 $0° \sim 120°$。

三相桥式半控、全控整流电路输出特性 $U_d = f(\alpha)$ 如图 3-26 所示。

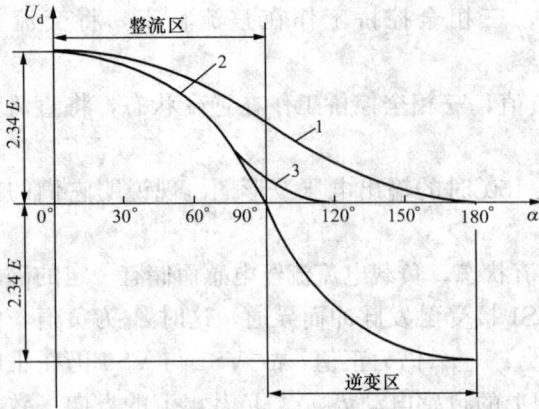

图 3-26　三相桥式半控、全控整流电路
输出特性
1—三相半控；2—三相全控电感性负载；
3—三相全控（电阻性负载）

四、整流电路的换流压降及外特性

我们在分析及计算整流电压过程中，都忽略了各相交流回路中的电感，认为晶闸管在换流过程中其电流能突变。但实际上整流电路 a、b、c 各相交流回路中存在电感，因此相间换流不是瞬间突变完成的，存在着前一相的电流从 I_d 逐渐降至零，后一相的电流从零逐渐上升到 I_d 的相间换流过程。在这段换流过程中，共阴极组或共阳极组的三相桥臂中有两相交流回路通过这两臂元件同时导通，使换流的两相交流回路通过这两臂元件暂时形成短路，这时整流桥有三个桥臂处于同时导通的工作状态。这段换流期间对

应的电角度称为换流角 γ，只要 γ 小于 60°，整流桥总是处于两臂导通与三臂导通的交替工作状态，简称 2—3 工作状态。

换流过程中的电流变化要在电感上引起电压降落，使输出电压 u_d 的波形增加缺口，导致输出电压平均值 U_d 减小。

如图 3-27 所示，在 ωt_1 以前是 VS1 与 VS2 构成通路，输出电压的瞬时值为 e_{ac}，在 ωt_1 时刻，给 VS3 以触发脉冲，由于交流回路电抗 L 的存在，电流不能突变。从 ωt_1 瞬间开始，流经 VS1 的 a 相电流要从 I_d 值逐渐降至零，流经 VS3 的 b 相电流要从零逐渐增至 I_d，如图 3-27(b) 所示。经历了换流角 γ 之后的 ωt_2 瞬间，流经负载的电流 I_d 才完全从 a 相的 VS1 转移到了 b 相的 VS3。

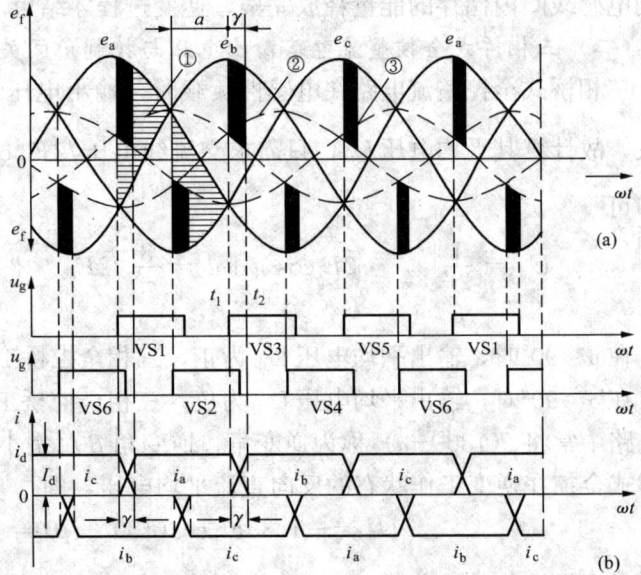

图 3-27　考虑换流电抗（$\alpha=60°$）时
整流电压和交流侧电流波形
（a）整流电压波形；（b）交流侧电流波形
①$-\frac{1}{2}(e_a+e_b)$；②$-\frac{1}{2}(e_b+e_c)$；③$-\frac{1}{2}(e_c+e_a)$

在 $\omega t_1\sim\omega t_2$ 的换流角 γ 期间，共阴极组的 VS1 与 VS3 是同时导通的，这时共阴极组的阴极电位则为 a 相与 b 相电位之和的平均值 $\frac{e_a+e_b}{2}$。如果在 ωt_1 的瞬间能突变换流（假设交

流回路没有电感的理想情况），则阴极电位立即上升到 e_b。可见计及换流电抗 X_K 与不计 X_K 相比较，输出电压下降为

$$u_\gamma = e_b - \frac{e_a + e_b}{2} = \frac{e_b - e_a}{2} \tag{3-15}$$

在三相对称电源下，设 a 相电压为

$$e_a = E_m \sin(\omega t + 150°)$$

选 a、b 相自然换相点为时间基准，则 b 相电压为

$$e_b = E_m \sin(\omega t + 150° - 120°) = E_m \sin(\omega t + 30°)$$

代入式（3 - 15）后电压降落 u_γ 的表达式为

$$u_\gamma = \frac{1}{2}(e_b - e_a) = \frac{\sqrt{3}}{2} E_m \sin\omega t \tag{3-16}$$

在换流角 γ 期间电压下降缺口的面积，即图 3 - 27（a）中黑色的部分为

$$\Delta A = \int_\alpha^{\alpha+\gamma} u_\gamma \mathrm{d}\omega t = \frac{\sqrt{3}}{2} E_m \int_\alpha^{\alpha+\gamma} \sin\omega t\, \mathrm{d}\omega t$$

$$= \frac{\sqrt{3}}{2} E_m [\cos\alpha - \cos(\alpha + \gamma)] \tag{3-17}$$

对于三相桥式整流电路、每个周期内电压下降缺口共有六块，故一周内电压降落的平均值为

$$U_\gamma = \frac{6}{2\pi}\Delta A = \frac{3}{\pi} \times \frac{\sqrt{3}}{2} E_m [\cos\alpha - \cos(\alpha + \gamma)] \tag{3-18}$$

由图 3 - 28 所示换流期间的等值电路图可求得电感 L（或电抗 X_K）与电压降落平均值 U_γ 的关系。设电路正由 a 相向 b 相换流，换流开始时电流 i 为零，换流结束时电流 $i = I_d$。

若忽略电阻及整流元件压降，则可列出回路方程为

$$2L\frac{\mathrm{d}i}{\mathrm{d}t} = e_b - e_a = \sqrt{3}E_m \sin\omega t \tag{3-19}$$

图 3 - 28　换流期间的等值电路

$$I_d = \int_\alpha^{\alpha+\gamma} \frac{\mathrm{d}i}{\mathrm{d}t} \mathrm{d}t = \frac{\sqrt{3}E_m}{2L\omega} \int_\alpha^{\alpha+\gamma} \sin\omega t\, \mathrm{d}\omega t = \frac{\sqrt{3}E_m}{2X_K}[\cos\alpha - \cos(\alpha + \gamma)] \tag{3-20}$$

从而得到

$$\gamma = \cos^{-1}\left(\cos\alpha - \frac{2X_K I_d}{\sqrt{3}E_m}\right) - \alpha \tag{3-21}$$

它说明换流重叠角 γ 的大小与换相电抗 X_K、负载电流 I_d、交流电源电压及控制角有关。

将式（3 - 20）代入式（3 - 18）可得换相压降为

$$U_\gamma = \frac{3}{\pi}X_K I_d \tag{3-22}$$

在前面三相桥式全控整流电路的讨论中，忽略了交流回路感抗的存在，认为换流是在瞬刻完成的，故三相桥式全控输出电压的平均值为

$$U_d = 1.35 E_{ab} \cos\alpha$$

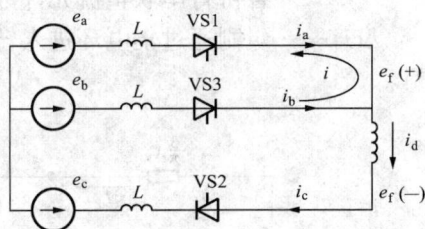

现考虑交流回路电抗 X_K 引起换流电压损失，则三相桥式全控整流电路输出电压的平均值为

$$U_d = 1.35 E_{ab}\cos\alpha - \frac{3}{\pi}X_k I_d = U_{d0}\cos\alpha - \frac{3}{\pi}X_K I_d \qquad (3-23)$$

式中换相电抗 X_K 与整流装置供电电源有关，当变压器供电时有

$$X_K = X_T \qquad (3-24)$$

式中　X_T——变压器短路电抗。

如整流装置供电电源为交流励磁机，则

$$X_K = \frac{X''_d + X_2}{2} \qquad (3-25)$$

式中　X''_d——交流励磁机次暂态电抗；

　　　X_2——交流励磁机负序电抗。

根据式（3-23）可作出如图 3-29（a）所示的等值电路。它表示三相桥式全控整流电路带电感负载时的输出直流平均电压 U_d，等于一个电动势为 $U_{d0}\cos\alpha$、内阻抗为 $\frac{3}{\pi}X_K$ 的可变直流电源带负载 Z 时所输出的电压。

如果要考虑每个桥臂元件导通时的正向压降、回路电阻压降及炭刷通过集电环进入转子的压降，则三相桥式全控整流电路输出的直流电压为

$$U_d = U_{d0}\cos\alpha - \Delta U_\gamma - \Delta U_{\Sigma Z} - \Delta U_T \qquad (3-26)$$

式中　$\Delta U_{\Sigma Z}$——回路电阻和整流元件正向压降之和。若忽略电阻，则 $\Delta U_{\Sigma Z} = 2n\Delta U_Z$，$n$ 为
　　　　　　各桥臂串联整流元件数目，ΔU_Z 为每个整流元件正向压降（小于 1.2V）；

　　　ΔU_T——炭刷通过集电环进入转子的压降，一般为 2V。

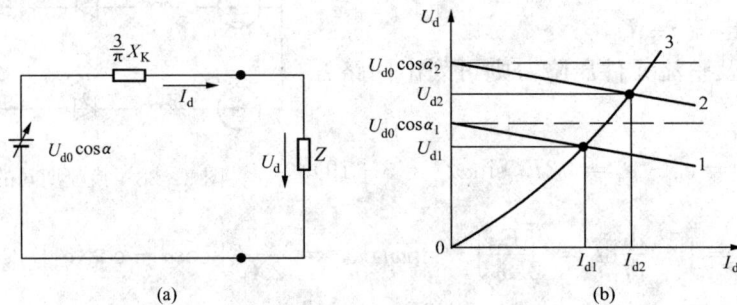

图 3-29　三相桥式全控整流等值电路及外特性
(a) 等值电路；(b) 外特性

在一定的供电电压及控制角 α 下，$U_{d0}\cos\alpha$ 为一确定数值，式（3-26）表示整流桥输出的平均电压 U_d 与负载电流 I_d 的关系，并称其为三相桥式全控整流电路的外特性，如图 3-29（b）中直线 1 和 2 所示。图中曲线 3 是负载阻抗的伏安特性，它与整流桥外特性的交点为该状况的运行点。

以上讨论中均假设换流角 $\gamma < 60°$，当交流回路中电抗较大，并且直流负载电流较大时，换流角 γ 也会增大。当 $\gamma > 60°$ 时，整流回路中换流过程将发生变化，此时不能用式（3-23）来计算整流电路输出的直流电压。

五、最小逆变角

由全控桥工作特点可知，$\alpha>90°$是逆变区，负载输出直流平均电压为负值；当$\alpha=180°$时，$U_{d0}=-2.34E$，为负最大值。负电压值越大，表示能量释放给电网越快。但实际上全控桥不能工作在$\alpha=180°$工况，而必须留出一定裕度角，否则会造成逆变失控或颠覆，即直流侧换极性，交流侧不换极性，导致换流失败，使晶闸管元件过热而烧毁。

现分析$\alpha=180°$情况，如图 3 - 30 所示，在t_0前阴影是不考虑换流过程时的逆变波形，因正侧晶闸管 VS5 导通处低电位，而负侧晶闸管 VS6 导通处高电位，所以逆变成立。在t_0时刻发出触发脉冲u_{g1}，使 VS1 导通，由于换流不能瞬时完成，VS1 中电流应逐渐增大，但是过t_0后$e_c>e_a$使 VS1 承受反向电压而无法导通，即换相不成功，仍由 VS5 和 VS6 导通，一直到t_1。在$t_0\sim t_1$时间内直流侧向交流侧输送能量。在t_1时刻负侧 c 相u_{g2}触发 VS2，负侧晶闸管 VS6（b 相）应换流到

图 3 - 30　$\alpha=180°$时逆变失控分析

VS2(c 相)，但因$e_b<e_c$，VS2 承受反向电压而无法导通，故仍由 VS5 和 VS6 导通。在t_1时间后$e_c>e_b$，即交流侧极性返回到整流状态。由此可知，在全控整流电路中，$\alpha=180°$时，因换流不能完成而造成逆变失败，晶闸管因连续导通过热而损坏或使快速熔断器熔丝熔断。

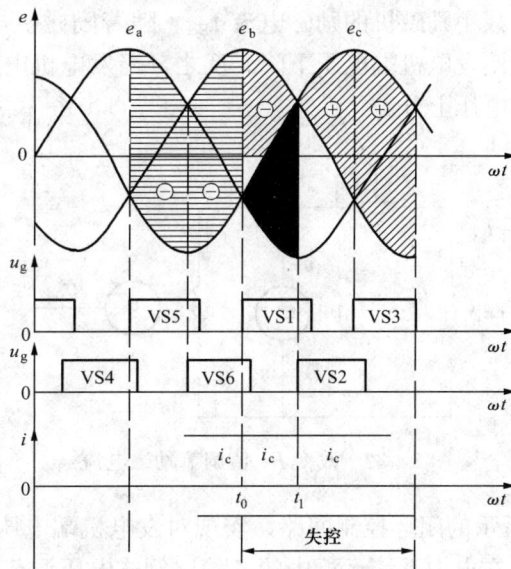

若要发电机能利用全控桥进行逆变灭磁，必须使最小逆变角β大于换流角γ及晶闸管关断角δ_{off}之和，即

$$\beta_{min}\geqslant\gamma+\delta_{off} \tag{3-27}$$

其中关断角δ_{off}是晶闸管关断时间t_{off}所对应的电角度。根据经验$\beta_{min}=25°\sim30°$。因此，当需要发电机转子快速灭磁时，要把控制角限制在$\alpha\leqslant150°\sim155°$范围，以确保逆变成功。

第四节　励磁控制系统调节特性和并联机组间的无功分配

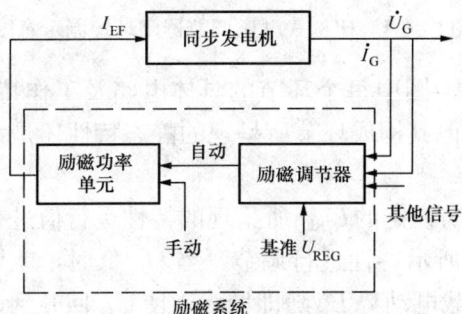

图 3 - 31　励磁控制系统框图

如前所述，励磁控制系统是由同步发电机、励磁功率单元及励磁调节器共同组成的自动控制系统，其框图如图 3 - 31 所示。由图可见，励磁调节器检测发电机的电压、电流或其他状态量，然后按指定的调节准则对励磁功率单元发出控制信号，实现控制功能。

一、励磁调节器的基本特性与框图

励磁调节器最基本的功能是调节发电机的端电压，也就称为励磁电压调节器。常用的励

磁调节器是比例式调节器，它的主要输入量是发电机端电压 U_G，其输出量用于控制励磁功率单元，达到调节发电机端电压的功能。

发电机如没有自动励磁调节器，如图3-32所示，只能依靠人工改变直流励磁机的磁场电阻 R_C 来调整发电机的端电压。当运行人员发现发电机电压偏高，就进行增大 R_C 值的操作，减小励磁机的励磁电流 I_{EE}。随着励磁机电压 U_E 的下降，发电机励磁电流 I_{EF} 将减小，从而使发电机端电压下降。反之，当发电机电压偏低时，就进行减小 R_C 值的操作，使发电机端电压上升。

可见，在人工调节发电机电压的过程中，可以分解为测量、判断、执行几个步骤。

比例式电压调节器就是依照上述步骤对发电机电压进行调节的，其工作特性如图3-33所示。发电机电压 U_G 升高时，调节器经测量后，减小输出电流。当 U_G 降低时，它的输出电流就增大。它与励磁机配合，控制发电机的转子电流，组成如图3-34所示的闭环控制回路，实现对发电机端电压的自动调节。

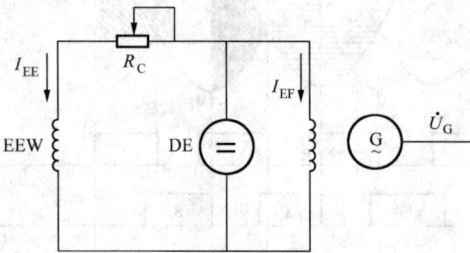
图3-32 改变 R_C 值调节励磁电流

在电力系统运行中的各种比例式电压调节器，无论是机电型的、电磁型的，还是电子型的，它们在 $U_{Gb}\sim U_{Ga}$ 区间内都具有图3-33中线段 ab 所示的特性，控制理论告诉我们，这是比例式自动电压调节器共有的基本调节特性，各类调节器都必须具有图3-33的负斜率调节特性，才能稳定运行。

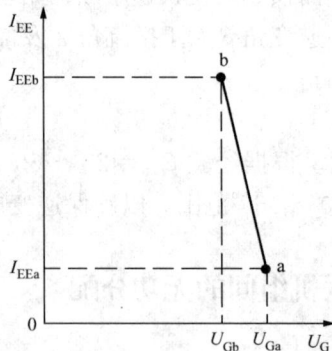
图3-33 比例式电压调节器的调节特性

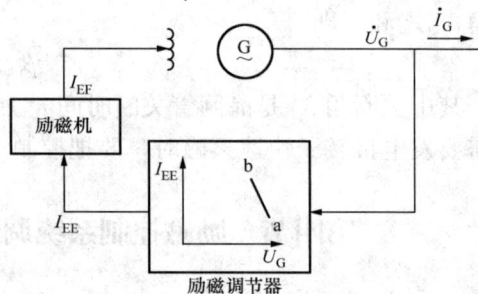
图3-34 比例式电压调节器闭环控制示意图

模拟式励磁调节器的构成环节如图3-35所示。图中每个环节的具体电路及工作特性，在不同类型的励磁调节器中可能有相当大的差异，但其构成环节所呈现的静态特性还是大致相同的。

在图3-35中测量比较元件将发电机端电压值与设定的 U_{REG} 所呈现的特性运行值进行比较，测得其间电压的差值。励磁调节器按图3-33所示特性进行调节。当 U_G 低时，就增加 I_{EF}（调节器增加 I_{EE} 使 I_{EF} 增大），这样发电机的空载电动势 E_q 随即增大，使 U_G 回升到设定的调节特性运行；反之，当 U_G 高时，则减小调节器的输出电流。

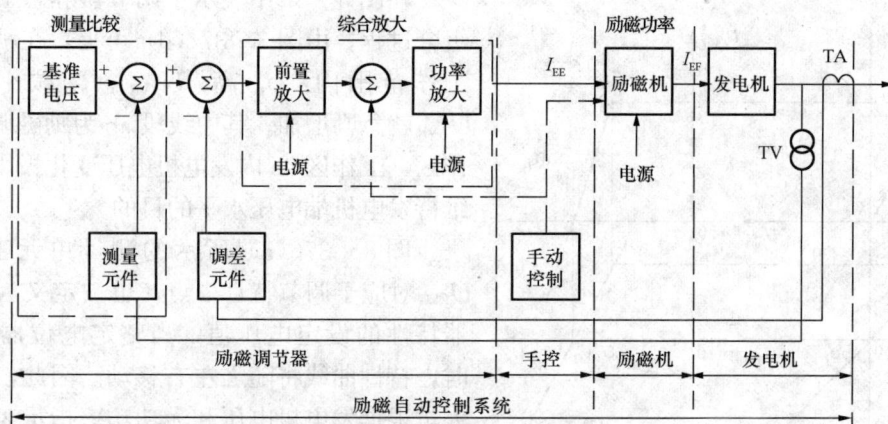

图 3-35 模拟式励磁调节器的构成环节

二、励磁控制系统的静态工作特性

（一）调节器的特性

模拟式励磁调节器由硬件组成的静态特性，在计算机型数字式励磁调节器（DAVR）中用软件算法实现，为了直观起见，不妨从分析模拟式励磁调节器入手。

见图 3-35，我们已经分析了励磁调节器的构成，可得到励磁调节器的简化框图如图 3-36 所示，图中 K_1、K_2、K_3、K_4 分别表示各单元的增益，其间输入量、输出量的符号如图中所示。

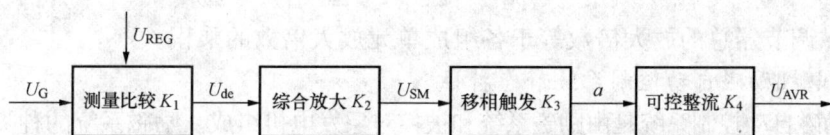

图 3-36 励磁调节器简化框图

测量比较单元的工作特性示于图 3-37（a），斜率为负，它的输出电压 U_{de} 和发电机电压 U_G 之间的关系为

$$U_{de} = K_1(U_G - U_{REG}) \tag{3-28}$$

式中 K_1——测量比较单元的放大倍数（为负值）；

U_{REG}——励磁调节器特性的电压整定值。

在运算时式（3-28）可表达为 $U_{de}=K_1$（$U_{REG}-U_G$）的形式，并认定 K_1 为正数。

综合放大单元是线性元件，在其工作范围内有

$$U_{SM} = K_2 U_{de} \tag{3-29}$$

式中 K_2——综合放大单元的放大系数。

综合放大单元的特性示于图 3-37(b)。

三相桥式全控整流电路采用具有线性特性的触发电路，因此

$$U_{AVR} = K_3 K_4 U_{SM} \tag{3-30}$$

图 3-37（c）是其输入－输出特性；将它与测量比较单元、综合放大单元（也称主控制单元）特性相配合，就可方便地求出励磁调节器的静态工作特性。

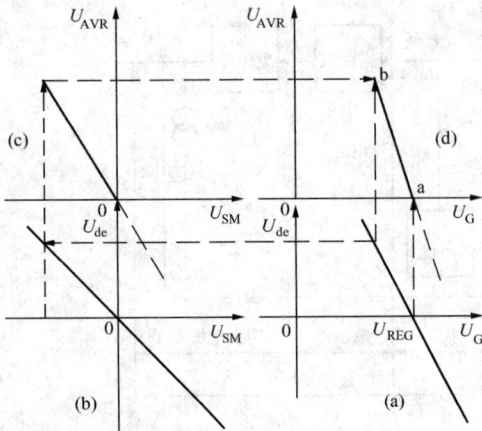

图 3 - 37　励磁调节器的静态工作特性

（a）测量单元特性；（b）放大单元特性；
（c）输入—输出单元特性；（d）综合特性

在图 3 - 37 中表示了调节器静态工作特性的组合过程。由图 3 - 37 （d）可见，在励磁调节器工作范围内：U_G 高，U_{AVR} 急剧减小；U_G 低，U_{AVR} 就急剧增加。其中线段 ab 为励磁调节器的工作区，工作区 ab 内发电机电压变化极小，可达到维持发电机端电压水平的目的。

图 3 - 37 （a）所示的测量单元工作特性，U_{REG} 对应于调节特性 a 点，也被定义为励磁调节器特性的设定电压值，当整定电位器左右滑动时，特性曲线将随之左右移动。因此，现场工作人员根据发电机电压和无功功率指示表计进行操作，也无需知道实际 U_{REG} 值。这与后面讲到的数字式励磁调节器中的 U_{REF} 有显著的区别。

励磁调节器的特性曲线在工作区内的陡度，是调节器性能的主要指标之一，即

$$K = \frac{\Delta U_{AVR}}{U_G - U_{REG}} \tag{3-31}$$

式中　K——调节器的放大倍数。

调节器放大系数 K 与组成调节器的各单元增益的关系为

$$K = \frac{\Delta U_{AVR}}{U_G - U_{REG}} = \frac{\Delta U_{de}}{U_G - U_{REG}} \times \frac{\Delta U_{SM}}{\Delta U_{de}} \times \frac{\Delta \alpha}{\Delta U_{SM}} \times \frac{\Delta U_{AVR}}{\Delta \alpha} = K_1 K_2 K_3 K_4 \tag{3-32}$$

可见励磁调节器总的放大倍数等于各组成单元放大倍数的乘积。

（二）发电机励磁自动控制系统静态特性

发电机励磁自动控制系统是由励磁系统和被控对象发电机组成。励磁系统的种类很多，但特性相似；现以图 3 - 38 所示的交流励磁机励磁系统为例，说明励磁控制系统调节特性的形成。

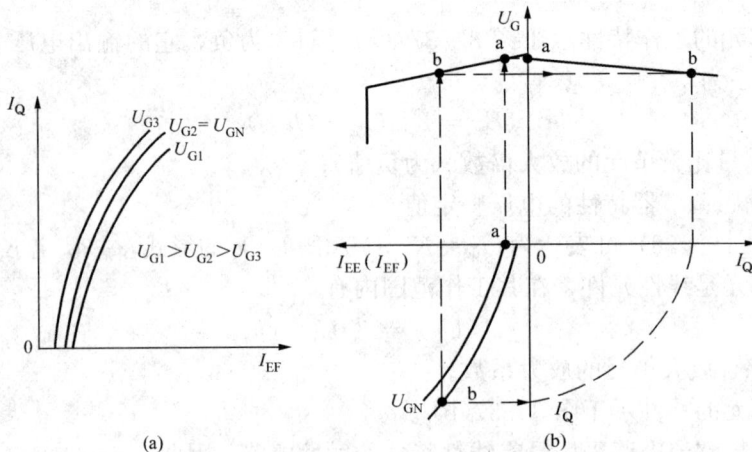

图 3 - 38　发电机无功调节特性的形成

（a）发电机的 $I_{EF} = f（I_Q）$；（b）发电机调节特性

发电机的调节特性是发电机转子电流 I_{EF} 与无功负荷电流 I_Q 的关系。由于在励磁调节器

作用下，发电机端电压仅在额定值附近变化，因此图 3 - 38（a）仅表示发电机额定电压附近的调节特性。励磁机的工作特性在一般情况下是接近线性的，即励磁机定子电流和励磁机的励磁电流 I_{EE} 之间近似呈线性关系。这样，发电机转子电流就可以直接用励磁机励磁电流 I_{EE} 表示。图 3 - 38（b）是利用作图法做出的发电机无功调节特性曲线 $U_G = f(I_Q)$，图上用虚线示出工作段 a、b 两点的作图过程。

$U_G = f(I_Q)$ 曲线说明，发电机带自动励磁调节器后，无功电流 I_Q 变动时，电压 U_G 基本维持不变。调节特性稍有下倾，下倾的程度表征了发电机励磁控制系统运行特性的一个重要参数——调差系数。

调差系数用 δ 表示，其定义为

$$\delta = \frac{U_{G1} - U_{G2}}{U_{GN}} = U_{G1*} - U_{G2*} = \Delta U_{G*} \qquad (3 - 33)$$

式中　U_{GN}——发电机额定电压；
　U_{G1}、U_{G2}——分别为空载运行和额定无功电流时的发电机电压（如图 3 - 39 所示），一般取 $U_{G2} = U_{GN}$。

调差系数 δ 也可以用百分数表示，也可称为调差率，即

$$\delta\% = \frac{U_{G1} - U_{G2}}{U_{GN}} \times 100\%$$

由式（3 - 33）可见，调差系数 δ 表示无功电流从零增加到额定值时，发电机电压的相对变化。调差系数越小，无功电流变化时发电机电压变化越小。所以调差系数 δ 表征了励磁控制系统维持发电机电压的能力。

由于同步发电机在电网运行中任务和情况各异，对无功调节提出了不同的要求，因此在励磁调节器中设置了调差单元，可以设定不同的调差系数。

对于按电压偏差进行比例调节的励磁控制系统，当调差单元退出工作时，其固有的无功调节特性也是下倾的，称为自然调差系数，用 δ_0 表示。其值随控制系统放大倍数的增大而减小。

电子式励磁调节器的自然调差率一般小于 1%，所以必须附加调差环节，人为地把调差率提高到 4%～6%，无功负荷才能按机组容量稳定分配。

对励磁调节器特性进行调整主要是为了满足运行方面的要求。这些要求是：①发电机投入和退出运行时，能平稳地改变无功负荷，不致发生无功功率的冲击；②保证并联运行的发电机组间无功功率的合理分配。

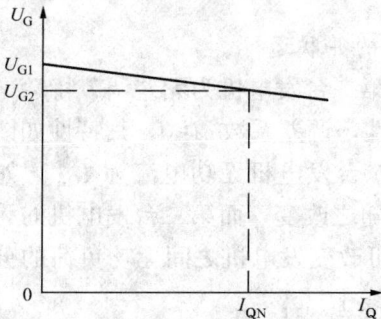

图 3 - 39　无功调节特性　　　　图 3 - 40　发电机无功调节特性

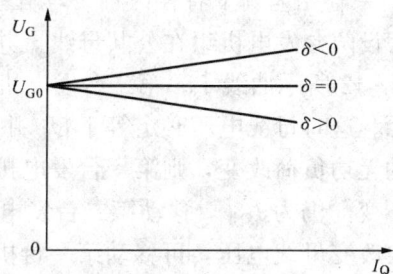

为此在励磁调节器中设置了电压整定及调差单元。在公共母线上并联运行的发电机组间无功功率的分配，主要取决于各台发电机的无功调节特性。而无功调节特性是用调差系数 δ 来表征的。

图 3 - 40 为发电机无功调节特性的三种类型。由式（3 - 33）可知，$\delta>0$ 为正调差系数，其调节特性下倾，即发电机端电压随无功电流增大而降低。$\delta<0$ 为负调差系数，其调节特性上翘，发电机端电压随无功电流增大而上升。$\delta=0$ 称为无差特性，这时发电机端电压恒为定值。

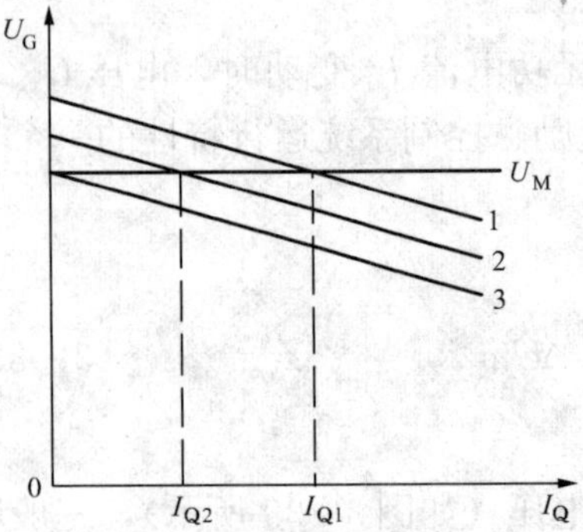

（三）发电机无功调节特性的平移与负荷的平稳转移

发电机投入或退出电网运行时，要求能平稳地转移负荷，不要引起对电网的冲击。

假设某一台发电机带有励磁调节器，与无穷大母线并联运行。由图 3 - 41 可见，发电机无功电流从 I_{Q1} 减小到 I_{Q2}，只需要将调节特性由 1 平移到 2 的位置。如果调节特性继续向下移动到 3 的位置时，则它的无功电流将减小到零，这样机组就能够退出运行，不会发生无功功率的突变。

图 3 - 41　调节特性的平移与
机组无功功率的关系

同理，发电机投入运行时，只要令它的调节特性处于 3 的位置，待机组并入电网后再进行向上移动特性的操作，使无功电流逐渐增加到运行要求值。

移动发电机调节特性的操作是通过改变励磁调节器的电压整定值来实现的。

图 3 - 37 表示了调节器工作特性的合成过程。由图可见，当整定单元的整定值增加时，调节器的测量特性将向右移，所对应的调节器工作特性也将右移。与此相对应在图 3 - 38（b）中，当整定单元的整定值增加时，调节器输出特性 $I_{EF}=f(U_G)$ 曲线平行上移，发电机无功调节特性也随之上移。反之，整定值减小，无功调节特性平行下移。因此，现场运行人员只要调节机组的励磁调节器中的电压整定器件就可以控制无功调节特性上下移动，实现无功功率的转移。

三、并联运行机组间无功功率的分配

几台发电机在同一母线上并联运行时，改变任何一台机组的励磁电流不仅影响该机组的无功电流，而且还影响同一母线上并联运行机组的无功电流。与此同时也引起母线电压的变化。这些变化与机组的无功调节特性有关。

（一）无差调节特性

1. 一台无差调节特性的机组与有差调节特性机组的并联运行

假设两台发电机组在公共母线上并联运行，其中第一台发电机为无差调节特性，其特性如图 3 - 42 所示曲线 I；第二台发电机为有差调节特性，调差系数 $\delta>0$，其特性如图中曲线 II 所示。这时母线电压必定等于 U_1 并保持不变，第二台发电机无功电流为 I_{QII}。如果电网供电的无功负荷改变，则第一台发电机的无功电流将随之改变，而第二台发电机的无功电流维持不变，仍为 I_{QII}。移动第二台发电机特性曲线 II 可改变发电机之间无功负荷的分配。如果需要改变母线电压，可移动第一台机组调节特性曲线 I。

以上分析可知，一台无差调节特性的发电机可以和多台正调差特性的发电机组并联运行。但在实际运行中，由于具有无差调节特性的发电机将承担无功功率的全部增量，一方面一台机组的容量有限，另一方面，机组间无功功率的分配也很不合理，所以这种运行方式实际上很难采用。

若第二台发电机的调差系数 $\delta < 0$（即特性向上翘），那么，虽然两台机组也有交点，但它不是稳定运行点。如由于偶然因素使第二台机组输出的无功电流增加，则根据机组的调节特性（图 3-42 中虚线所示的特性），励磁调节器将增大发电机的励磁电流，力图使机端电压升高，从而导致发电机输出的无功电流进一步增

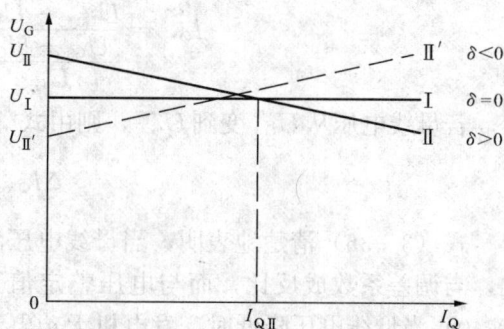

图 3-42　并联运行机组间的无功功率分配

加，而第一台机组则力图维持端电压，使其励磁电流减小，于是无功电流也将减小，这个过程将一直进行下去，以至不能稳定运行。不难推论，具有负调差特性的发电机是不能在公共母线上并联运行的。

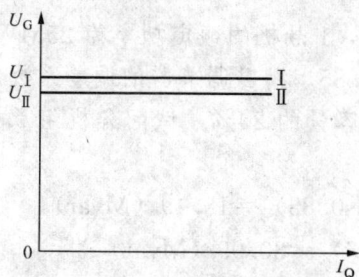

图 3-43　两台无差调节特性的机组并联运行

2. 两台无差调节特性的机组不能并联运行

假定有两台无差调节特性的发电机在公共母线上并联运行，图 3-43 为其无差调节特性曲线。图中 U_{I} 为第一台发电机的电压整定值，U_{II} 为第二台发机的电压整定值。由于在实际调试中很难做到 U_{I} 和 U_{II} 正好重合，若 $U_{\mathrm{I}} \neq U_{\mathrm{II}}$，参照上述分析不难得出，它们是不能并联运行的。

（二）正调差特性的发电机的并联运行

假设两台正调差特性的发电机在公共母线上并联运行，如图 3-44 所示，其调节特性分别为特性 I 和 II。由于两台发电机端电压是相同的，等于母线电压 U_{GI}。每台发电机所负担的无功电流是确定的，分别为 I_{QI} 和 I_{QII}。

现假定无功负荷增加，于是母线电压下降，调节器动作，增加励磁电流，设新的稳定电压值为 U_{GII}，这时每台发电机负担的无功电流分别为 I'_{QI} 和 I'_{QII}。机组 1 和机组 2 分别承担一部分增加的无功负荷。机组间无功负荷的分配取决于各自的调差系数。

设发电机的调节特性如图 3-44 曲线 I 所示。无功电流为零时发电机端电压为 U_{G0}，无功电流为额定值 I_{QN} 时，发电机端电压为 U_{GN}，母线电压为 U_{G} 时发电机的无功电流可由式（3-34）表示为

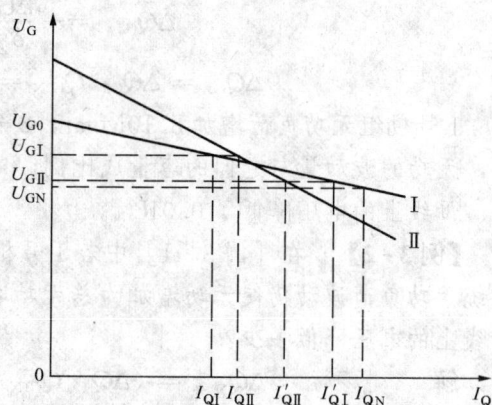

图 3-44　有正调差特性的机组并联运行

$$I_{\mathrm{Q}} = \frac{U_{\mathrm{G0}} - U_{\mathrm{G}}}{U_{\mathrm{G0}} - U_{\mathrm{GN}}} I_{\mathrm{QN}} \tag{3-34}$$

其标幺值表示为

$$I_{Q*} = \frac{U_{G0*} - U_{G*}}{\frac{U_{G0} - U_{GN}}{U_{GN}}} = \frac{1}{\delta}(U_{G0*} - U_{G*}) \tag{3-35}$$

若母线电压从 U_{G*} 变到 U'_{G*}，则由式（3-35）可得机组的无功电流变化量的标幺值为

$$\Delta I_{Q*} = -\frac{\Delta U_{G*}}{\delta} \tag{3-36}$$

式（3-36）清楚地表明，当母线电压波动时，发电机无功电流的增量与电压偏差成正比，与调差系数成反比，而与电压整定值无关。式（3-36）中负号表示在正调差情况下（$\delta > 0$）当母线电压降低时，发电机无功电流将增加。

两台正有差调节特性的发电机在公共母线上并联运行，当系统无功负荷波动时，其电压偏差相同。由式（3-36）可知，调差系数较小的发电机承担较多的无功电流增量。通常要求各台发电机无功负荷的波动量与它们的额定容量成正比，即希望各发电机无功电流波动量的标幺值 ΔI_{Q*} 相等，这就要求在公共母线上并联运行的发电机组具有相同的调差系数。

【例 3-1】　某电厂有两台发电机在公共母线上并联运行，1 号机的额定功率为 25MW，2 号机的额定功率为 50MW。两台机组的额定功率因数都是 0.85。励磁调节器的调差系数都为 0.05。若系统无功负荷波动使电厂无功增量为它们总无功容量的 20%，试问各机组承担的无功负荷增量是多少？母线上的电压波动是多少？

解　1 号机额定无功功率 $Q_{G1N} = P_{G1N}\tan\varphi_1 = 25\tan(\arccos 0.85) = 15.49$（Mvar）

2 号机额定无功功率 $Q_{G2N} = P_{G2N}\tan\varphi_2 = 50\tan(\arccos 0.85) = 30.99$（Mvar）

因为两台机的调差系数均为 0.05，所以公共母线上等值机的调差系数 δ_Σ 也为 0.05。

母线电压波动　$\Delta U_* = -\delta_\Sigma \Delta Q_{\Sigma*} = -0.05 \times 0.2 = -0.01$

各机组无功负荷波动量　$\Delta Q_{G1*} = -\frac{\Delta U_*}{\delta_1} = -\frac{-0.01}{0.05} = 0.2$

$$\Delta Q_{G1} = \Delta Q_{G1*} Q_{G1N} = 0.2 \times 15.49 = 3.10(\text{Mvar})$$

$$\Delta Q_{G2*} = -\frac{\Delta U_*}{\delta_\Sigma} = -\frac{-0.01}{0.05} = 0.2$$

$$\Delta Q_{G2} = \Delta Q_{G2*} Q_{G2N} = 0.2 \times 30.99 = 6.20(\text{Mvar})$$

1 号机组无功负荷增加 3.10Mvar，2 号机组的无功负荷增加 6.2Mvar。因为调差系数相等，无功的波动量与它们的容量成比例。

母线上的电压降低了 $0.01U_N$。

【例 3-2】　在［例 3-1］中若 1 号机调差系数为 0.04，2 号机调差系数仍为 0.05。当系统无功负荷波动仍使无功增加为总无功容量的 20%，试问各机组的无功负荷增量是多少？母线上的电压降低多少？

解　
$$\Delta Q_{\Sigma*} = (\Delta Q_{1*} Q_{G1N} + \Delta Q_{G2*} Q_{G2N})/(Q_{G1N} + Q_{G2N})$$

$$= -\Delta U_* \left(\frac{Q_{G1N}}{\delta_1} + \frac{Q_{G2N}}{\delta_2}\right)/(Q_{G1N} + Q_{G2N})$$

$$= -\Delta U_* / \frac{Q_{G1N} + Q_{G2N}}{\left(\frac{Q_{G1N}}{\delta_1} + \frac{Q_{G2N}}{\delta_2}\right)}$$

$$=-\Delta U_* / \delta_\Sigma$$

等值调差系数　　$\delta_\Sigma = \dfrac{Q_{G1N}+Q_{G2N}}{\left(\dfrac{Q_{G1N}}{\delta_1}+\dfrac{Q_{G2N}}{\delta_2}\right)} = \dfrac{15.49+30.99}{\dfrac{15.49}{0.04}+\dfrac{30.99}{0.05}} = 0.046$

母线电压波动　　$\Delta U_* = -\delta_\Sigma \Delta Q_{\Sigma*} = -0.046 \times 0.2 = -0.009\,2$

各机组的无功增量

$$\Delta Q_{1*} = -\frac{\Delta U_*}{\delta_1} = -\frac{-0.009\,2}{0.04} = 0.23$$

$$\Delta Q_1 = \Delta Q_{1*} Q_{G1N} = 0.23 \times 15.49 = 3.56(\text{Mvar})$$

$$\Delta Q_{2*} = -\frac{\Delta U_*}{\delta_2} = -\frac{-0.009\,2}{0.05} = 0.185$$

$$\Delta Q_2 = \Delta Q_{2*} Q_{G2N} = 0.185 \times 30.99 = 5.73(\text{Mvar})$$

1 号机组的无功负荷增加 3.56Mvar，2 号机组无功负荷增加 5.73Mvar。调差系数小的机组承担的无功负荷增量的标幺值较大。

母线电压降低 0.009 2U_N，比〔例 3 - 1〕的要小，因为等值调差系数 δ_Σ 较小。

以上讨论，同样适用于多台发电机并联运行情况。运行中需要改变发电机组的无功负荷时，调整调节器的整定元件，使特性曲线上下移动即可。如果要求改变发电机母线电压又不改变无功负荷的分配比例，那就需要移动所有并联运行发电机的调节特性。

第五节　励磁调节装置原理

一、励磁调节器的原理及发展

（一）电压调节的原理

如果按发电机电压调节的原理来划分，励磁调节器可分为反馈型和补偿型两类。

反馈型励磁调节器是按被调量（发电机电压）与给定量（设定值）之间的差值进行调节，属于闭环反馈控制，能较好地维持电压水平，所以得到了广泛的应用。补偿型励磁电压调节器是补偿某些因素所引起发电机电压的变动，由于补偿的局限性，很难获得理想的电压补偿，不能很好地维持电压水平。复式励磁装置就是这种补偿调节的实际应用，如图 3 - 46 所示。

20 世纪 50 年代由于电磁型电压调节器为了减轻其调节容量，曾经在交流发电机上采用补偿型调节，如复式励磁和相位励磁。由于它不可能完全补偿所有因素引起发电机电压的变动，运行中还必须采用反馈型的电压校正器，才能满足维持电压水平，它只能起到减小电压波动，达到减轻电压调节容量的作用。

本教材主要介绍反馈型电压调节的有关内容。

（二）励磁调节器的发展

励磁电压调节器如按其组成类型来划分，可分为模拟型和数字型两种类型。

模拟式励磁电压调节器（AVR）是布线逻辑，它的所有调节功能都是由元器件连接配合完成。因此随着自动控制元器件的更新发展，励磁电压调节器也就随之换代，运行性能也改善提高。模拟式励磁电压调节器的发展大致可分为机电型有触点电压调节器、电磁型无触点电压调节器和电子型晶体管集成电路励磁电压调节器。

（1）机电型有触点电压调节器。

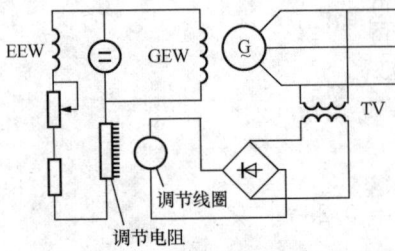

图 3-45　机电型发电机电压调节器

（2）电磁型无触点电压调节器。20 世纪 50 年代磁放大器出现后，电力系统广泛采用了由磁放大器组成的电磁型电压调节器。其优点是可靠性高，无触点，没有失灵区，还具有一定的信号综合能力，然而有体积大、重量大，时间常数长等缺点，且时间常数会随调节容量增大而增长，为此常采用可与补偿型励磁调节器同时运行的方式。

图 3-46 是补偿电流引起电压波动的励磁调节器，称为复式励磁装置。主要由复励变压器 CET、复励整流器 CER 和复励调整电阻 R_{CE} 三部分组成。运行中，它的任务只是减轻电磁型电压调节器的调节容量，电磁型电压调节器承担维持电压水平和机组间无功分配的任务。

虽然电磁型励磁装置运行可靠无失灵区，但动态性能较差，逐渐被淘汰。

调节励磁机的励磁绕组电阻即可调节发电机机端电压。最初出现的机电型发电机电压调节器，就是按这一工作原理制成的，如图 3-45 所示。其任务只是调节电压。调节线圈中的电流与发电机机端电压成正比。调节线圈所产生的电磁力作用于励磁绕组的有触点变阻器，其接触点的位置与电磁力有关，两个力相等时就达到平衡运行点，此时的调节环节的反馈就是当时的发电机机端电压。这就形成了一个机电有触点的发电机电压闭环调节系统。

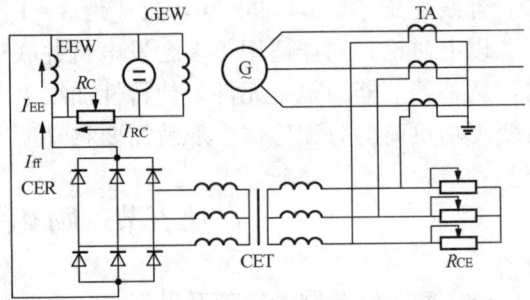

图 3-46　复式励磁装置原理接线图

（3）电子型励磁电压调节器。随着电子技术的发展，励磁电压调节器改由电子器件组成。电子元件体积小、重量轻、动作快，几乎没有时滞，而且综合输入信息的能力强，可以计及较多因素参与控制。如图 3-47 所示，除了维持发电机电压水平和机组间无功功率分配外，还增加了励磁限制器、励磁系统稳定器和电力系统稳定器等辅助功能，成为较能适应电力系统运行需求的励磁控制器。自 20 世纪 60 年代初，电子型电压调节器开始在中型发电机上采用后，发展非常迅速，功能也日渐扩展，到了 70 年代得到了广泛采用。

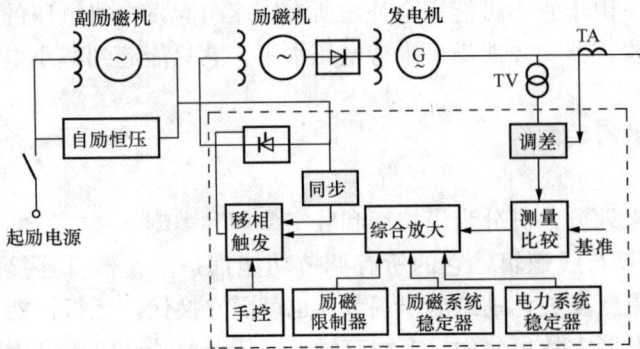

图 3-47　电子型励磁调节器框图

以上模拟式励磁电压调节器随着功能扩展，元器件增多，增加了很多维护等工作，是其主要的缺陷。

二、数字式励磁调节器

20 世纪 90 年代，数字式励磁调节器（DAVR）开始在电力系统中应用，得到了飞速发展，现已大量采用。特别是大规模集成电路的普及，计算机芯片的运算处理能力高速增长，信号处理技术也日新月异，所以现在数字式励磁调节器已得到了普遍应用。

数字式励磁调节器其实是一台发电机励磁系统专用的工业控制计算机。按励磁功率柜控制的需要，配置相应的输出控制通道。如图 3-48 数字式励磁调节器原理框图所示。CPU（主机）是计算机系统的核心，主机通过总线由接口电路与控制对象的过程通道（脉冲输出通道）相连。输入信息有模拟量输入和数字量输入两种类型，发电机电压 U_G、电流 I_G、转子电流 I_{EF} 经模拟量通道输入，状态信息则经数字量通道输入。

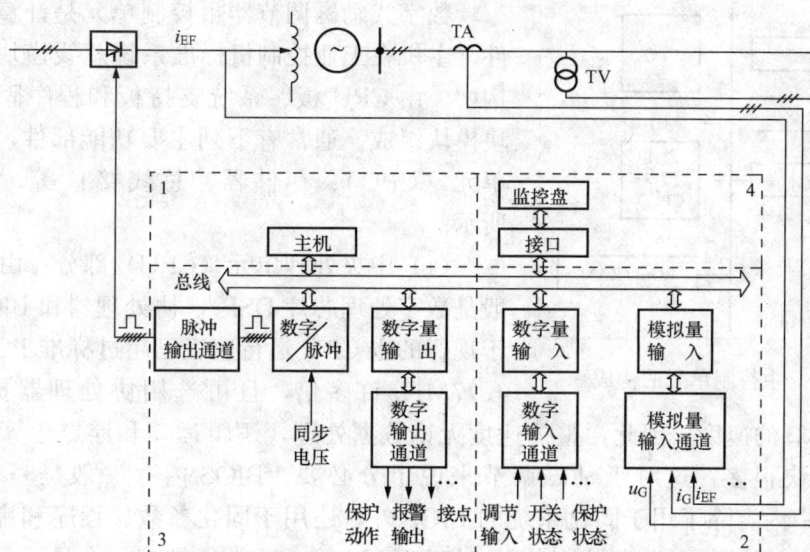

图 3-48　数字式励磁调节器原理框图

计算机具有强大的运算和逻辑判别能力，例如发电机机组间的无功分配，发电机过励磁允许时间等都可以通过运算求得，可以通过程序把人们对励磁控制的愿望予以实现。

第六节　数字式励磁调节器原理

一、数字式励磁调节器的基本环节和构成

图 3-48 其实也是计算机控制系统通用的框图模式，其中，主机、系统总线和接口电路是一台通用的微型计算机硬件；而信息采集输入过程通道，脉冲输出、控制输出过程通道和人—机接口，是与控制对象具体有关的硬件电路。主机装有系统软件、应用软件等，就是一台专用的微型计算机的励磁调节器。

由于计算机技术发展迅速，随着硬件更新，数字式励磁调节器的计算机硬件也不断更新，但这并不影响励磁调节原理的叙述。鉴于工业控制机在运行环境和可靠性 MTBF（Mean Time Between Failures，平均无故障时间）方面具有严格要求和指标，且技术成熟，适用于工业应用。现以工业控制机标准总线模块结构作为励磁调节器计算机的组成硬件。

为了使系统灵活、便于开发，计算机控制系统都采用模块结构。模块具有独立的功能，各模块板之间连接的地址线、数据线、命令线称为系统总线。机箱通常采用底板（母板）结

构，板上设有若干个插槽，插槽与总线相接。CPU 模板、输入输出接口模板及系统支持等功能模板插在机箱的母板上，组成一个完整的微型计算机。功能模板的信号、引脚和几何尺寸只要符合总线标准就可在总线上运行。为了便于和模拟式励磁调节器类比，把数字式励磁调节器的组成也分为主控制单元（主机）、信息采集单元、控制输出（移相触发）单元和人—机接口单元等四个部分，如图 3-48 所示，且分别用虚框 1～4 表示。

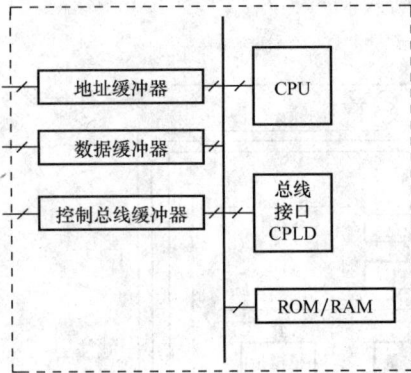

图 3-49　主控制单元的构成

1. 主控制单元（主机）

数字式励磁调节器主控制单元是计算机的核心部件。主机在工业控制机标准系统总线模块（板极）结构中，由 CPU 板、系统支持板和程序固化板等若干块模块组成。通常有下列主要功能部件，即中央处理单元（CPU）、存储器、总线接口等，如图 3-49 所示。

（1）中央处理单元（CPU）部分。由主 CPU（一般是数字处理芯片 DSP）、协处理器和 BIOS 组成。由于现行的主 CPU 运行速度已超过标准 PC/XT 的主频 4.77MHz 许多倍，且可选用协处理器提高乘除法、函数及浮点运算的速度。因此，整体速度无论数据处理，逻辑运算和浮点运算方面较 8088 标准的 PC 机快很多，这对于励磁调节来说十分必要。BIOS 内存一般是一个 128KB 的 EPROM，其中内容除了用于固化系统的 BIOS 外，还用于固化参数、程序和虚盘。此外中央处理单元还包括一些更大容量的内存，如 DRAM 等，通常还具有一个显示缓冲区，具有字符发生器和图形控制器等部分，以支持显示设备。中央处理单元一般支持各类可编程中断和至少一个非屏蔽中断输入。

（2）总线接口部分。一般由超大规模集成电路和可编阵列逻辑芯片实现，主要用于系统集成功能，包括系统时钟发生器、总线控制器、中断控制器、计数/定时器、动态 RAM 管理等，同时完成总线接口的多种功能，将计算机的所有系统功能芯片及图形控制器全部实现了集成。当配有 CPU、存储器、通信控制器和磁盘控制器后，即可构成一个完整的 PC/XT 系统，从而实现了嵌入式系统。中央处理单元和总线接口部分的构成如图 3-50 所示。

在总线接口中，还一般配有相应的扩展支持部分，包括整个系统的设置跳线、后备电池、实时时钟、WATCHDOG 定时器、上电复位电路、总线终端网络等。

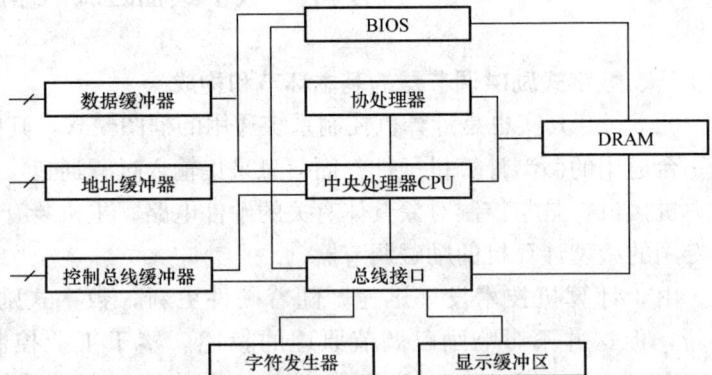

图 3-50　中央处理单元和总线接口的构成

1）系统设置跳线。系统设置跳线的功能是使得 CPU 在上电的时候通过读跳线的选择值来确定系统的运行方式，系统设置跳线通常由一个 8 位的 DIP 开关和一个三态门组成。

2）实时时钟。实时时钟功能包括非易失性日历时钟、可编程中断、矩形波发生器等，实时时钟一般采用集成度较高的集成芯片来实现，芯片内应集成总线接口电路、时钟/日历修正电路、分频控制电路等，实时时钟采用后备电池供电，在系统失电的情况下至少应保存信息几个月。

3）WATCHDOG 定时器。WATCHDOG 定时器的功能是对程序的执行起监督作用，一旦程序紊乱或死机，不能定时复位 WATCHDOG，则 WATCHDOG 将输出一个复位脉冲，重新运行程序并报警。WATCHDOG 定时器电路一般由若干个单稳态触发电路构成，也有的系统的 CPU 内部具有软件的 WATCHDOG 定时器。WATCHDOG 定时器对于提高整个系统运行的可靠性具有重要作用。

4）总线终端网络。总线终端网络为 RC 网络，为数据总线、地址总线和控制总线提供无源网络和上拉电阻支持。信号瞬变时，它可以降低尖峰脉冲信号和吸收一些高频干扰信号。

（3）存储器部分。主控制单元的存储器一般根据扩展内存规范设计的存储器卡，硬件结构包括译码、写保护、存储器、后备电池等。存储器部分的硬件构成如图 3-51 所示。

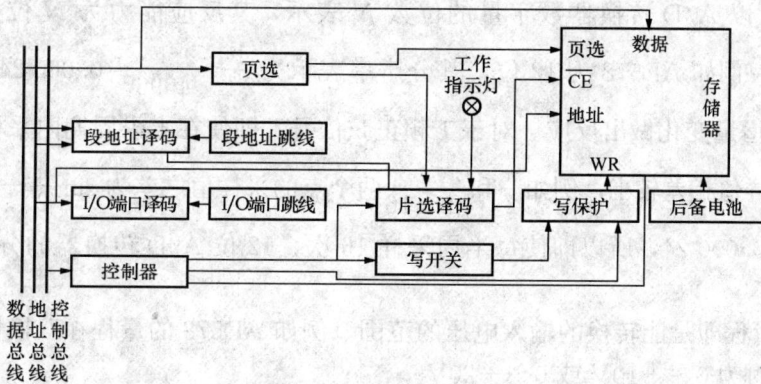

图 3-51　存储器部分的硬件构成

主控制单元（主机）可通过总线采集发电机组的运行信息，并存入预定的存储区形成实时数据库。主机又可以从实时数据库调用相关信息做调节计算、逻辑判断完成各种控制功能。可见增设的辅助控制功能无需特定的硬件支持，这与图 3-47 所示的模拟式（电子型）励磁调节器的核心控制单元综合放大要获得众多的输入信号才能完成多种综合控制任务（如图 3-52 所示）相比形成鲜明对比。这也正是数字式与模拟式最本质的区别之处。数字式励磁调节器基于存储逻辑，以数字处理器为核心，在软件的控制下实现调节功能。模拟式励磁调节器基于电子电路的布线逻辑，在电信号的控制下完成调节功能。

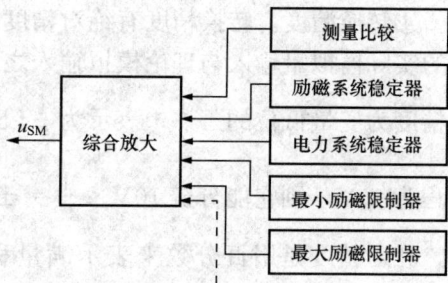

图 3-52　综合放大单元的输入信号

主控制单元运行励磁调节器的主程序和各种控制算法，还包括各种限制控制辅助算法，协调整个励磁调节器的运行，是励磁调节器的核心单元。

2. 信息采集单元

励磁调节器为了实现电压调节和无功功率分配等基本功能，需要采集的信息为发电机机端电压、电流，以及反映机组运行状态的开关量信息。励磁调节器的辅助控制包括励磁系统稳定器、电力系统稳定器和励磁限制器等，需要测量的还有频率、励磁电流等信息。这些发电机电压、电流等信息经输入过程通道接到 A/D 转换接口模板；开关的状态信息经状态信号输入通道接到数字量输入接口电路模板，由接口电路通过总线与主机通信。所以信息采集由接口电路和输入过程通道两部分组成。其中计算机与控制对象之间的隔离，和过程通道与接口电路间的电平匹配是需要解决的主要问题。

（1）模拟量信息采集电路。

1）A/D 转换模板接口电路。模数转换电路是把采样输入的模拟信号量转换为二进制数字量，使之反映测值的大小。A/D 转换模板的规格很多，有低速、高速、8 位、12 位等，其主要技术指标有以下几方面。

①分辨率。分辨率表示对输入模拟信号量值大小的反应能力。分辨率越高，对输入信号大小的区别就越精细。

分辨率通常以 A/D 转换器数字量的位数 N 表示，其反应能力为 N 位数字量最低位（LSB）的权值。例如 AD578 为 12 位，其分辨率表示为 $\frac{1}{2^{12}}=\frac{1}{4096}=0.000\,24$，即能对满量程的 1/4096 的增量变化做出反应。对于工频正弦信号，即使在半个周期内采样 16 个点，在 $\varphi=90°$ 附近采样值相差较小，例如 $\frac{\pi}{2}$ 和 $\frac{\pi}{2}+\frac{\pi}{16}$ 两个点的采样值之差为 $\sin\frac{\pi}{2}-\sin\left(\frac{\pi}{2}+\frac{\pi}{16}\right)\approx 0.020$，远大于 0.000\,24，所以即使每半周采样 16 次，12 位 A/D 转换器的分辨率是可以满足要求的。

②量程。量程即是能转换的输入电压的范围。例如 AD578 的量程在双极性时为 ±5V 或 ±10V，单极性时为 0～+10V 或 0～+20V。

③转换时间。转换时间指完成一次 A/D 转换所需的时间。AD578 的转换时间为 $6\mu s$。转换时间短，减少了数据采集时间，在一个交流周期内可以采集更多的信息。

④转换精度。转换精度有绝对精度和相对精度之分。绝对精度指对应于一个给定的数字量的实际模拟量输入与理论模拟输入之差，它用数字量的位数作为变量绝对精度的单位。绝对精度为变量低位的 $\pm\frac{1}{2}$，表示为 $\frac{1}{2}$ LSB。例如 AD578 为 12 位，最低位分辨率为 $\frac{1}{2^{12}}$，满量程为 10V，则它能分辨 $10V\times\frac{1}{2^{12}}=\pm 2.44mV$。

相对精度是用百分数来表示满量程的相对误差。例如 AD578，满量程 10V 的相对精度为

$$\frac{1.22mV}{10V}\times 100\%=0.012\,2\%$$

控制电路和数据缓冲电路。A/D 转换板接口电路由模拟 MUX、程控放大、采样保持器（S/H）、A/D 转换器和定时与逻辑控制等部件组成，如图 1-1 所示。其中 A/D 和定时与逻辑控制的典型接口如图 3-53 所示。A/D 的启动转换控制信号由 CPU 通过控制端口 CE 送至 A/D 的 Start 端，使 A/D 开始转换。A/D 转换完成时，通过 Sp 端口使 Busy 值由 1 到 0，

同时将 Enable 线变为低电平，CPU 可以通过查询 Busy 的状态来决定从数据端口 D0 读入 A/D 转换后数据的时机。

2）模拟量输入通道。

①发电机电压通道。电压互感器 TV 送来的三相线电压，一般额定电压值为 100V，为了隔离和与 A/D 接口电路电压匹配的需要，可加一组特制中间变压器（TMV），其输出交

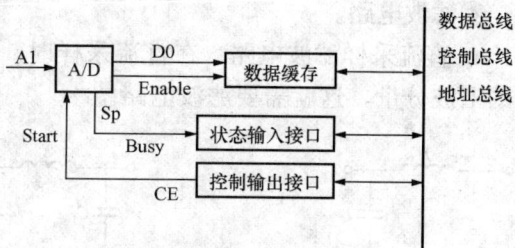

图 3 - 53　A/D 典型接口

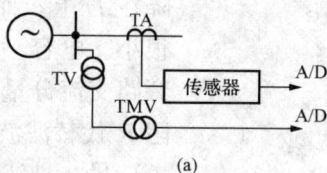

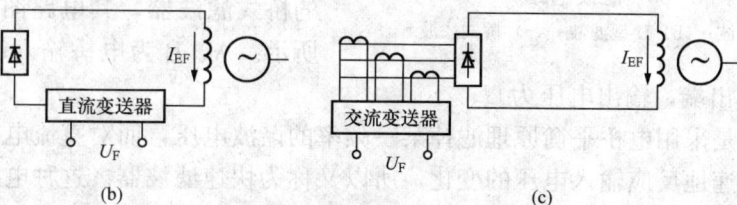

流电压峰值的可能最大值应小于 A/D 转换输入电压的限值。输入通道接线如图 3 - 54（a）所示。

图 3 - 54　模拟量输入通道
（a）电压电流量的测量；（b）励磁电流测量的直流变送器法；
（c）励磁电流测量的交流变送器法

②发电机电流通道。电流互感器 TA 二次侧的电流测量可以用中间变流器或传感器（例如霍尔元件传感器），把它转换成相应的低电平交流电压后，接到 A/D 转换接口输入。输入通道接线如图 3 - 54（a）所示。

③励磁电流（或转子电流）通道。为了实现对励磁电流调节和控制，如恒励磁电流运行、瞬时电流限制、过励保护和欠励限制等，都需要采集励磁电流的实时信息。因此励磁电流的测量非常重要，往往需要多重设置，以确保信息源的可靠性。

可以选用如下方法对励磁电流进行测量：采用直流/直流变送器（DCCT）。DCCT 串入转子回路，二次侧电流变换成电压后送到计算机接口电路，如图 3 - 54（b）所示；采用整流桥交流侧的交流电流，如图 3 - 54（c）所示。

对于全控整流桥，不管电压是否相等，交流三相电流总是相等的，因为三相晶闸管导通角是相等的。因此，交流侧的电流与转子电流（电压）成比例。交流侧电流波形为矩形波，其幅值为 $I_d = I_f$，大小由晶闸管的控制角决定，线电流有效值为

$$I_{p-p} = \sqrt{\frac{2}{3}} I_d \qquad (3 - 37)$$

经交流变送器变换成电压后送至 A/D 接口电路。

④滤波电路。

a. 直流采样滤波电路。在直流采样时，为保证直流电量的准确可靠，需去除测量回路中的谐波分量，这就需要滤波电路。

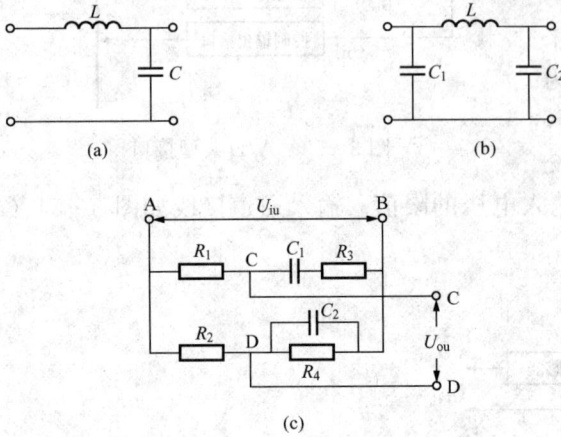

(a)

(b)

(c)

图 3 - 55　滤波电路

(a) Γ 型滤波；(b) Π 型滤波；(c) 桥式滤波

滤波电路有多种形式，常用的有 Γ 型滤波和 Π 型滤波，如图 3 - 55 (a)、(b) 所示。滤波电路是利用电容和电感的频率特性，加以适当组合的无源四端网络。从阻抗观点看，电感 L 的直流电阻很小，而交流电抗很大，因此一般串联在负载电路中，使得整流后的交流脉动成分大部分都降在 L 上，而直流成分在 L 上的压降却很小。电容一般并联在负载电路中，用来旁路交流分量。为了简单起见，也可用电阻 R 代替滤波电感 L。

另一种滤波电路是由电阻、电容组成的桥式滤波器，其电路图如图 3 - 55 (c) 所示。A、B 为电桥输入端，输入电压为 U_{in}；C、D 为输出端，输出电压为 U_{ou}。

桥式滤波器是采用电桥平衡原理滤掉某一频率的谐波电压，而对直流电压只有很小的衰减。由于它能快速地反应输入电压的变化，所以又称为快速滤波器。这种电路是一个无源四端网络，在图 3 - 55 中若保持下式成立，即

$$R_1/R_2 = Z_3/Z_4 \tag{3-38}$$

式中　　Z_3——R_3、C_1 串联支路阻抗；

　　　　Z_4——R_4、C_2 并联支路阻抗。

则输入的谐波电压在 C、D 点输出处的开路电压为零，即该谐波电压被滤掉。因为只有某一选定频率才能使式（3 - 38）成立，故桥式滤波电路具有选频特性。对于直流电压，由于电容 C_1 的隔直作用，C 点与 A 点电位相等。输出电压 U_{ou} 为

$$U_{ou} = \frac{R_2}{R_2 + R_4} U_{in}$$

所以，只要适当选择 R_2、R_4 的阻值，使 $R_2 \gg R_4$ 就可使直流电压仅有很小的衰减。

b. 交流采样滤波电路。交流采样在励磁调节器中已广泛应用，采样数据的准确性决定着励磁调节器的工作性能。

对于发电机电压、电流来说，励磁调节器所需要的是采样信息中工作频率的那部分信号，其他所有的非工频信号部分都被认为是干扰。和直流滤波相同，交流滤波可以采用如图 3 - 55 的电路对交流采样进行低通滤波处理，也可以采用如图 3 - 56 的有源滤波电路进行滤波处理。在对信号要求较高的情况下，还可以将有源滤波电路级联以取得更好的滤波效果。

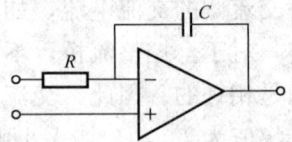

图 3 - 56　有源滤波电路

特别需要指出的是，无论哪一种对交流信号的滤波方式，由于使用了电容、电感元件，

必然会导致交流采样信号相位的偏差。在励磁调节器中，电压与电流的相位是非常重要的信息，例如无功功率的计算，为此在软件算法中可以对相位偏差进行补偿。需要指出的，也可以采用软件滤波的方法进行滤波。

（2）数字量信息采集电路。励磁调节器还采集运行状态信息用于工况判断，如断路器状态，操作盘上开关状态等信息和输入调节量的增减控制信号。这些状态信息和控制信号转换成相应高、低电平信号后，由接口电路光隔离器数字式输入接至总线。光隔离器（Optical Isolator）是以光为媒介传输电信号的器件，如图 3-57 所示。当输入端有电压使发光二极管发光时，受光器即产生光电流从输出端流出，从而实现了

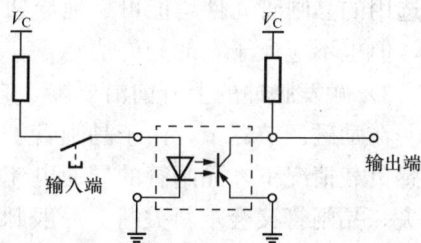

图 3-57　光电隔离器典型电路应用

“电—光—电”转换的单向信号传递，实现了输入、输出间电气完全隔离，抗干扰能力强，广泛应用于微机接口电路。除了状态量输入需要光隔数字输入模块外，双通道主机间通信也可采用高速多位数字输入/输出模块，用并行传送方式快速交换信息。

3. 调节和控制输出单元

励磁调节器输出的调节量为控制励磁功率单元的移相触发脉冲，输出的控制信号有保护跳闸触点信号、报警信号等。

（1）移相触发单元。如前所述，由晶闸管构成的全控整流桥是励磁系统的功率单元，为使全控桥正常工作，需要使晶闸管元件按照一定的次序导通，这就需要按照一定的次序对晶闸管的门极施加触发脉冲，这是移相触发单元完成的任务。

移相触发单元产生可调相位的脉冲，用来触发晶闸管，使其触发角 α 能够随着主控制单元输出的控制数据而改变，以控制晶闸管整流电路的输出，从而调节发电机励磁电流。

可控整流电路要求在晶闸管每次承受正向电压的某一时刻，向它的门极送出触发脉冲，使晶闸管导通，且各相的控制角 α 相同。晶闸管触发脉冲与主电路之间的这种相位配合关系称为同步。

对于不同接线方式的晶闸管整流电路，由于晶闸管在每个周期内导电的区间不同，因此触发回路与主电路同步的相位配合也有些不同。

三相桥式全控整流电路中，共阴极的晶闸管元件只有在阳极电位最高的一段区间内才有可能导通，触发脉冲应在这一区间内发出。三相触发脉冲按＋A、＋B、＋C 相顺序依次相隔120°发出。共阳极的晶闸管只有在阴极电位最低的一段区间内才有可能导通，触发脉冲应在这一区间内发出。三相触发脉冲按－C、－A、－B 相顺序依次相隔 120°发出。这样三相触发脉冲应按＋A→－C→＋B→－A→＋C→－B 相的顺序依次相隔 60°发出。分析说明，供给移相触发单元的同步电压信号与主电路电源间应具有一定的相位关系，才能保证触发脉冲按要求的相位发出。该同步电压信号由同步变压器获得，同步变压器一次绕组接主回路电源，二次绕组供触发电路作为同步信号。在三相桥式全控整流电路中，同步变压器二次侧采用六相双星形接法。

对移相触发单元有下列要求。

1）触发脉冲移相范围要符合相应可控整流电路的要求。如三相桥式全控整流电路要求移相范围是 0°～180°。当然，对电感性负载受最小逆变角限制，移相范围要求小些，只要求

$0°\sim155°$左右。

2）触发脉冲应具有足够的功率（对电压、电流幅度有要求）使晶闸管元件可靠地导通。由于晶闸管厂家元件控制极参数的分散性，且所需的触发电压、电流会随温度而变化，为了使选用的晶闸管元件均能可靠地导通，选择触发电路输出的电压、电流时，要留有一定的裕量，但也不应大于它的允许值。

3）触发脉冲的上升前沿要陡，它的上升时间一般在$10\mu s$左右。触发脉冲要有一定的宽度。在励磁调节器中，由于晶闸管主电路有较大的电感负载，触发脉冲更应加宽。因为在大电感负载情况下，晶闸管的导通电流由零逐渐上升，如果电流未上升到掣住电流触发脉冲就消失，晶闸管又会重新关断。一般脉冲宽度应不小于$100\mu s$，通常为$1ms$（相当于$50Hz$正弦波的$18°$）。对三相桥式全控整流电路，要求触发脉冲宽度大于$60°$或者用双脉冲触发。

4）触发单元与主电路应互相隔离以保证安全。

5）在整个移相范围应保证各相的触发脉冲控制角α一致，否则将使整流桥输出的电压谐波分量增加。一般各相脉冲相位偏差应小于$10°$，在三相桥式全控整流电路中相位偏差角应不大于$5°$。

因此，移相触发单元的工作包括：将主控制单元输出的数字量通过同步、数字/脉冲移相接口电路，再经过脉冲变压器形成陡度、幅值和宽度足以触发晶闸管的脉冲，送至晶闸管的触发端。移相触发单元的构成如图3-58所示。

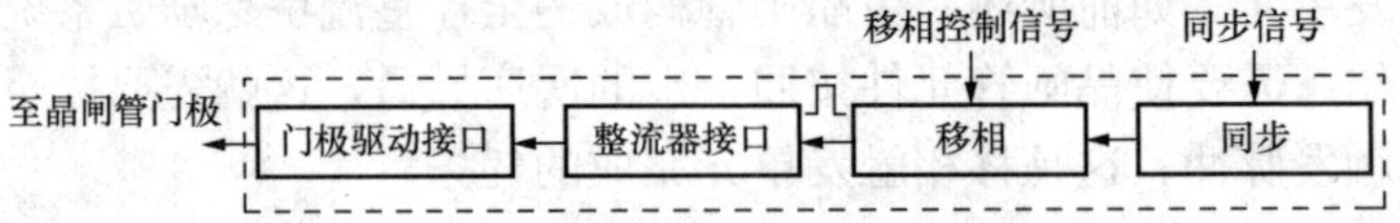

图3-58 移相触发单元的构成

1）同步电压整形电路。同步电压整形电路将同步变压器的二次侧电压整形成为方波，在其上升沿作为控制角α的计时起点。同步电压整形电路的结构和原理如图3-59所示。

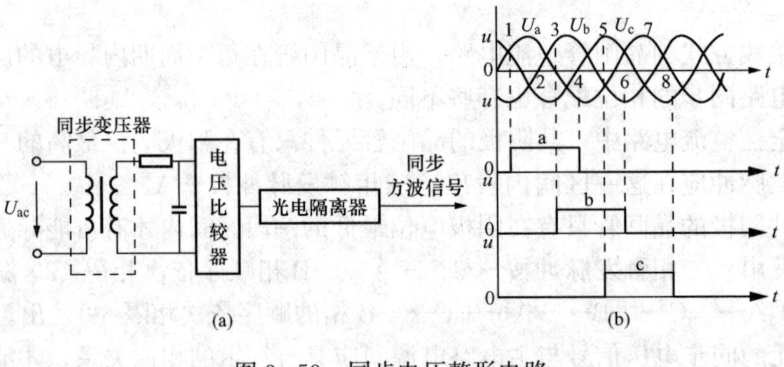

图3-59 同步电压整形电路

（a）电路构成；（b）三相全控桥阳极电压和自然换流点

图中，同步变压器一次侧电压$\dot{U}_{ac}$与晶闸管阳极电压$\dot{U}_{ac}$同相位，经电压比较器后形成宽度为$180°$的方波，其上升沿对应自然换相点，如图3-59（b）所示。由于测得的阳极电压周期为T，从上升沿算起，过$T/6$即为自然换相点2，再过$T/6$，到达自然换相点3，以此类推可以得到4、5、6换相点。

2）数字/脉冲移相接口电路。由主控制单元计算输出的移相控制信号是一个数字量，要用它控制晶闸管的导通角 α 的触发脉冲的移相，这就需要数字/脉冲较为特殊的接口电路。它的组成框图如图 3-60（a）所示，由同步、数字移相和脉冲形成三个环节。电路的实现方法较多，可编程定时/计数器（如 8253、或 CTC 等芯片）是较为常用的电路，例如 8253 可编程定时/计数器内有三路独立的 16 位二进制或二-十进制计数器，它的计数速率范围小于 2MHz，所有计数器都是减法计数器，工作方式由控制字定义并存入控制寄存器中，其中自动脉冲方式为在硬件触发输入信号的上升沿时，计数器开始计数；计数结束时，输出端将以低电平输出。图 3-60（b）是用 8253 实现数字移相脉冲的原理接线。主控制单元输出数字量 D 装入计数寄存器。同步电压经隔离、电平变换，在电压过零点处形成正脉冲加到 Gate 端使计数器开始计数（即做减法）。计数结束时输出端的低电平信号经转换后形成触发脉冲输出。它与同步电压过零点间相差的时间为相移角 α。

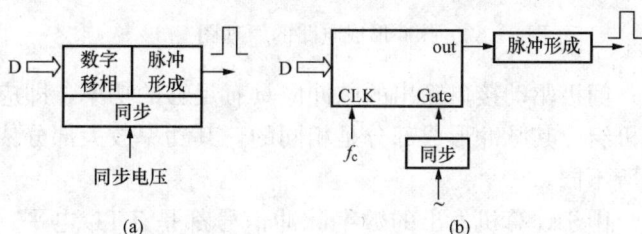

图 3-60　数字移相脉冲原理

(a) 框图；(b) 用计数/定时器实现移相原理

这一移相原理是把控制触发角 α 换算成对应的延时 t_α，再折算成对应的计数脉冲个数 D。α 换算为 t_α 的公式为

$$t_\alpha = \frac{\alpha}{360}T \tag{3-39}$$

式中　T——晶闸管交流电源的周期。

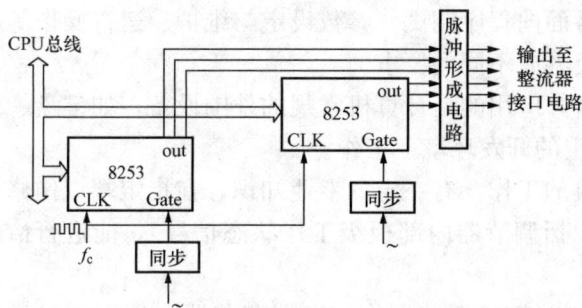

图 3-61　三相数字移相脉冲原理

如加到 8253 计数脉冲的频率为 f_c，则与 t_α 对应的计数脉冲数为

$$D = t_\alpha f_c = \frac{\alpha}{360}T f_c \tag{3-40}$$

如果已知控制角 α，用式（3-40）就可求得计算机的写入数 D。

图 3-61 为三相同步整形电路的例子，图中采用两个 8253 芯片，输出六个触发脉冲，作为三相全控桥的双脉冲触发，脉冲间隔为 60°。

图 3-62 为利用微分电路构成脉冲形成电路的原理图。

3）整流器接口电路（中间脉冲放大）。当脉冲形成电路发出控制脉冲后，要经过整流器接口单元，以实现光电隔离，并作为触发脉冲的输出端口，在控制单元和门极驱动接口之间实现电气隔离。整流器接口单元还应具备测量整流桥的输出电流并监测桥臂电流的功能，并可监控晶闸管部件的状态，如熔断器，温度等。

4）门极驱动电路（末级脉冲放大）。门极驱动接口单元用于放大脉冲，使之与晶闸管触发的水平相匹配，一般门极驱动接口单元含有与全控制桥晶闸管数量相等的脉冲变压器。

门极驱动接口单元电路如图 3 - 63 所示。

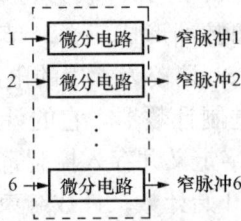

图 3 - 62　脉冲形成电路的原理图

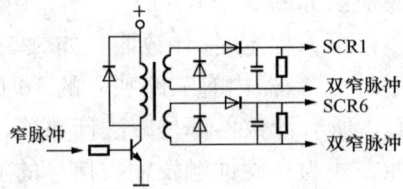

图 3 - 63　门极驱动接口单元电路

门极驱动接口输出的脉冲应具有足够的功率，即应有一定的陡度、幅度和宽度。对于不同机组，其脉冲形成部分是相同的，其功率放大部分依据机组容量大小和功率柜的不同要求有所不同。

由于计算机发出的数字脉冲信号都是 TTL 电平（晶体管—晶体管逻辑电平），不可能直接触发晶闸管。因此都有脉冲放大这个环节。

触发脉冲一种是宽脉冲触发，一种是双窄脉冲形式，形成宽脉冲要增加调制电路，对脉冲变压器的性能要求更高，所以较多选用双窄脉冲形式。双窄脉冲是将 120° 的宽脉冲经过微分电路形成的。对于全控桥，在向某一臂晶闸管送一个窄脉冲时，同时向前一臂晶闸管补充送一个窄脉冲，分别触发共阳极组和共阴极组的晶闸管。这样每隔 60° 产生一双脉冲，经功率放大后分别触发相应的晶闸管，满足了全控桥对双脉冲触发的要求。

（2）控制信号输出。为了对发电机组和励磁调节器起保护和限制作用。励磁调节器还有继电器和数字量输出模板，分别输出保护跳闸触点信号和报警数字信号等。

4．人—机接口

数字式励磁调节器从生产至运行，通常面向程序调试、参数设定与维护、运行操作等不同人员的操作。在人—机接口方面不同人员各有不同的要求。

（1）程序调试：是软件专职人员的工作，应用的是计算机常规的外围设备，如键盘、鼠标、CRT 显示器、打印机等设备，且在特定的开发环境下工作。

（2）参数设定与维护：是电厂技术人员的工作，有一定的专业知识，在指定端口作修改参数操作，根据调节器运行中显示信号（包括调节器内部板级工作状态信号），能进行恰当的维护操作。

（3）运行操作：是值班运行人员作增、减励磁电流操作，根据调节器运行面板显示信号，作投入、退出、切换等必要的操作，要求信号醒目、明确、容易判断。

因此，数字式励磁调节器的人—机接口主要考虑的是满足现场人员的需要，和常规励磁调节器相比，不但方便，而且更应具有智能化优势。数字式励磁调节器人—机接口电路框图如图 3 - 64 所示。

数字式励磁调节器的人机接口的各种电路原理在计算机接口课程中有详细的讲授，本书不拟过多涉及这部分内容，有兴趣的读者请参考相应的书籍。

二、调节和控制的数学模型

1．概述

数字式励磁调节器在硬件配置基本相同的情况下，采用不同的算法可以灵活地实现不同的控制规律。按偏差的比例、积分和微分进行控制的 PID 调节器，是连续系统控制中技术成熟、应用最为广泛的一种调节器。特别是在工业控制过程中，由于控制对象的精确数学模型难以建立，系统参数又经常变化，人们往往采用 PID 调节，根据现场经验在线整定，可得到满意的控制效果。

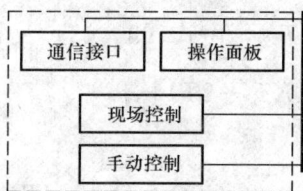

图 3 - 64　人—机接口电路框图

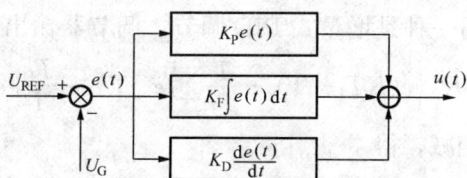

图 3 - 65　PID 调节器的传递函数

现在的 PID 算法通常用计算机即可简单实现。由于软件的灵活性，PID 算法可以得到修正而更加完善。PID 调节器的传递函数如图 3 - 65 所示。在应用中按控制要求又可取其中一部分形成所需的控制算法，例如比例（P）调节器、比例积分（PI）调节器、比例微分（PD）调节器等。

PID 调节算法可用微分方程表示为

$$u(t) = K_P \left[e(t) + \frac{1}{T_I} \int_0^t e(t)\mathrm{d}t + T_D \frac{\mathrm{d}e(t)}{\mathrm{d}t} \right] \qquad (3 - 41)$$

其中

$$e(t) = U_{REF} - U_G$$

式中　$u(t)$——控制输出；

　　　　$e(t)$——电压偏差信号；

　　　　T_I——积分时间常数；

　　　　T_D——微分时间常数；

　　　　K_P——比例放大倍数；

　　　U_{REF}——发电机电压设定值（基准值）；

　　　　U_G——发电机电压测量值。

数字式励磁调节器是一种采样控制，用差分方程代替微分方程，因此式（3 - 41）中的积分和微分项用数值计算的方法逼近。在采样时刻 $t = KT$（T 为采样周期），用差分方程对微分方程进行离散化时有下述关系式

$$\left. \begin{aligned} u(t) &\approx u(KT) \\ e(t) &\approx e(KT) \\ \int_0^t e(t)\mathrm{d}t &\approx T \sum_{j=0}^K e(jT) \\ \frac{\mathrm{d}e(t)}{\mathrm{d}t} &= \frac{1}{T}[e(KT) - e(KT - T)] \end{aligned} \right\} \qquad (3 - 42)$$

对于式（3 - 41）所表示的典型的 PID 调节器，可用差分变换离散化为

$$u(KT) = K_P \left\{ e(KT) + \frac{T}{T_I} \sum_{j=0}^K e(jT) + \frac{T_D}{T}[e(KT) - e(KT - T)] \right\} \qquad (3 - 43)$$

式中　T——采样周期；

$e(KT)$——第 K 次采样时系统的偏差值；

$u(KT)$——第 K 次采样时计算机的输出控制量。

式（3-43）称为位置式 PID，其输出 $u(KT)$ 是全量输出，是控制量数值绝对值大小，它表示执行机构所要达到的位置（如晶闸管触发角），它与过去的状态有关。位置式 PID 算法的计算机工作量较大，需要对 $e(KT)$ 作累加。而且如果计算机故障时，很可能使 $u(KT)$ 发生大幅度变化，不利于生产安全。

另一种是增量式 PID 调节，调节器输出只是增量 $\Delta u(KT)$，由式（3-43）及 $u(KT-T) = K_P\left\{e(KT-T) + \dfrac{T}{T_1}\sum_{j=0}^{K-1}e(jT) + \dfrac{T_D}{T}\left[e(KT-T) - e(KT-2T)\right]\right\}$

二式相减，得

$$\Delta u(KT) = K_P\left[e(KT) - e(KT-T)\right] + K_I e(KT) + K_D\left[e(KT) - 2e(KT-T) + e(KT-2T)\right]$$
$$= K_P\left[\Delta e(KT)\right] + K_I e(KT) + K_D\left[\Delta e(KT) - \Delta e(KT-T)\right]$$

$$(3-44)$$

其中，$K_I = \dfrac{T}{T_1}$，$K_D = \dfrac{T_D}{T}$。

增量形式 PID 算法与位置式算法本质上无大的区别，只不过增量形式算法将计算机的一部分累加功能，由执行机构（如步进电机）完成。

增量式 PID 调节的优点是：因为数字调节器只输出增量，所以计算误差或精度对控制量影响较小，控制的作用不会发生大幅度变化；且增量算式只与最近几次采样值有关，容易获得较好的控制效果。

2. 励磁调节器的基本调节方式

维持电压恒定水平，实现并联运行机组间的无功功率合理分配，是同步发电机励磁控制系统的基本任务，也是正常运行的调节方式。

以机端电压 U_G 为被调量，与设定值 U_{REF} 之间的差值作为测量比较单元的调节输入信号，如式（3-28）所示。采用恒电压比例式调节方式，就可得到具有自然调差系数的调节特性。参照应用式（3-44），令 $K_I = K_D = 0$，于是得

$$\Delta U(KT) = K_P\left[U_{REF}(KT) - U_G(KT)\right] \tag{3-45}$$

并列母线上运行的各发电机应有相等的无功正调差（约 $3\% \sim 4\%$）。对于发电机变压器组在高压母线上并联时，由于大容量变压器具有 $10\% \sim 15\%$ 的电压降，应采用负调差使高压母线并列点保持正调差 $3\% \sim 4\%$，否则高压母线的电压偏差会较大。

为了实现并联运行机组间的无功功率的合理分配，设发电机组的无功调节特性的调差系数为 δ。参照式（3-35），式（3-45）改写为

$$\Delta U(KT) = K_P\left[U_{REF}(KT) - U_G(KT) \pm \delta Q(KT)\right] \tag{3-46}$$

式中　δ——调差系数。

由于电压恒定运行方式在发电机组并网正常运行情况下采用，只要确定了机端电压的整定值，就不需要人工干预，所以这种运行方式又被称为"自动"运行方式。

3. 励磁调节器的辅助控制

随着电力系统的发展，发电机容量不断增大，大容量发电机组对励磁控制提出了更高要求，例如，在超高压电力系统中输电线路的电压等级很高，此时输电线路的电容电流也相应增大。因此，当线路输送功率较小时，线路的容性电流引起的剩余无功功率使系统电压上

升，以致超过允许的电压范围。使发电机进相运行吸收剩余无功功率是一个比较经济的办法，但发电机进相运行时，允许吸收的无功功率和发出的有功功率有关，此时发电机最小励磁电流值应限制在发电机静态稳定极限及发电机定子端部发热允许的范围内。为此在自动励磁装置中设置了最小励磁限制。又如，对大容量发电机组由于系统稳定的要求，励磁系统应具有高起始响应特性，这对于带有交流励磁机的无刷励磁系统而言，必须采取相应措施才能达到高起始响应特性。这些措施之一是提高晶闸管整流装置电压，使发电机励磁顶值电压大大超过其允许值。励磁电流过大，超过规定的强励电流会危及发电机的安全。为此，在调节器中都必须设置瞬时电流限制器以限制强励顶值电流。对励磁调节器这些功能的要求，由调节器的辅助控制完成。

　　辅助控制与励磁调节器正常情况下的自动控制的区别是，辅助控制不参与正常情况下的自动控制，仅在发生非正常运行工况，需要励磁调节器具有某些特有的限制功能时起相应控制作用。

　　励磁调节器中的辅助控制对提高励磁系统的稳定性、提高电力系统稳定及保护发电机、变压器、励磁机的安全运行有极重要的作用。下面对几种常用的励磁限制功能作一些简述。

　　（1）瞬时电流限制和最大励磁限制。

　　1）瞬时电流限制。由于电力系统稳定性的要求，大容量发电机组的励磁系统必须具有高起始响应的性能。交流励磁机—旋转整流器励磁系统（无刷励磁）在通常情况下很难满足这一要求。唯有采用高励磁顶值的方法才能提高励磁机输出电压的起始增长速度，如图 3-66 所示，当加在励磁机励磁绕组上的励磁顶值电压 $U_{EEq2} > U_{EEq1}$ 时，对同一时间 t_1 而言，$U_{E2} > U_{E1}$，

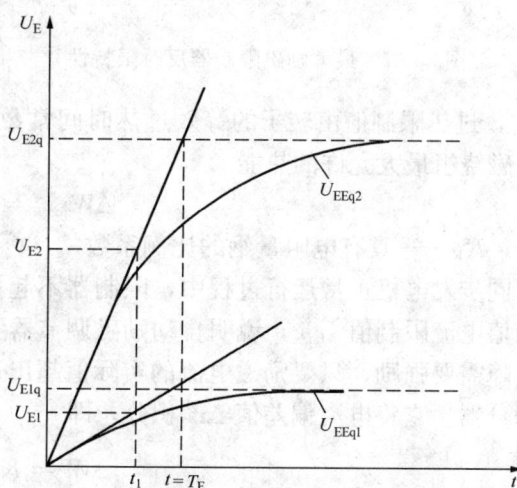

图 3-66　励磁机励磁电压对励磁机电压响应的影响

即 U_{EEq} 之值越高，励磁机输出电压 U_E 的起始增长速度越快。这样，励磁系统的响应速度得到了改善。但是高值励磁电压将会危及励磁机及发电机的安全，为此，当励磁机电压达到发电机允许的励磁顶值电压倍数时，应立即对励磁机的励磁电流加以限制，以防止危及发电机的安全运行。

　　励磁调节器内设置的瞬时电流限制器检测励磁机的励磁电流，一旦该值超出发电机允许的强励顶值，限制器输出立即使励磁电流限制在 I_{fmax}。

　　2）最大励磁限制器。最大励磁限制是为了防止发电机转子绕组长时间过励磁而采取的安全措施。按规程规定，当发电机电压下降至 $80\% \sim 85\%$ 额定电压时，发电机励磁应迅速强励到顶值电流，一般为 $1.6 \sim 2$ 倍额定励磁电流。由于受发电机转子绕组发热的限制，强励时间不允许超过规定值，制造厂给出的发电机转子绕组在不同励磁电压时的允许时间见表 3-1。

表 3 - 1　　　　　　　　　　　不同励磁电压时的允许时间

转子电压标幺值	允许时间（s）	转子电压标幺值	允许时间（s）
1.12	120	1.46	30
1.25	60	2.08	10

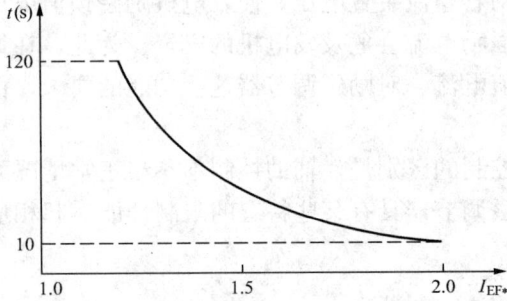

图 3 - 67　最大励磁限制器反时限特性

为使机组安全运行，对过励磁应按允许发热时间运行，若超过允许时间，励磁电流仍不能自动降下来，则由最大励磁限制器执行限制功能，它具有反时限特性，如图 3 - 67 所示。

微机型反时限特性可以有不同的数学模型来描述，这里介绍的是某厂家实际应用的一种。最大励磁限制器主要有两个不同的设定值，一个是强励顶值电流限制值 I_{fmax}，另一个是连续运行允许的过热限制值 I_{fr}，过热限制值由转子的等效过热时间常数 T_e 和转子的等效冷却时间常数 T_c 控制。那么励磁绕组最大允许的热能

$$\Delta W_{max} = K_R I_{fr}^2 T_e \tag{3-47}$$

式中　K_R——具有电阻量纲的比例系数。

同步发电机正常运行过程中，限制器不起作用。最大励磁电流限制器有效的控制点是强励顶值电流限制值 I_{fmax}，说明自动励磁调节器无论何时都能达到强励顶值电流。现在假定出现故障需要强励，只要励磁电流的实际值超出过热限制值，那么调节器就会启动一个过热电力积分器，它将电流偏差值 Δi^2 积分，即

$$\Delta W = K_R \int \Delta i^2 dt \tag{3-48}$$

其中　　　　　　　　　　　　$\Delta i = I_f - I_{fr}$

式中　I_f——励磁电流的实际值；

　　　I_{fr}——励磁电流过热限值。

这个积分的结果与励磁电流超限引起的发热有关。如果励磁电流高于过热限值一定时间，那么积分器的输出值 ΔW 将会增加。当积分器的输出值超过 ΔW_{max}，最大励磁电流限制器限制励磁电流从 I_{fmax} 减小到 I_{fr}。如果励磁电流降到它的过热限值 I_{fr} 以下，那么积分器的输出将随着冷却时间常数 T_c 降低。

可见，当 $\Delta W < \Delta W_{max}$ 时，励磁电流 I_f 限值为 I_{fmax}，调节器按恒励磁电流 I_{fmax} 运行；当 $\Delta W \geq \Delta W_{max}$ 时，励磁电流 I_f 限值为 I_{fr}，调节器按恒励磁电流 I_{fr} 运行。励磁电流的设定值分别为 I_{fmax} 和 I_{fr}。

因此，离散化后的恒励磁调节数学模型为

$$\Delta U(KT) = K_{Rf}[I_{fREF}(KT) - I_f(KT)] \tag{3-49}$$

式中　K_{Rf}——具有电阻量纲的比例系数。

$I_{fREF}(KT)$ 根据限制条件分别用 I_{fmax}、I_{fr} 代入。

如果系统中出现了另一个故障，强励电流在冷却时间结束前再次高于 I_{fr}，那么在这个

强励电流下所允许的时间显然比第一个故障中的时间短，因为将会较早地到达 ΔW_{max} 值。如果冷却时间已经结束，那么限制器将允许励磁电流在强励时间段中保持在顶值水平。

（2）最小励磁限制器。同步发电机欠励磁运行时，由滞后功率因数变为超前功率因数，发电机从系统吸收无功功率，这种运行方式称进相运行。吸收的无功功率随励磁电流的减小而增加。发电机进相运行受静态稳定极限限制。下面以单机—无穷大系统为例来讨论这个问题。

图 3-68（a）是发电机经升压变压器、输电线路与无穷大母线相连的等值电路图。

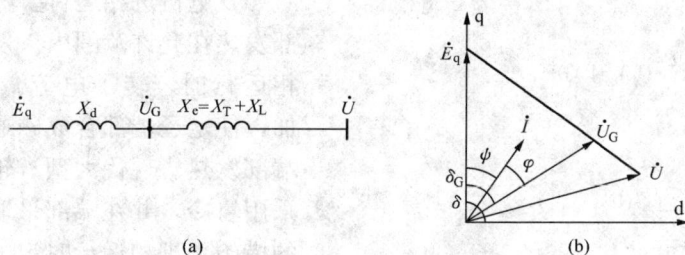

图 3-68　发电机—无穷大系统
（a）等值电路；（b）相量图

设发电机内电动势（励磁电动势）为 $\dot{E}_q$，负荷电流为 $\dot{I}$，发电机端电压为 $\dot{U}_G$，无穷大母线电压为 $\dot{U}$，X_d 为发电机同步电抗，$X_e = X_T + X_L$ 为包括变压器和线路电抗的发电机外电抗。则可画出发电机进相运行时的相量图如图 3-68（b）所示。

根据相量图，可以推导出进相运行时有功和无功功率的表达式为

$$P = U_G I\cos\varphi = U_G I\cos(\delta_G - \psi) = U_G I(\cos\delta_G\cos\psi + \sin\delta_G\sin\psi) \tag{3-50}$$

$$Q = U_G I\sin\varphi = U_G I\sin(\delta_G - \psi) = U_G I(\sin\delta_G\cos\psi - \cos\delta_G\sin\psi) \tag{3-51}$$

而

$$I\sin\psi = I_d = (U_G\cos\delta_G - U\cos\delta)/X_e \tag{3-52}$$

$$I\cos\psi = I_q = (U_G\sin\delta_G)/X_d \tag{3-53}$$

将式（3-52）、式（3-53）代入式（3-50）、式（3-51），得

$$P_G = \frac{U_G^2}{2}\left(\frac{1}{X_e} + \frac{1}{X_d}\right)\sin2\delta_G - \frac{U_G U}{X_e}\sin\delta_G\cos\delta \tag{3-54}$$

$$Q_G = \frac{U_G^2}{2}\left(\frac{1}{X_e} - \frac{1}{X_d}\right) + \frac{U_G^2}{2}\left(\frac{1}{X_e} + \frac{1}{X_d}\right)\cos2\delta_G - \frac{U_G U}{X_e}\cos\delta\cos\delta_G \tag{3-55}$$

当处于静稳极限时，$\delta = 90°$，$\cos\delta = 0$，则式（3-54）、式（3-55）简化为

$$P_m = \frac{U_G^2}{2}\left(\frac{1}{X_e} + \frac{1}{X_d}\right)\sin2\delta_G \tag{3-56}$$

$$Q_m = \frac{U_G^2}{2}\left(\frac{1}{X_e} - \frac{1}{X_d}\right) + \frac{U_G^2}{2}\left(\frac{1}{X_e} + \frac{1}{X_d}\right)\cos2\delta_G \tag{3-57}$$

或

$$Q - \frac{U_G^2}{2}\left(\frac{1}{X_e} - \frac{1}{X_d}\right) = \frac{U_G^2}{2}\left(\frac{1}{X_e} + \frac{1}{X_d}\right)\cos2\delta_G \tag{3-58}$$

将式（3-56）两边平方后与式（3-58）两边平方后相加得到静稳下功率圆图方程为

$$P_{\mathrm{m}}^2 + \left[Q_{\mathrm{m}} - \frac{U_{\mathrm{G}}^2}{2}\left(\frac{1}{X_{\mathrm{e}}} - \frac{1}{X_{\mathrm{d}}}\right)\right]^2 = \left[\frac{U_{\mathrm{G}}^2}{2}\left(\frac{1}{X_{\mathrm{e}}} + \frac{1}{X_{\mathrm{d}}}\right)\right]^2 \tag{3-59}$$

由式（3-59）可以看出，在静态稳定极限下，有功功率极限 P_{m} 和无功功率极限 Q_{m} 之间的函数关系为一圆。在 P-Q 平面上，此圆的圆心在 $\left[0, \frac{U_{\mathrm{G}}^2}{2}\left(\frac{1}{X_{\mathrm{e}}} - \frac{1}{X_{\mathrm{d}}}\right)\right]$，圆的半径为 $\frac{U_{\mathrm{G}}^2}{2}\left(\frac{1}{X_{\mathrm{e}}} + \frac{1}{X_{\mathrm{d}}}\right)$，如图 3-69 所示曲线 M。凡曲线 M 上的各点都是静态稳定功率极限（P，Q），且满足式（3-59）。M 曲线外侧属不稳定区，而圆内任意点属稳定区。

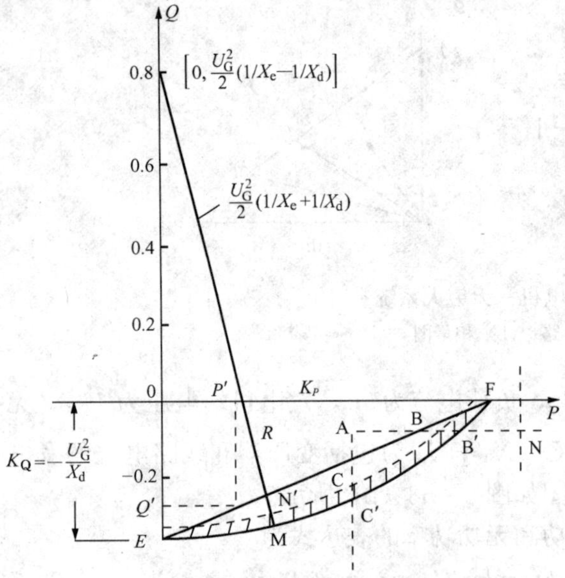

发电机进相运行要考虑发电机定子端部发热在允许范围内。发电机由滞相转进相运行时，转子电流减少，吸收无功增加，使定子端部合成磁通越来越大，造成端部发热。现代大型汽轮发电机定子铁芯采用氢冷，并在端部采取了防止局部发热的措施，进相运行时定子端部铁芯及金属件温升一般不再是限制低励磁运行的主要因素，图 3-69 低励磁限制曲线是无 AVR 时的静稳定极限，没有考虑 AVR 的作用，这是因为当最低励磁电流起作用时，调压功能即被退出运行。实际运行中还必须计及静稳定储备及一些无法确定的因素，因此励磁调节器中最小励磁限制曲线如图 3-69 中曲线 N′ 所示。

图 3-69   同步发电机功率圆图

如图 3-69 所示，假设发电机进相运行于 A 点，当电网电压升高时，在励磁调节器的作用下，发电机减少励磁，运行点沿 AC 向下移动，当达到 C′ 点即达到静态稳定极限，再超过就失去稳定。在 A 点运行，如增加有功输出，运行点向 AB 方向移动，到达 B′ 点后若继续沿 AB 方向移动同样会失去稳定。为确保发电机安全运行，在励磁调节器中必须设置最小励磁限制器。

微机在实现最小励磁限制曲线 N′ 时，是根据试验数据列表比较得到的。表 3-2 是一个欠励限制数据表，计算机根据欠励限制表对无功实行控制。例如发电机带有功 50MW 时，无功限制值为 −35Mvar，当进相大于 35Mvar 时，欠励限制发出指令，迅速增磁，使无功不超越 −35Mvar。

表 3-2   欠 励 限 制 数 据 表

P（MW）	0	10	20	30	40	50	60	70	80	90
$-Q$（Mvar）	50	47	44	41	38	35	32	30	27	24
P（MW）	100	110	120	130	140	150	160	170	180	
$-Q$（Mvar）	21	18	15	12	10	7	4	1	0	

实现欠励限制时，可以用直线或折线来近似圆弧。当考虑留有一定的稳定储备，用直线

作为限制线，直线 $\overline{EF}$ 的方程为

$$\frac{P}{K_P} + \frac{Q}{K_Q} = 1 \tag{3-60}$$

其中，$K_P > 0$，$K_Q < 0$，由发电机欠励运行特性决定。对于图 3-69 所示的 $\overline{EF}$ 直线，由式 (3-59)，分别令 $Q=0$ 和 $P=0$，可得到

$$K_P = |\overline{OF}| = \frac{U_G^2}{\sqrt{X_e X_d}} \tag{3-61}$$

$$K_Q = |\overline{OE}| = -\frac{U_G^2}{X_d} \tag{3-62}$$

$$Q = -\frac{U_G^2}{X_d} + P\sqrt{\frac{X_e}{X_d}} \tag{3-63}$$

无功要限制在直线 $\overline{EF}$ 之内，所以有：

1）$Q \geqslant P\sqrt{\dfrac{X_e}{X_d}} - \dfrac{U_G^2}{X_d}$ 时不加限制；

2）$Q < P\sqrt{\dfrac{X_e}{X_d}} - \dfrac{U_G^2}{X_d}$ 时加以限制。

在微机励磁中检测 P、Q 值，当 $\dfrac{P}{K_P} + \dfrac{Q}{K_Q} > 1$ 时，则发出欠励限制信号，阻止励磁电流减小，使进相无功功率减小到允许范围之内。

设无功功率的限值为 $Q_{\min}$，则令 $Q_{REF} = Q_{\min}$，励磁调节器采用恒无功调节方式，限制无功在 $Q_{\min}$ 处运行。为了防止进相运行，发电机稳定储备低，需要 AVR 起作用，为此，可在低励限制动作后输出一个信号，使低励限制复归以达到边界区运行时恢复 AVR 作用的目的。

（3）电压/频率限制和保护。电压/频率限制器亦称磁通限制器，它的作用是限制发电机端电压和频率的比值，防止发电机及与其连接的主变压器由于电压过高和频率过低，引起铁芯饱和发热。

众所周知，交流电压 $U = kf\phi_m$，所以 $\phi_m = \dfrac{U}{kf}$，可见，磁通量与机端电压与频率成正比，所以 $\dfrac{U_G}{f_G}$ 愈大，发电机和变压器铁芯饱和愈严重，铁芯饱和，励磁电流会增大，造成铁芯发热加剧，所以必须加以限制。

正常并网运行的发电机，U_G/f_G 的比值一般不会超过允许值。引起电压过高和频率过低的主要原因有以下几点。

1）发电机甩负荷或解列，电枢反应去磁作用减弱，因而使电压升高。

2）机组启动时，国内外都曾发生过发电机在转动前由于误操作投入的励磁开关，以致烧坏励磁绕组的事故。

3）系统性事故导致频率降低时。

励磁调节器的电压/频率限制器具有如图 3-70 所示的限制与保护动作特性，参数结合实际应用条件而定（本例为示例数据）。

当 $U_{G*} > 1.06 f_{G*}$，限制 $U_{G*} = 1.06 f_{G*}$；

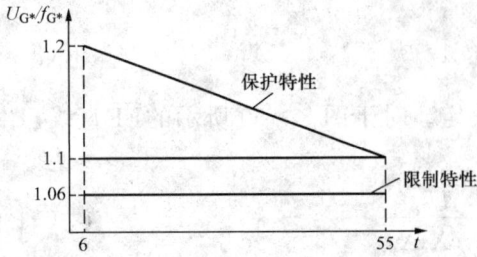

图 3-70　电压/频率限制特性

当 $U_{G*} > 1.10f_{G*}$，一方面限制 $U_{G*} = 1.06f_{G*}$，同时启动延时计数器，在规定的时间内电压和频率的比值仍大于 1.10，则跳主开关灭磁。

（4）发电机失磁监控。发电机"失磁"是指发电机在运行中全部或部分失去励磁电流，使转子磁场减弱或消失。这是发电机运行过程中可能发生的一种故障运行状态。

造成发电机失磁的原因可能是由于励磁开关误跳闸、励磁机或晶闸管励磁系统元件损坏或发生故障、自动灭磁开关误跳闸、转子回路某处断线及误操作等。

发电机正常运行时，定子磁场和转子磁场同步旋转。失磁后，励磁电流逐渐衰减到零，原动机的驱动转矩使发电机加速，导致功角 δ 加大，发电机失步，进入异步发电运行状态。

发电机在异步运行下，在向系统送出有功的同时，还从系统吸收无功功率，对系统和发电机本身产生如下不良影响。

1）发电机失步，在转子和励磁回路中产生差频电流，使转子铁芯、转子绕组及其他励磁回路产生附加损耗，引起过热。转差越大，过热越严重。

2）正常运行时，发电机要向系统输出无功功率；失磁后，要从系统吸收无功功率。如果系统无功储备不足，将引起系统电压下降，甚至造成因电压崩溃而使系统瓦解。

3）其他发电机力图补偿上述无功差额，容易造成过电流。如果失磁是一台大容量发电机，则承担补偿无功的发电机过电流就更严重。

汽轮发电机组异步功率比较大，调速器也较灵敏，因此，当发电机超速时，调速器会立即关小汽门，使汽轮机的输出功率和发电机的异步功率很快达到平衡，可在较小的转差下稳定运行。而水轮机组，因其异步功率较小，在较大的转差下才能达到功率平衡。

实际运行中，水轮发电机一般不允许失磁运行。汽轮发电机失磁后，适当降低其有功输出，在很小的转差下，可以异步运行一段时间（例如 10～30min），使运行、调度人员有一段时间来排除失磁故障、采取措施恢复励磁，尽量减少对电力系统运行和用户供电的影响。但是否允许其异步运行，还应根据电力系统具体情况而定。大型机组本身的热容量相对较小，无励磁运行的能力也较低，系统很难提供所需的无功功率，因此，大型机组通常不允许失磁运行，且失磁的后果是很严重的。故对大机组大多配置有失磁保护，现代发电机组励磁系统中，设置了失磁监视功能。

三、励磁调节器的运行

励磁调节器运行时，配有供运行人员监控操作的设备，用于监视发电机组的工况，增加或减少励磁，实现电压及无功功率的调节，及时了解调节器的运行情况，可进行适当的操作处理。

1. 对发电机组运行工况的监控

这是控制室值班人员最基本的职责，在控制室内具有常规的表计和操作设备，不属于励磁调节器特别关心的配置内容。

2. 增加或减少励磁，实现对电压及无功功率的调节

数字式励磁调节器通过改变励磁调节器的整定值实现上述基本调节，这涉及到励磁调节

器的人—机接口范畴。控制室操作台上设置增、减两个按钮，传统的励磁调节器一般是用改变电阻或调节电位器等办法改变励磁，供运行人员操作。

考虑到运行人员长期形成的操作习惯，现在的数字式励磁调节器供运行人员的人—机接口，在控制室操作台上仍设置增、减两个按钮，运行人员不会感到和原来操作的不同，其实两个按钮供给数字式励磁调节器的是增、减脉冲信号。增、减脉冲信号由两个端口输入计算机的接口电路，计算机按收到信号的端口标识判断增、减要求，并相应地增、减调节量的整定值。从而达到增、减励磁的调节目的。

3. 信号显示

励磁调节器运行的状况，应及时让运行人员了解，有利于运行人员对它进行干预，借信息的指引采取恰当的措施保障运行安全，励磁调节器输出声、光、图形和文字等醒目标志向运行人员提供其重要部件运行状况，如各种限制动作、保护动作、主要部件正常或异常、投入、退出等信息，还可进行紧急投入、退出、切换等操作。

数字式励磁调节器可发挥其软件优势，采用自诊断技术，充实、完善、提高这方面的工作。由于数字式励磁调节器生产厂家产品种类繁多，本书在此不展开讨论。

4. 调节器的可靠性

励磁调节器工作的可靠性涉及发电机组的安全运行，而大型发电机组在电力系统中的重要性不言而喻。大型发电机组发生事故造成的经济损失，往往远大于励磁调节器本身的代价。

数字式励磁调节器的可靠性涉及硬件配置和软件编制两个方面，这里介绍的是硬件配置方面所采取的几项双重化措施。

（1）主控制单元的双重化配置。用两套主控制单元同时工作，其中一台为主、另一台为副，彼此通过高速数字输入/输出并行通道交换信息互相核对，两台机的输出脉冲都送到中间脉冲放大单元，但能否通过加到脉冲母线去推动末级脉冲放大，则由切换单元控制，如图3-71所示。

（2）励磁功率单元的双重化配置。按晶闸管可能组成容量构成一个功率单元，大容量机组往往需要5~6个晶闸管功率单元供给它的励磁电流，可以允许其中一个单元退出运行，当两个以上单元退出运行时，软件处理使调节器的强励倍数自动降低，以保证励磁功率柜的安全。

（3）励磁电流测量的双重化。双机各接独立的双重化励磁电流测量信号，以确保励磁电流测量的可靠性。

（4）双重电源配置。励磁调节器工作电源的可靠性，直接影响励磁调节器工作的可靠性，因此需使控制系统直流电源双重化。

（5）电压互感器TV的双重化。两只电压互感器（以下简称TV）TV分别提供给两台调节通道的测量单元，如果一台TV的熔丝烧断，另一测量通道仍能使励磁调节器正常工作。当发生TV熔丝烧断的情况时，要求励磁调节器具有对TV缺相的判断能力。

早期传统的方法一般是以仅用互感器输出电压值作为励磁调节器的TV是否缺相的判别参考，现在已很少采用。目前有利用双通道交换信息相互核对的办法，其实质上与传统的方法原理相同。

数字式励磁调节器完全可以发挥其智能化的优势，对TV是否断线或缺相进行自诊断。

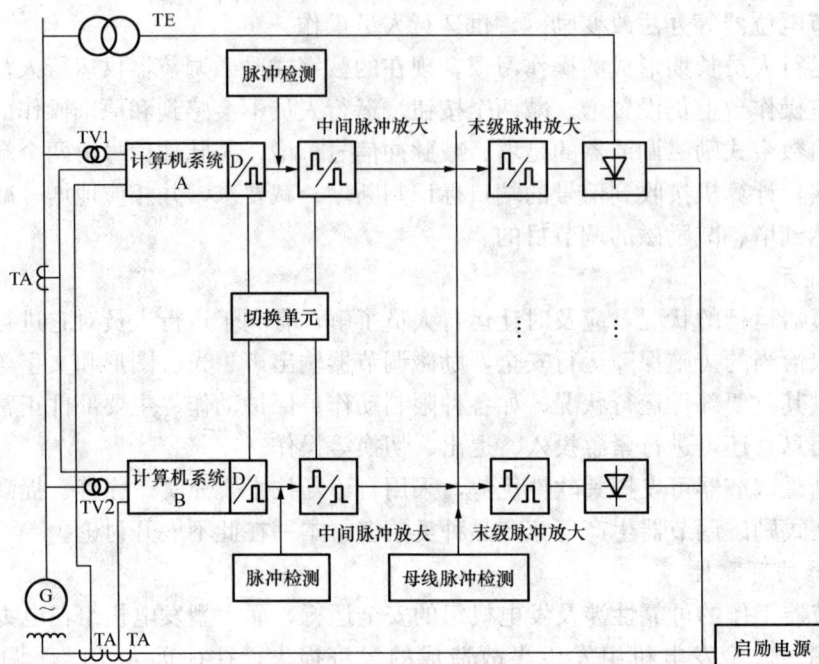

图 3 - 71　主控制单元的双重化配置原理

主要诊断方法有以下两种。

1）电压突变法：输入三路（或两路）交流电压测得值有突变，而交流电流无相应的变化，这是 TV 断线的特征，是目前通常采用的方法。其特点是简单，但需依赖于电流量，万一电流量同时也有突变，就有可能发生误判。

2）电压三角形面积判别法：TV 断线缺相时，TV 一次侧输入电压为单相电压或无电压输入，TV 二次侧的交流电压相位必然在同一直线上（同相位或相差 $180°$），或输入电压都为零，上述的两种情况测得的 $\dot{U}_a$、$\dot{U}_b$、$\dot{U}_c$ 三相电压形成的电压三角形△abc 面积总为零，与高压侧线路短路故障有明显区别。因此用电压三角形面积可作为 TV 断线的判据。此方法的特点是不需要其他信息的参与，经实践证明，该判别方法判断简单、有效，可靠性高。

四、数字式励磁调节器（DAVR）软件

（一）概述

计算机控制系统总是由硬件和软件两部分组成，且两者协调完成其任务的。数字式励磁调节器可以充分发挥其运算存储逻辑的优势，用软件（程序）来实现众多功能。

（1）除了常规的维持发电机端电压和机组间无功功率合理分配外。

（2）还可增加各种辅助功能，如之前列举的瞬时电流限制和最大励磁限制功能，最小励磁限制、电压/频率限制和保护。

（3）还可以采用检测与诊断措施用以保障励磁调节器的运行可靠性，如脉冲检测与处理，电压互感器断线检测与处理，双冗余数字式励磁调节器调节量，误动防止，程序运行监视等。

（4）还要与控制者通信，保持操作命令的畅通和正确性以及运行状态的显示等。

　　总之，数字式励磁调节器所有的工作内容都通过预先编制的软件（程序）作出总体周详安排。

（二）主程序框图

1. 程序工作模式

如前所述，励磁调节器的任务很多，如何不遗漏地执行所有的任务至关重要，这就是主程序的工作模式问题。这里介绍一种以中断控制的顺序工作模式，其要点是按功能的先后将各个任务串联起来，依次不漏地逐个执行。软件工作流程如图 3 - 72 所示，由交流电波形的过零点中断控制程序返回，条件是保证在一个周期内执行完所有任务。主程序框图如图 3 - 73 所示。

交流电波形过零中断控制主程序返回相当于一级看门狗，这样既可以防止程序偶然跑飞，又解决了双通道调节器两主机间的同步问题。

2. 时间安排

计算机执行任务时总要开销一些时间，励磁调节器各任务串联起来要求在一个交流电周期内完成，是上述工作模式的基础，这就需要具体实践才能确定。一个交流周期时间计及发电机频率升高、周期时间减小的可能性并留有一定的裕量，可定为 18ms 以内。时间开销与配置硬件的主控制单元的性能有关。这里示例的数据是 Pro-log STD 模块，20 世纪 90 年代初的产品。主机 CPU80286 配有 80287 的处理器，晶振频率 25MHz，用 C 语言编写的软件。其数据如下。

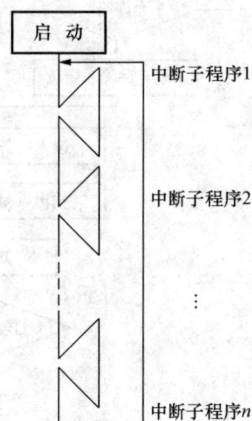

图 3 - 72　软件
工作流程

（1）采样时间：采样了三路交流电压、两路交流电流、两路励磁电流、一路工作电压，共 8 路信号，采样间隔 30°，每次采样 8 路顺序输入，相互间隔 0.056ms，一个采样周期消耗 2.4ms。

（2）采样计算：包括电压、电流的有效值，有功功率和无功功率，共需时间小于 3.5ms。

（3）发电机各种工况判断：如 V/Hz、低励、过励判断等，时间小于 1.5ms。

（4）调节量计算：时间小于 1.0ms。

（5）在线修改参数与显示：时间小于 3.0ms。

（6）输入/输出操作：时间小于 0.5ms。

（7）通信：时间小于 2.0ms。

（8）过零中断耗时小于 1ms。

总时间小于 14.9ms，距 18ms 尚有一定裕度。

现在的控制机速度更快，性能更好，就更有利于本书前面介绍的中断控制的顺序工作模式在励磁调节器中的应用了。经过实践证明，以中断控制的顺序工作模式能适用于数字式励磁调节器的工作。

3. 中断服务程序

软件共设置了四个中断服务程序。

（1）过零中断：是交流电波起始点处设置的中断，它为非正常返回，回到主程序入口处，是软件中最重要的控制中断，对可靠性有很高的要求。

（2）采样中断：按交流采样要求设置采样点。

（3）通信中断：控制室与调节器间串行通信口的接收、发送中断。

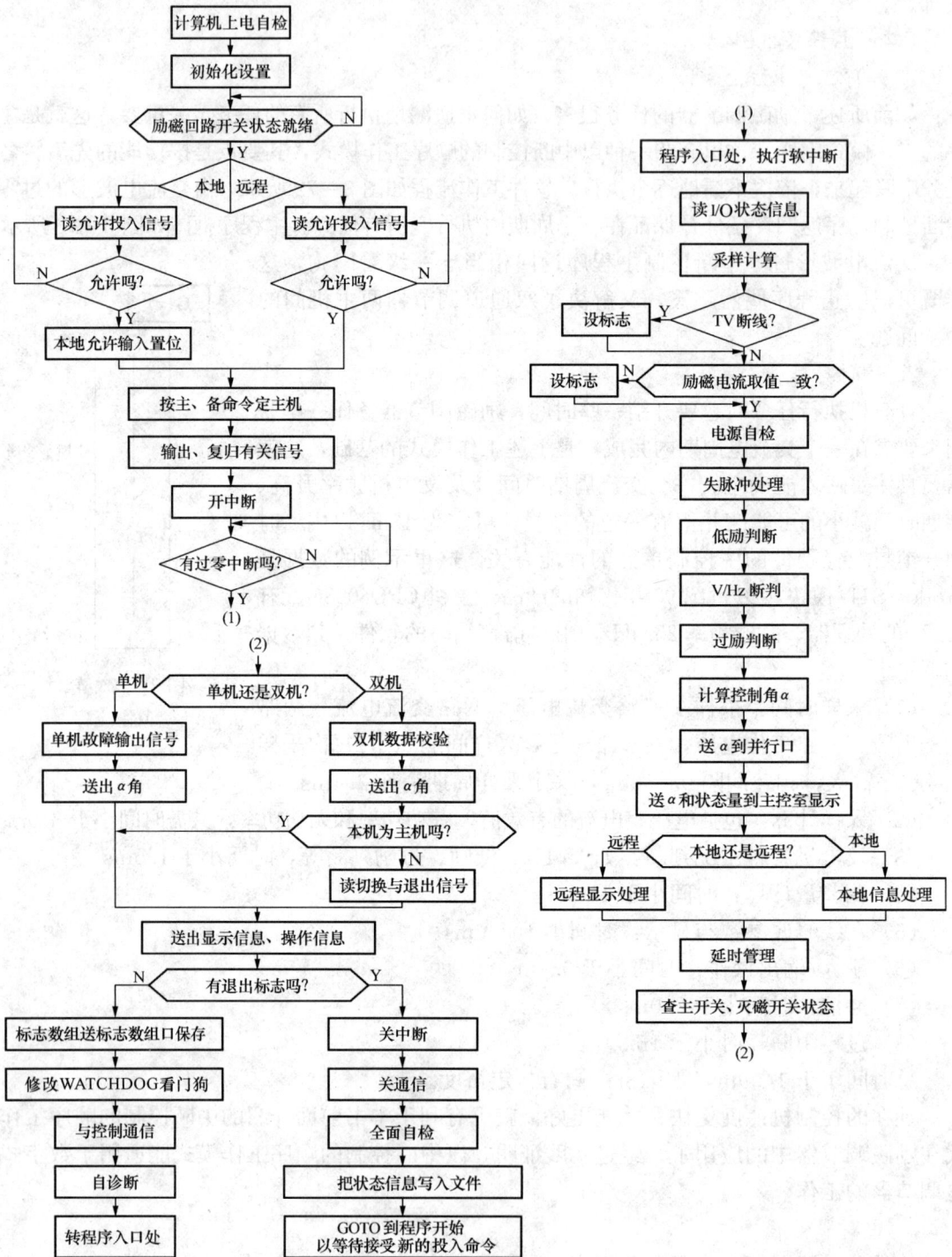

计算机上电自检

初始化设置

励磁回路开关状态就绪 ── N

↓ Y

本地 远程

读允许投入信号 读允许投入信号

允许吗？ 允许吗？

本地允许输入置位

按主、备命令定主机

输出、复归有关信号

开中断

有过零中断吗？ ── N

(1)

(2)

单机 单机还是双机？ 双机

单机故障输出信号 双机数据校验

送出 α 角 送出 α 角

本机为主机吗？ ── Y

↓ N

读切换与退出信号

送出显示信息、操作信息

N ── 有退出标志吗？ ── Y

标志数组送标志数组口保存 关中断

修改WATCHDOG看门狗 关通信

与控制通信 全面自检

自诊断 把状态信息写入文件

转程序入口处 GOTO到程序开始
以等待接受新的投入命令

(1)

程序入口处，执行软中断

读I/O状态信息

采样计算

设标志 ── Y ── TV断线？

设标志 ── N ── 励磁电流取值一致？

↓ Y

电源自检

失脉冲处理

低励判断

V/Hz 断判

过励判断

计算控制角 α

送 α 到并行口

送 α 和状态量到主控室显示

远程 ── 本地还是远程？ ── 本地

远程显示处理 本地信息处理

延时管理

查主开关、灭磁开关状态

(2)

图 3-73 主程序框图

（4）键盘中断：是专职技术人员干预调节器时，用键盘与调节器间通信的中断。

4. 主程序框图

励磁调节器上电以后,首先进行自检和初始化,读入相关状态信息,为启动运行做好准备。待启动的各项准备工作完成后,开放中断,于是程序进入正常运行。

每个交流电波形过零点为程序起始点,之后进行间隔采样、计算,进行低励、过励、电压/频率等各种判断处理,判断的结果记录在各自的指定地址作为标志,等待在各个相应的任务中进行适当处理,按情况分别作启动延时管理、改动调节方式、输出告警显示、主备用切换、保护动作等。

第四章 励磁自动控制系统的动态特性

第一节 概 述

励磁自动控制系统一般可用图 3-35 所示的基本框图来描述，按控制理论来划分，图中发电机是控制对象，励磁调节器是"控制器"，励磁机是励磁调节器的执行环节，它们组成一个反馈控制系统。

在第三章中主要介绍了励磁自动控制系统的静态特性，但对于一个反馈控制系统来说，稳定运行是工作的首要条件。关于自动调节系统的稳定性问题，在自动控制理论课程中已经作了详细的介绍。这里不再重复。同步发电机的励磁自动控制系统在电力系统运行中的某些特点，则是本课程需要介绍的内容。

同步发电机在投入电网运行之前，要求其电压能维持在给定值，即发电机在空载运行条件下，其励磁自动控制系统必须稳定运行。当发电机并入电网以后与系统中所有发电机组并联运行，因此要求发电机的励磁自动控制系统能对电力系统稳定运行产生有益的影响。

在电力系统稳定计算中，如果忽略了励磁调节系统的作用，就很难求得令人满意的结果。

除了稳定问题外，在运行中往往对励磁控制系统其他动态性能指标提出要求。例如第三章中讲到的励磁电压响应比，实际上就属于一种动态性能指标。图 4-1 为发电机在额定转速空载条件下，突然加入励磁使发电机端电压从零升至额定值时的时间响应曲线，它可以作为励磁控制系统动态特性的典型曲线。

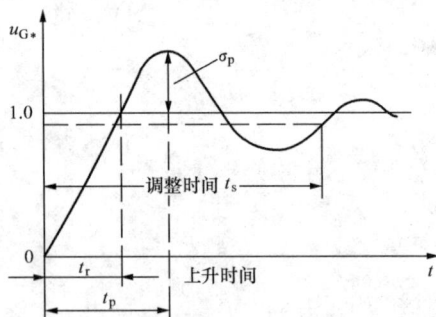

图 4-1 典型时间响应曲线

实际运行中常用下列几种指标。

(1) 上升时间 t_r。响应曲线从稳态值 10% 上升到 90% 或从 5% 上升到 95% 或从 0 上升到 100% 所需的时间。对于欠阻尼二阶系统，通常采用从 0 到 100% 的上升时间。对于过阻尼二阶系统，通常采用从 10% 到 90% 的上升时间。

(2) 超调量 σ_p。发电机端电压的最大瞬时值与稳态值之差对稳态值之比的百分数。设瞬态响应曲线的第一个峰值为 $u_G(t_p)$，稳态值为 $u_G(\infty)$，超调量 σ_p 的定义为

$$\sigma_p = \frac{u_G(t_p) - u_G(\infty)}{u_G(\infty)} \times 100\% \tag{4-1}$$

(3) 调整时间 t_s。当其输出量与稳态值之差达到了而且不再超过某一允许误差范围（通常取稳态值的 5% 或 2%）时，认为调整时间结束。

我国国标 GB 7409—1987《大、中型同步发电机励磁系统基本技术条件》对同步发电机动态响应的技术指标作如下规定。

1) 同步发电机在空载额定电压情况下，当电压给定阶跃响应为 $\pm10\%$ 时，发电机电压

超调量应不大于阶跃量的 50%，摆动次数不超过 3 次，调节时间不超过 10s。

2）当同步发电机突然零起升压时，自动电压调节器应保证其端电压超调量不得超过额定值的 15%，调节时间应不大于 10s，电压摆动次数不大于 3 次。

在分析励磁自动控制系统的动态特性及其对电力系统稳定性影响的过程中，应先列出励磁自动控制系统各单元的传递函数，应用自动控制理论课程中所讲的方法进行分析，在分析过程中，可揭示出励磁自动控制系统的特点，从而进一步加深对励磁自动调节器作用的理解。

第二节　励磁控制系统的传递函数

对励磁控制系统进行分析，首先要求写出控制系统各个单元的传递函数。典型的励磁控制系统结构框图如图 4-2 所示。

一、励磁机的传递函数

如前所述，励磁机有直流励磁机和交流励磁机两类。在讨论中假设它们的转速为恒定。

（一）直流励磁机的传递函数

直流励磁机有他励和自励两种方式，描述它们的动态特性方程式是不同的。现以他励直流励磁机为例，说明传递函数的推导过程。

励磁调节器的输出加于励磁绕组输入端、输出为励磁机电压 u_E，如图 4-3 所示。励磁机励磁绕组两端的电压方程为

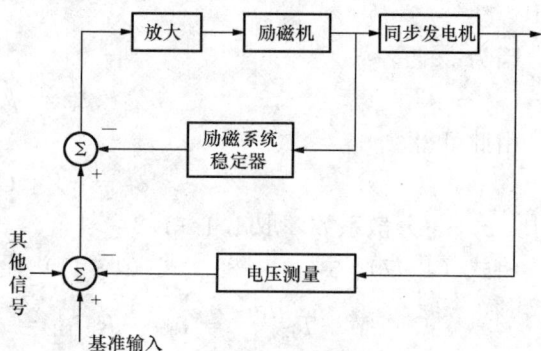

图 4-2　典型的励磁控制系统结构框图

$$\frac{\mathrm{d}\lambda_E}{\mathrm{d}t} + R_E i_{EE} = u_{EE} \qquad (4-2)$$

式中　λ_E——励磁机励磁绕组的磁链；

　　　R_E——励磁机励磁绕组的电阻；

　　　i_{EE}——励磁机励磁绕组的电流；

　　　u_{EE}——励磁绕组的输入电压。

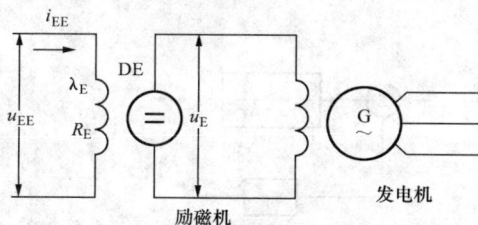

图 4-3　他励直流励磁机

用磁通 ϕ_E 代换磁链 λ_E，并且假定磁通与 N 匝键链，则可得

$$N\frac{\mathrm{d}\phi_E}{\mathrm{d}t} + R_E i_{EE} = u_{EE} \qquad (4-3)$$

只要把 ϕ_E、i_{EE} 用 u_{EE} 表示，就可求得励磁机电压 u_E 与 u_{EE} 之间的微分方程式。由于励磁电流 i_{EE} 与励磁机电压 u_E 之间是非线性关系，通常采用图 4-4 所示的励磁机的饱和特性曲线来计及其饱和影响。定义饱和函数为

$$S_E = \frac{I_A - I_B}{I_B} \qquad (4-4)$$

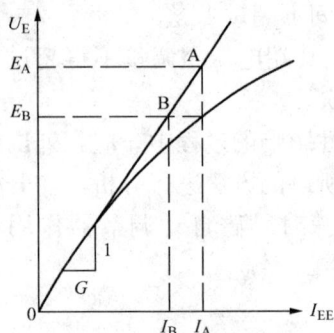

图 4 - 4　直流励磁机
的饱和特性曲线

于是可写出

$$I_A = (1 + S_E)I_B \qquad (4-5)$$

$$E_A = (1 + S_E)E_B \qquad (4-6)$$

S_E 随运行点而变，它是非线性的，在整个运行范围内可用某一线性函数来近似地表示。如果气隙特性的斜率是 $1/G$，则可写出励磁机电压与励磁电流间的关系式，即

$$i_{EE} = Gu_E(1 + S_E) = Gu_E + Gu_E S_E \qquad (4-7)$$

在恒定转速下，电压 u_E 与气隙磁通 ϕ_a 成正比，即

$$u_E = K\phi_a \qquad (4-8)$$

在确定 ϕ_a 与 ϕ_E 之间的关系时，注意到 ϕ_E 穿过空气隙时，存在漏磁，通常假定漏磁通 ϕ_l 与 ϕ_a 成正比，即

$$\phi_l = C\phi_a \qquad (4-9)$$

式中　C——常数。

因为

$$\phi_E = \phi_a + \phi_l \qquad (4-10)$$

由此可得

$$\phi_E = (1 + C)\phi_a = \sigma\phi_a \qquad (4-11)$$

式中　σ——分散系数，取 1.1~1.2。

将式（4-7）、式（4-8）、式（4-11）代入式（4-3）得

$$T_E \frac{du_E}{dt} = u_{EE} - R_E i_{EE} = u_{EE} - R_E G u_E - R_E G S_E u_E \qquad (4-12)$$

如表示为典型的传递函数型式，则为

$$G_E(s) = \frac{u_E(s)}{u_{EE}(s)} = \frac{1}{T_E s + R_E G + R_E G S_E} = \frac{1}{T_E S + K_E + S'_E} \qquad (4-13)$$

其中

$$T_E = N\sigma/K$$

$$K_E = R_E G$$

$$S'_E = R_E G S_E$$

式中　σ——一般假定为常数。

所以，他励直流励磁机的传递函数框图如图 4-5（a）所示。在图 4-5 中还考虑了励磁机端电压 u_E 与其所对应的同步发电机励磁电动势 E_{de} 的换算关系。图 4-5（b）是其规格化后的框图。

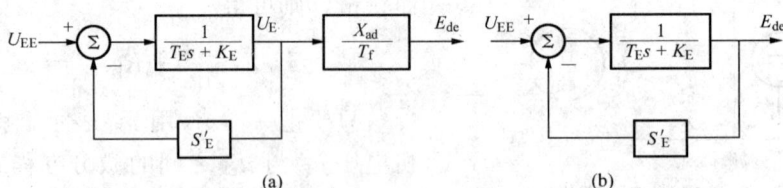

图 4 - 5　他励直流励磁机传递函数
(a) 他励直流励磁机的传递函数框图；(b) 他励直流励磁机规格化框图

（二）交流励磁机的传递函数

交流励磁机通常是一台频率为 $100\sim150\mathrm{Hz}$ 的同步发电机，其输出经三相桥式整流后供给发电机励磁绕组。交流励磁机端电压与励磁绕组电流间的关系较为复杂，但在求交流励磁机传递函数时，若忽略其电枢回路的暂态过程，那么励磁机输入与输出之间的关系就得到了简化。此时，交流励磁机的等效电路如图4-6所示，其饱和特性曲线如图4-7所示。

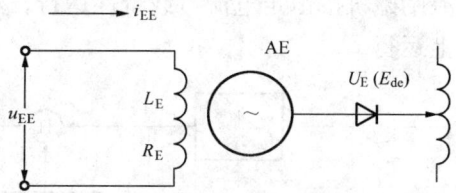

图4-6 交流励磁机的等效电路

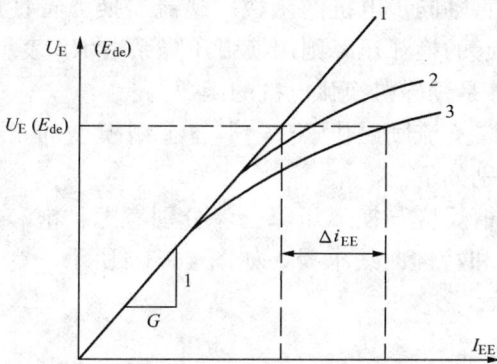

图4-7 交流励磁机饱和特性曲线

根据图4-6和图4-7，求得励磁机励磁回路方程为

$$u_{EE} = i_{EE}R_E + L_E\frac{\mathrm{d}i_{EE}}{\mathrm{d}t} \qquad (4-14)$$

$$i_{EE} = GU_E + \Delta i_{EE} = GU_E(1+S_E) \qquad (4-15)$$

如以标幺值表示式（4-15）中各量，取励磁机空载特性曲线（气隙线）上产生单位额定励磁电压对应的励磁电流值作为励磁机的励磁电流基值，则式（4-14）和式（4-15）可定为

$$i_{EE*} = U_{E*}(1+S_E) \qquad (4-16)$$

$$u_{EE*} = U_{E*}(1+S_E) + \frac{L_E}{R_E}\times\frac{\mathrm{d}i_{EE*}}{\mathrm{d}u_{E*}}\times\frac{\mathrm{d}u_{E*}}{\mathrm{d}t}$$

$$= U_{E*}(1+S_E) + T_e\frac{\mathrm{d}i_{EE*}}{\mathrm{d}u_{E*}}\times\frac{\mathrm{d}u_{E*}}{\mathrm{d}t} = U_{E*}(1+S_E) + T_E\cdot\frac{\mathrm{d}u_{E*}}{\mathrm{d}t} \qquad (4-17)$$

式中 T_e——励磁机不饱和时间常数；

T_E——励磁机时间常数，随励磁机饱和程度 $\dfrac{\mathrm{d}i_{EE*}}{\mathrm{d}E_{de*}}$ 而变化；

S_E——励磁机恒值电阻负载时的饱和系数。

由式（4-17）可求得交流励磁机的Ⅰ型模型等效方框图，如图4-8所示。该框图对于励磁电压响应比较低的励磁系统是适用的。因为在此类励磁系统中，强励时交流机电压的变化比较缓慢，发电机励磁电流与励磁电压的变化较接近，即此时交流励磁机按恒定电阻负载运行（忽略发电机励磁绕组电感），这与前面推导Ⅰ型模型时用恒值电阻负载特性计算饱和系数的条件相同。Ⅰ型模型中饱和系数 S_E 不仅考虑了空载饱和因素，而且还包括励磁机电枢反应及整流器换弧压降的效应。

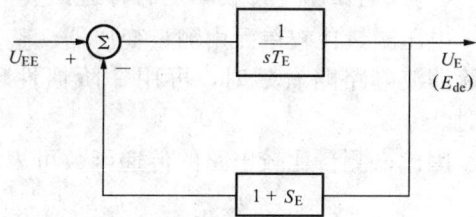

图4-8 交流励磁机Ⅰ型模型等效方框图

对于高响应比的励磁系统（例如响应比为2.0），应用Ⅰ型模型是不合适的。这是由于强励时，发电机励磁电压增加的同时其励磁电流因励磁绕组有很大的电感而变化不大。这时

交流励磁机按恒定电流负载特性运行，经过暂态过程之后，励磁电流才回到恒值电阻负载特性上运行。

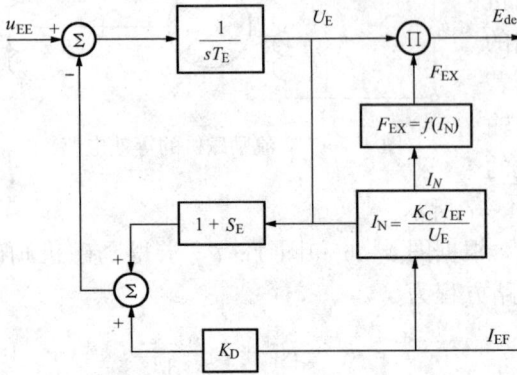

图 4-9　AC-Ⅰ模型中交流励磁机方框图

基于上述情况，美国电气与电子工程师协会提出了用于高响应比无刷励磁系统的 AC-Ⅰ模型。AC-Ⅰ模型中交流励磁机方框图如图 4-9 所示。图中励磁机负载电流的电枢反应对励磁电动势的影响用系数为 K_D 的反馈支路表示，电枢反应系数 K_D 是励磁机直轴同步电抗的函数。整流器换弧特性所引起的换弧压降则用换弧压降系数 K_C 表示，K_C 是励磁机换弧电抗的函数。

交流励磁机 AC-Ⅰ与Ⅰ型模型的主要区别如下。

（1）图 4-9 中交流励磁机对于饱和系数、电枢反应与换弧压降三者分别考虑且饱和系数 S_E 只计及空载饱和因素，它可由励磁机空载饱和特性曲线求得，如图 4-10 所示。饱和因素对励磁机励磁电流的影响如图中线段 b′c′ 所示。

（2）励磁机端电压的降落 ΔE_{de} 是电枢反应和换弧压降两个因素引起的，所增加的励磁电流对应于图 4-10 中的 ab。由于 S_E、K_D、K_C 等因素分别考虑，并引入了发电机励磁电流 I_{EF}，所以能更恰当地反映交流励磁机的电磁关系。

二、励磁调节器各单元的传递函数

励磁调节器主要由电压测量比较、综合放大及功率放大等单元组成。这里仍以电子模拟式励磁调节器电路为例，列出它们的传递函数。各种励磁调节器可能采用不同的元件，但可参照所介绍的方法求得它们的传递函数。

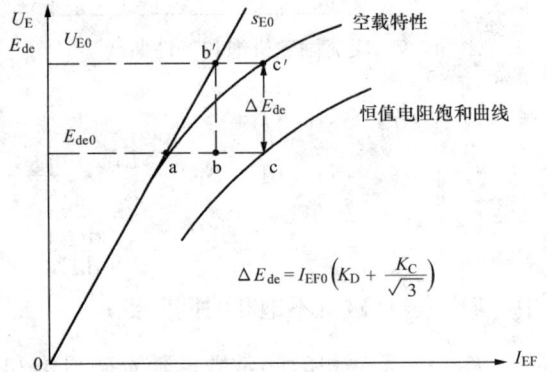

图 4-10　励磁机饱和特性曲线

（一）电压测量比较单元的传递函数

电压测量比较单元由测量变压器、整流滤波电路及测量比较电路组成。其中电压测量的整流滤波电路略有延时，可用一阶惯性环节来近似描述。比较电路一般可以忽略它们的延时。

因此，测量比较电路的传递函数可表示为

$$G_R(s) = \frac{U_{de}(s)}{U_G(s)} = \frac{K_R}{1 + T_R s} \tag{4-18}$$

式中　K_R——电压比例系数；

　　　T_R——电压测量回路的时间常数。

时间常数 T_R 是由滤波电路引起的，T_R 的数值通常在 0.02~0.06s 之间。

（二）综合放大单元的传递函数

综合放大单元在电子型调节器中是由运算放大器组成，在电磁型调节器中则采用磁放大

器。它们的传递函数通常都可视为放大系数为 K_A 的一阶惯性环节，其传递函数为

$$G_A(s) = \frac{K_A}{1 + T_A s} \qquad (4-19)$$

式中　K_A——电压放大系数；

　　　　T_A——放大器的时间常数。

对于运算放大器，由于其响应快，可近似地认为 $T_A \approx 0$。此外，放大器具有一定的工作范围，输出电压

$$U_{SMmin} \leqslant u_{SM} \leqslant U_{SMmax}$$

综合放大单元的框图和工作特性如图 4-11所示。

（三）功率放大单元的传递函数

电子型励磁调节器的功率放大单元是晶闸管整流器。由于晶闸管整流元件工作是断续的，因而它的输出与控制信号间存在着时滞。

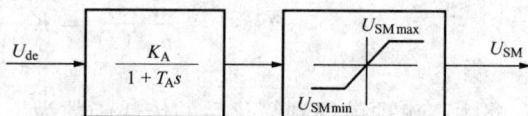
图 4-11　综合放大单元框图和工作特性

众所周知，一个在正向电压作用下的晶闸管整流元件，从控制极加上触发脉冲到晶闸管导通，通常只经历几十微秒的时间；这对控制系统的动态而言是可忽略不计的。然而，一旦晶闸管元件导通后，控制极任何脉冲信号都不能改变它的状态，直到该元件受到反向电压作用而关断为止。晶闸管的这一断续控制现象就有可能造成输出平均电压 u_d 滞后于触发器控制电压信号 u_{SM}。

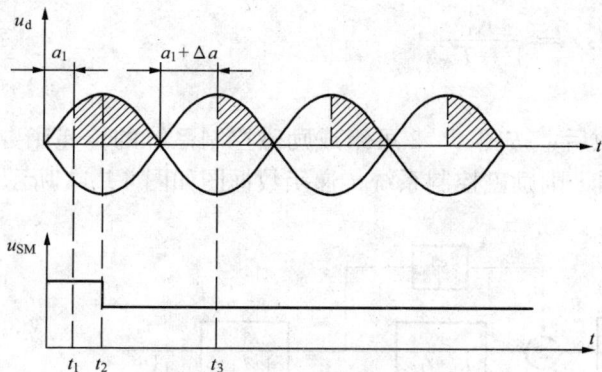
图 4-12　晶闸管整流器输出的滞后

晶闸管整流器输出平均电压滞后于控制电压 u_{SM} 的现象，可用单相全波整流电路的波形来说明。在图 4-12中，设元件在 t_1 时刻导通，现为了改变其输出电压，控制电压 u_{SM} 在 t_2 时刻就作了改变，但是由于晶闸管元件已经导通，所以在 t_2 时刻控制电压的信号对它已不起作用，直到下一个晶闸管导通时，即 t_3 时刻才作相应的改变。可见 u_d 的响应滞后于 u_{SM} 一段时间。晶闸管整流器输出平均电压滞后于触发器控制电压的时间与整流电路有关，其最大可能滞后的时间用电角度来表示，单相全波电路为 $180°$，三相半控桥式电路为 $120°$，三相全控桥式电路为 $60°$。因此最大可能滞后时间可确定为

$$T_z = \frac{1}{mf} \qquad (4-20)$$

式中　m——整流电路控制的相数；

　　　　f——电源的频率。

按上述分析可以得到晶闸管整流电路输出电压的方程为

$$u_d = K_z u_{SM}(t - T_z) \qquad (4-21)$$

式中 K_z——u_d 和 u_{SM} 之间的放大系数。

将式（4-21）进行拉普拉斯变换，得

$$u_d(s) = K_z e^{-T_z s} u_{SM}(s) \qquad (4-22)$$

因此，包括触发器在内的晶闸管整流器的传递函数为

$$G(s) = \frac{u_d(s)}{u_{SM}(s)} = K_z e^{-T_z s} \qquad (4-23)$$

式（4-23）引入因子 $e^{-T_z s}$ 后，使计算复杂化，考虑到 T_z 数字很小，可将式（4-23）中 $e^{-T_z s}$ 展开为泰勒级数。于是得

$$G(s) = \frac{u_d(s)}{u_{SM}(s)} = K_z \frac{1}{1 + T_z s + \frac{1}{2} T_z^2 s^2 + \cdots}$$

略去高次项就得到简化后的传递函数为

$$G(s) = \frac{K_z}{1 + T_z s} \qquad (4-24)$$

三、同步发电机的传递函数

要仔细分析同步发电机的传递函数是相当复杂的，但如果我们只研究发电机空载时励磁控制系统的有关性能，则可对发电机的数学描述进行简化。发电机的传递函数可以用一阶滞后环节来表示。

用 K_G 表示发电机的放大倍数，T'_{d0} 表示其时间常数，若忽略饱和现象，则得同步发电机的传递函数为

$$G_G(s) = \frac{K_G}{1 + T'_{d0} s} \qquad (4-25)$$

四、励磁控制系统的传递函数

求得励磁控制系统各单元的传递函数后，按图 4-2 可组成励磁控制系统的传递函数框图，如果励磁机采用图 4-5（b）的框图，则励磁控制系统传递函数框图如图 4-13 所示。

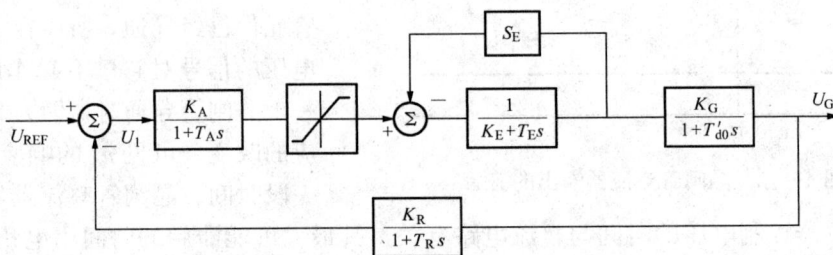

图 4-13 励磁控制系统的传递函数框图

在图 4-13 中，如果用 $G(s)$ 表示前向传递函数，$H(s)$ 表示反馈传递函数，该系统的传递函数为

$$\frac{U_G(s)}{U_{REF}(s)} = \frac{G(s)}{1 + G(s)H(s)}$$

为简化起见，忽略励磁机的饱和特性和放大器的饱和限制，则由图 4-13 可得

$$G(s) = \frac{K_A K_G}{(1 + T_A s)(K_E + T_E s)(1 + T'_{d0} s)} \qquad (4-26)$$

$$H(s) = \frac{K_R}{1 + T_R s} \tag{4-27}$$

所以

$$\frac{U_G(s)}{U_{REF}(s)} = \frac{K_A K_G (1 + T_R s)}{(1 + T_A s)(K_E + T_E s)(1 + T'_{d0} s)(1 + T_R s) + K_A K_G K_R} \tag{4-28}$$

式（4-28）即为空载时同步发电机励磁控制系统的传递函数。

以上得到的是直流励磁机励磁控制系统的传递函数，由于实际所采用的励磁系统与上述的数学模型可能有相当大的区别，下面给出我国励磁系统数学模型专家组就我国采用较多的励磁系统所推出的数学模型。

1. 交流励磁机励磁系统

采用经不控整流器的交流励磁系统的数学模型如图4-14（a）所示：②框、③框为调节器测量与调差部分；④框为综合放大和移相触发部分；⑤框为限制部分；⑥框、⑦框和⑨框组成他励式励磁机环节；⑩框为功率整流器部分；⑧框为发电机励磁电流软负反馈部分。

采用经可控整流器的交流励磁系统一般采用自励方式。它的数学模型如图4-14（b）所示。②框、③框为调节器测量与滤波部分；④框为综合放大和移相触发部分；⑤框为限制部分；①框为超前－滞后网络部分。

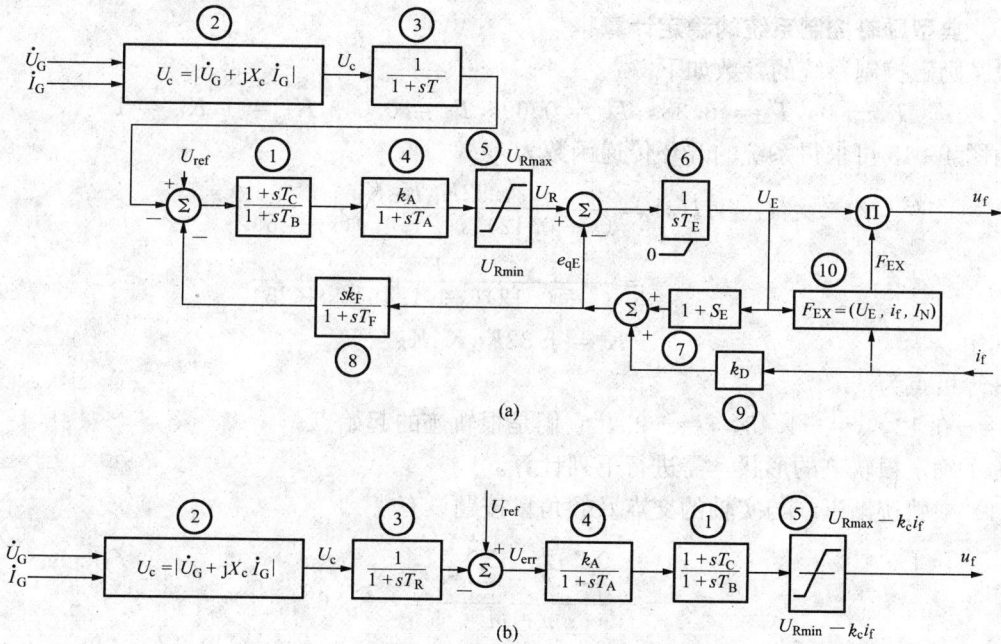

(a)

(b)

图4-14 交流励磁机励磁系统的传递函数框图
（a）采用不控功率整流器；（b）采用可控功率整流器

2. 静止励磁系统

自并励系统的传递函数框图与采用可控硅整流器的交流励磁机励磁系统的传递函数基本相同，如图4-15所示。

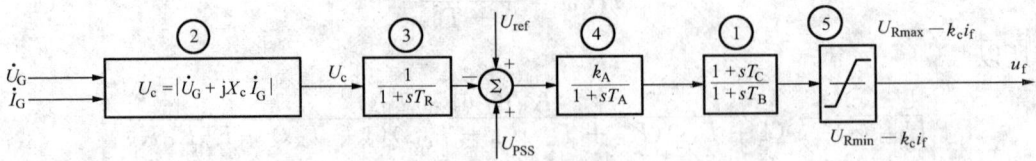

图 4 - 15　自并励静止励磁系统的传递函数框图

第三节　励磁自动控制系统的稳定性

对任一线性自动控制系统，求得其传递函数后，可根据特征方程式，按照稳定判据来确定其稳定性。当系统稳定性不满足要求时，须采用适当的校正措施加以改善。在这方面根轨迹法是较为有用的方法，利用它能迅速地获得近似的结果。

为了得到高阶系统动态特性的精确结果，也可列出状态方程，直接求解系统的特征值。随着计算机应用的普及，这种方法已得到了广泛的应用。

发电机空载条件下，励磁控制系统的稳定性是励磁调节器工作的先决条件。根据励磁控制系统的传递函数，对系统的稳定性分析可以有多种方法，这里运用根轨迹法对典型机组的空载稳定性进行剖析。

一、典型励磁控制系统的稳定计算

设某励磁控制系统的参数如下

$$T_A = 0s, T'_{d0} = 8.38s, T_E = 0.69s, T_R = 0.04s, K_E = 1, K_G = 1$$

由图 4 - 13 可求得系统的开环传递函数为

$$\begin{aligned}
G(s)H(s) &= \frac{4.32 K_A K_G K_R}{(s+0.12)(s+1.45)(s+25)} \\
&= \frac{K}{(s+0.12)(s+1.45)(s+25)}
\end{aligned}$$

其中

$$K = 4.32 K_A K_G K_R$$

开环极点为

$s = -0.12$，$s = -1.45$，$s = -25$，它们是根轨迹的起始点。

为了确定根轨迹的形状，需进行下列计算。

（1）根轨迹渐近线与实轴的交点及倾角。按题设有

$$\sigma_a = -\frac{\sum\limits_{j=1}^{n} P_j - \sum\limits_{i=1}^{m} z_i}{n-m} = -8.86$$

$$\beta = \frac{(2k+1)\pi}{n-m} \qquad k = 0,1,2$$

$$\beta_1 = \frac{\pi}{3}, \ \beta_2 = \pi, \ \beta_3 = \frac{5\pi}{3}$$

（2）根轨迹在实轴上的分离点。

闭环特征方程为

$$(1+T_A s)(K_E + T_E s)(1+T'_{d0}s)(1+T_R s) + K_A K_G K_R = 0$$

用给定值代入，得

$$K = -(s^3 + 26.57s^2 + 39.42s + 4.32)$$

由 $\dfrac{\mathrm{d}K}{\mathrm{d}s} = 0$，及 $K > 0$

解得 $s = -0.775$，这就是根轨迹在实轴上的分离点。

（3）在 $\mathrm{j}\omega$ 轴交叉点的放大系数。

闭环特征方程

$$\Phi(s) = s^3 + 26.57s^2 + 39.42s + K + 4.32$$

运用劳斯判据，可解得 $K < 1044$，即 $K_A K_R < 241$。

由 s^2 项的辅助多项式可计算根轨迹与虚轴交叉点。解得

$$s = \pm \mathrm{j}6.28$$

因此，根轨迹与虚轴的交点为 $+\mathrm{j}6.28$，$-\mathrm{j}6.28$。

由此可画出该励磁控制系统的根轨迹图如图 4-16 所示。

由图 4-16 可见，发电机、励磁机的时间常数所对应的极点都很靠近坐标的原点，系统的动态性能不够理想，并且随着闭环回路增益的提高，其轨迹变化趋向转入右半平面，使系统失去稳定。为了改善控制系统的稳定性能，必须限制调节器的放大倍数，而这又与系统的调节精度要求相悖。由此分析可知，在发电机励磁控制系统中，需增加校正环节，才能适应稳定运行的要求。

在励磁控制系统中通常用电压速率反馈环节来提高系统的稳定性，即将励磁系统输出的励磁电压微分后，再反馈到综合放大器的输入端。这种并联校正的微分负反馈网络即为励磁系统稳定器。

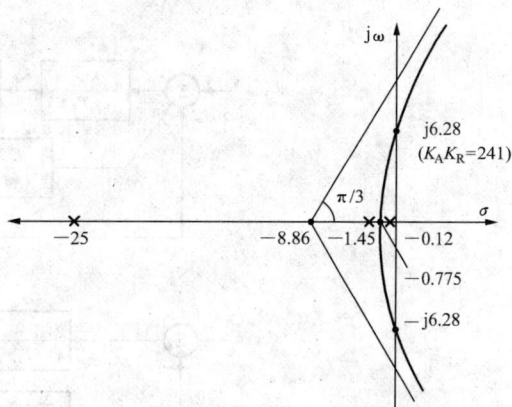

图 4-16　某励磁系统的根轨迹图

二、励磁控制系统空载稳定性的改善

图 4-16 的根轨迹说明，要想改善该励磁自动控制系统的稳定性，必须改变发电机极点与励磁机极点间根轨迹的射出角，也就是要改变根轨迹的渐近线，使之只处于虚轴的左半平面。为此必须增加开环传递函数的零点，使渐近线平行于虚轴并处于左半平面。这可以在发电机转子电压 u_E 处增加一条电压速率负反馈回路，同样将其换算到 E_{de} 处后，其传递函数为 $K_F s/(1 + T_F s)$，典型补偿系统框图如图 4-17 所示。

为了分析转子电压速率反馈对励磁系统根轨迹的影响，可以对图 4-17 所示框图进行简化，其简化过程如图 4-18 所示。

由图 4-18（c）得到增加转子电压速率反馈后（$T_A = 0\mathrm{s}$）励磁控制系统的等值前向传递函数为

$$G(s) = \frac{K_A K_G}{T_E T'_{d0}} \cdot \frac{1}{\left(s + \dfrac{K_E}{T_E}\right)\left(s + \dfrac{1}{T'_{d0}}\right)} \tag{4-29}$$

反馈传递函数为

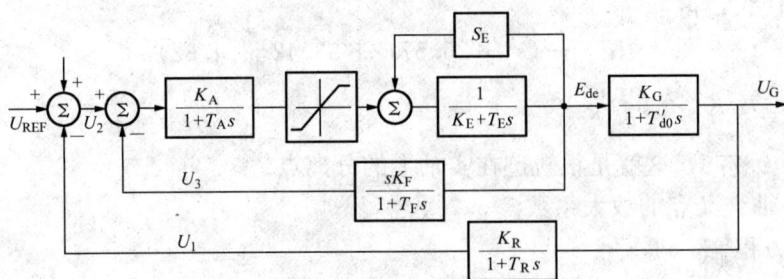

图 4 - 17　典型补偿系统框图

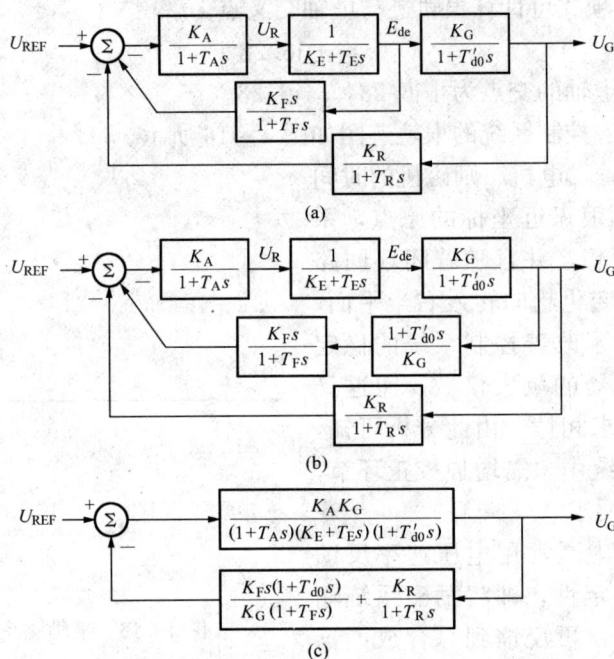

(a)

(b)

(c)

图 4 - 18　具有转子电压速率反馈的励磁系统框图的简化

(a) 具有转子电压速率负反馈的框图；(b) 框图运算；(c) 框图 (b) 的简化

$$H(s) = \frac{T'_{d0} K_F}{K_G T_F} \cdot \frac{s\left(s + \dfrac{1}{T'_{d0}}\right)\left(s + \dfrac{1}{T_R}\right) + \dfrac{K_R}{T_R}\left(s + \dfrac{1}{T_F}\right)\dfrac{K_G T_F}{K_F T'_{d0}}}{\left(s + \dfrac{1}{T_F}\right)\left(s + \dfrac{1}{T_R}\right)} \tag{4-30}$$

于是得励磁控制系统的开环传递函数为

$$G(s)H(s) = \frac{K_A K_F}{T_E T_F} \cdot \frac{s\left(s + \dfrac{1}{T'_{d0}}\right)\left(s + \dfrac{1}{T_R}\right) + \dfrac{K_G K_R T_F}{T'_{d0} T_R K_F}\left(s + \dfrac{1}{T_F}\right)}{\left(s + \dfrac{1}{T'_{d0}}\right)\left(s + \dfrac{K_E}{T_E}\right)\left(s + \dfrac{1}{T_R}\right)\left(s + \dfrac{1}{T_F}\right)} \tag{4-31}$$

将前面已知的数据及 $K_R = 1$ 代入式 (4 - 31)，得

$$G(s)H(s) = 1.45 \cdot \frac{K_A K_F}{T_F} \times \frac{s(s + 0.12)(s + 25) + 2.985\dfrac{T_F}{K_F}\left(s + \dfrac{1}{T_F}\right)}{(s + 0.12)(s + 1.45)(s + 25)\left(s + \dfrac{1}{T_F}\right)} \tag{4-32}$$

式（4-32）说明，增加了电压速率反馈环节后，系统就有四个极点、三个零点。当T_F值给定后，式（4-32）的所有极点就被确定了。轨迹的形状还与零点的位置有关，为此求式（4-32）的零点，方程可写为

$$s(s+0.12)(s+25)+2.985 \times \frac{T_F}{K_F}\left(s+\frac{1}{T_F}\right)=0 \tag{4-33}$$

由式（4-33）可知，式（4-32）的零点位置随T_F、K_F而变，为了探求最佳的零点位置，就需绘制其变化轨迹，因此把式（4-33）转化为

$$1+\frac{K\left(s+\dfrac{1}{T_F}\right)}{s(s+0.12)(s+25)}=0 \tag{4-34}$$

其中　　　　　　　　　　　　$K=2.985 T_F/K_F$

式（4-34）中与某一控制系统的闭环特征方程相似，因此此式（4-34）可视为开环传递函数$G_0(s)H_0(s)=\dfrac{K(s+1/T_F)}{s(s+0.12)(s+25)}$的闭环系统特征方程，作出$G_0(s)H_0(s)$的根轨迹，其轨迹上的每一点都是式（4-34）的根，也就是式（4-32）的零点。

由式（4-34）可知，其零点的确切位置与K_F、T_F值有关。当$0.12<\dfrac{1}{T_F}<25$时，$G_0(s)H_0(s)$的根轨迹的形状如图4-19所示，其渐近线与实轴上交点的横坐标为m，m的范围为$-12.5<m<0.06$。当K值给定后，由图4-19即可确定式（4-32）的零点，其位置如图4-20中z_1、z_2、z_3。这样，引入电压速率反馈后，励磁控制系统的根轨迹图就如图4-20所示。

由图4-20的根轨迹可见，引入电压速率反馈后，由于新增加了一对零点，把励磁系统的根轨迹引向左半平面，从而使控制系统的稳定性大为改善。

因此，在发电机的励磁控制系统中，一般都附有励磁系统稳定器，作为改善发电机空载运行稳定性的重要部件。

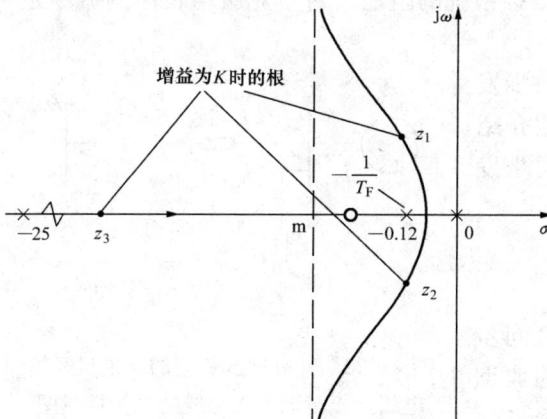

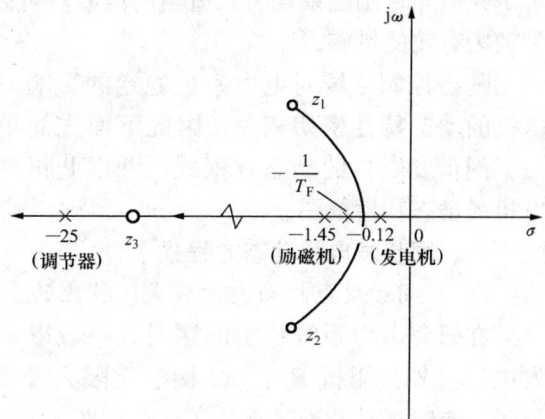

图4-19　式（4-34）开环传递函数的根轨迹图　　　　图4-20　式（4-32）的根轨迹图

三、励磁系统稳定器电路

励磁系统稳定器原理接线如图4-21所示。它由一级微分放大器组成。励磁机磁场电流经分流器、直流变换器由端子1输入，经微分放大器获得励磁机磁场电流的速率信号。微分放大器的传递函数是

$$H(s) = \frac{R_6 + R_5}{R_6 + \alpha R_5} \times \frac{s(R_3 + R_4)C_1}{1 + s(R_1 + R_2)C_1} \quad (\alpha < 1) \qquad (4\text{-}35)$$

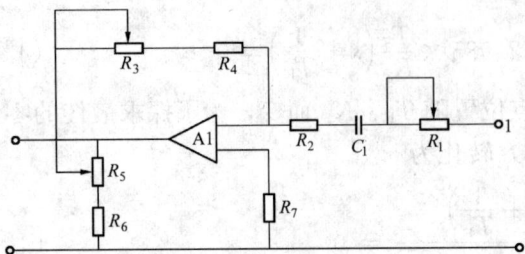

图 4-21　励磁系统稳定器原理接线图

从式（4-35）可知，改变电位器 R_1、R_3（两者同轴且阻值相等），即可改变微分时间常数，其范围是 $0.2\sim2\text{s}$。而改变电位器 R_5，即可改变励磁系统稳定器的增益。

A1 输出励磁机磁场电流速率信号到电压测量比较单元的输入端。当磁场电流跃增时，励磁系统稳定器输出正微分信号，使电压测量比较单元瞬时输出负信号去减弱励磁机磁场电流。反之，则增强励磁机磁场电流，而在稳态运行时励磁系统稳定器无输出，从而构成了软反馈，改善了系统阻尼特性。

第四节　励磁自动控制系统对电力系统稳定的影响

励磁控制系统对提高电力系统稳定的作用，一直是人们关心的课题和努力的目标，长期以来已进行了大量的研究工作。早期的研究认为，无失灵区的励磁调节器可以提高电力系统的静稳定功率极限。同时，在空载和负载两种情况下，对励磁调节器放大系数的要求是不一样的。在 20 世纪 50 年代初期，人们已注意到新型励磁调节器所引起的不稳定现象，因而普遍采用了提高稳定的反馈校正电路。在 60 年代，大型互联系统增长性的振荡，破坏了大型系统之间的并联运行。研究发现，互联系统本身固有的自然阻尼微弱性是发生这种现象的主要原因，而励磁调节器的调节又使系统产生负阻尼效应，导致电力系统产生低频振荡。进一步研究得知，励磁系统引入适当的信号，可以增强系统的阻尼，对于克服增长性的振荡是一种较为有效的措施。

励磁控制系统对电力系统稳定的影响与同步发电机的动态特性密切相关，因此下面先简单地介绍一下同步发电机的动态方程式，并由此得到同步发电机的动态特性框图。

一、同步发电机动态方程式

（一）同步发电机动态方程式线性化的条件

在研究电力系统稳定问题时，一般以一台同步发电机经外接阻抗 $R_e + jX_e$ 接于无限大母线为典型例子，有时还计及地区负荷影响，如图 4-22 所示。

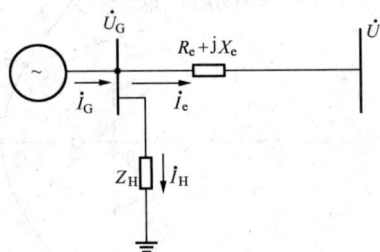

图 4-22　具有地区负荷的发电机经输电线路接至无限大母线的系统接线图

在描述同步发电机动态方程时，假设系统处于小扰动情况下（即偏离运行点不大），其运动方程式可进行线性化，此外对发电机还作如下假定：

（1）忽略阻尼效应；

（2）忽略定子绕组的电阻；

（3）在定子和负荷的电压方程中，d、q 轴感应电动势中的 $\dfrac{\mathrm{d}\lambda_d}{\mathrm{d}t}$ 和 $\dfrac{\mathrm{d}\lambda_q}{\mathrm{d}t}$ 项与转速电动势 $\omega\lambda_q$

和 $\omega\lambda_d$ 相比可以忽略；

（4）感应电动势中的 $\omega\lambda$ 项近似等于 $\omega_0\lambda$，ω_0 是同步角速度；

（5）选定初始点后，饱和效应可以忽略。

经简化后的线性动态方程能够突出各量之间基本的关系，既易理解，又不过于繁琐。

在编写同步发电机动态方程时，定子三相电流用相应的 $\dot I_d$ 与 $\dot I_q$ 来代替，如图 4-23 所示。所有参数都取标幺值，以发电机的额定容量、相电压及相电流额定值为基准。转子磁链以其在定子侧感应的旋转电动势的标幺值来表示。由于转子绕组匝数与电阻是定值，所以转子电压及电流都可以通过等值磁链的标幺值用定子侧相应的电动势来表示。

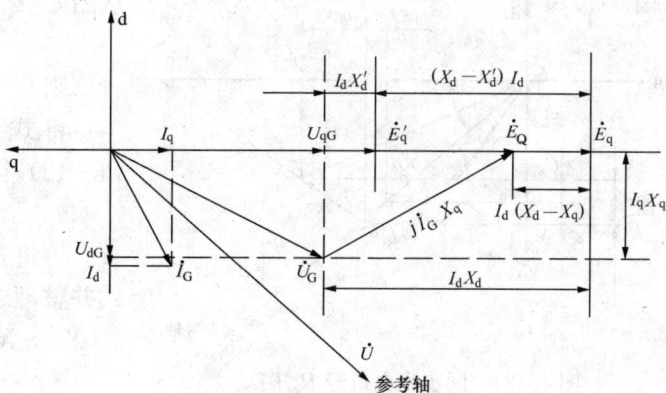

图 4-23　同步发电机相量图

（二）暂态电动势 E_q' 的方程式

根据电力系统暂态分析课程的分析，E_q' 就是转子合成磁链 λ_{EF} 在定子侧的等值电动势的标幺值。同时，E_q 是转子电流 I_{EF} 产生的总磁链在定子侧的等值电动势的标幺值。E_{de} 是转子端电压 U_E 在定子侧的等值电动势的标幺值。

从同步发电机电动势相量图 4-23 可见，在 q 轴（交轴）方向上有

$$E_q' = E_q - (X_d - X_d')I_d \tag{4-36}$$

根据转子回路方程式有

$$U_E = R_{EF}I_{EF} + \frac{d\lambda_{EF}}{dt} \tag{4-37}$$

用定子侧相应的感应电动势可将此式表示为

$$E_{de} = E_q + T_{d0}'\frac{dE_q'}{dt} \tag{4-38}$$

将式（4-36）代入式（4-38）整理后得其运算形式为

$$E_{de} = (1 + T_{d0}'s)E_q' + (X_d - X_d')I_d \tag{4-39}$$

现在研究发电机经过外接阻抗 $R_e + jX_e$ 接到无限大母线的情况。选取无限大母线电压为参考轴，由图 4-24 相量图（忽略图 4-22 中的地区负荷电流 $\dot I_H$）得无限大母线电压 $\dot U$ 与 $\dot U_G$ 之间的关系为

$$U_q = U\cos\delta = U_{qG} - X_eI_d - R_eI_q$$
$$U_d = U\sin\delta = U_{dG} - R_eI_d + X_eI_q$$

解得

$$\left.\begin{array}{l}U_{qG} = U\cos\delta + X_eI_d + R_eI_q\\U_{dG} = U\sin\delta + R_eI_d - X_eI_q\end{array}\right\} \tag{4-40}$$

考虑到无限大母线的电压幅值为恒定，式（4-40）的偏差方程为

$$\Delta U_{qG} = \frac{\partial (U\cos\delta)}{\partial U}\Delta U + \frac{\partial (U\cos\delta)}{\partial \delta}\Delta\delta + \frac{\partial (I_d X_e)}{\partial I_d}\Delta I_d + \frac{\partial (I_q R_e)}{\partial I_q}\Delta I_q$$

$$\left.\begin{array}{l}\Delta U_{qG} = -U\sin\delta_0\Delta\delta + X_e\Delta I_d + R_e\Delta I_q \\ \Delta U_{dG} = U\cos\delta_0\Delta\delta + R_e\Delta I_d - X_e\Delta I_q\end{array}\right\} \tag{4-41}$$

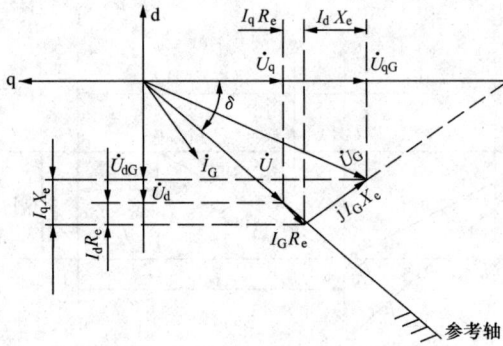

图 4 - 24　同步发电机经 $R_e + jX_e$

接到无限大母线的相量图

从图 4 - 23 得

$$U_{qG} = E_q - X_d I_d$$

则　　　$$\Delta U_{qG} = \Delta E_q - X'_d \Delta I_d \tag{4-42}$$

将式（4 - 36）的偏差方程代入式（4 - 42）得

$$\Delta U_{qG} = \Delta E'_q - X'_d \Delta I_d \tag{4-43}$$

再将式（4 - 43）代入式（4 - 41）的第一式并整理之，得

$$(X'_d + X_e)\Delta I_d + R_e\Delta I_q = \Delta E'_q + U\sin\delta_0\Delta\delta \tag{4-44}$$

同理可得

$$-R_e\Delta I_d + (X_q + X_e)\Delta I_q = U\cos\delta_0\Delta\delta \tag{4-45}$$

将式（4 - 44）、式（4 - 45）写成矩阵形式为

$$\begin{bmatrix} X'_d + X_e & R_e \\ -R_e & X_q + X_e \end{bmatrix} \begin{bmatrix} \Delta I_d \\ \Delta I_q \end{bmatrix} = \begin{bmatrix} 1 & \sin\delta_0 \\ 0 & \cos\delta_0 \end{bmatrix} \begin{bmatrix} \Delta E'_q \\ U\Delta\delta \end{bmatrix} \tag{4-46}$$

因此

$$\begin{bmatrix} \Delta I_d \\ \Delta I_q \end{bmatrix} = \frac{1}{A}\begin{bmatrix} X_q + X_e & R_e\cos\delta + (X_q + X_e)\sin\delta_0 \\ R_e & (X'_d + X_e)\cos\delta + R_e\sin\delta_0 \end{bmatrix}\begin{bmatrix} \Delta E'_q \\ U\Delta\delta \end{bmatrix} \tag{4-47}$$

这里

$$A = R_e^2 + (X_q + X_e)(X'_d + X_e)$$

若电阻 R_e 数值很小，可将它忽略，则

$$\Delta I_d = (\Delta E'_q + U\sin\delta_0\Delta\delta)/(X'_d + X_e) \tag{4-48}$$

$$\Delta I_q = (U\cos\delta_0\Delta\delta)/(X_q + X_e) \tag{4-49}$$

为了得到暂态电动势增量 $\Delta E'_q$ 与 ΔE_{de} 及 $\Delta\delta$ 的关系式，将式（4 - 48）代入式（4 - 39）的偏差方程，得

$$\Delta E_{de} = \left(\frac{1}{K_3} + T'_{d0}s\right)\Delta E'_q + K_4\Delta\delta \tag{4-50}$$

式（4 - 50）可改写成

$$\Delta E'_q = \frac{K_3}{1 + K_3 T'_{d0}s}\Delta E_{de} - \frac{K_3 K_4}{1 + K_3 T'_{d0}s}\Delta\delta \tag{4-51}$$

其中

$$K_3 = (X'_d + X_e)/(X_d + X_e) \tag{4-52}$$

$$K_4 = U\sin\delta_0(X_d - X'_d)/(X'_d - X_e) \tag{4-53}$$

由此可见，K_3 是只与阻抗有关，而与发电机的运行状态无关的阻抗系数；K_4 则与转子相位角 δ 有关。由式（4 - 51）可知，当外加转子电压 U_E 恒定不变时，即 E_{de} 恒定，转子绕

组磁链随转子相位角的变化而变化，而稳态偏移率与 K_4 成正比，即

$$K_4 = \frac{1}{K_3} \times \frac{\Delta E'_q}{\Delta \delta}\bigg|_{\Delta E_{dk}=0}$$

式（4-51）中，$\Delta E'_q$ 第一个分量与励磁电压偏差成正比，由此所引起转子磁链的变化要经过一个惯性环节，其时间常数为

$$T_G = K_3 T'_{de} = \frac{X'_d + X_e}{X_d + X_e} T'_{d0} \tag{4-54}$$

它就是发电机在运行工况下励磁绕组的时间常数。这一分量实际反映了与励磁电流增量成正比的转子磁链增量所对应的暂态电动势增量。$\Delta E'_q$ 的另一分量是与相位角增量 $\Delta \delta$ 成正比，它实际上反映了转子相位角变化所产生的定子电流增量的去磁效应。所以式前冠以负号，因为 $\Delta E'_q$ 与 λ_{EF} 成正比，而 $\lambda_{EF} = I_{EF} X_{EF} - I_d X_{ad}$。当励磁电流不变时，如果定子负荷电流 I_d 增大，达到稳态时，λ_{EF} 及 $\Delta E'_q$ 要减小。由于在暂态过程开始时，λ_{EF} 保持不变，所以 ΔI_d 去磁效应的时间常数也为 T_G，式（4-51）中的第二个分量实际上也代表一个惯性环节。

（三）发电机转子运动方程和发电机电磁转矩方程

同步发电机的转子运动方程为

$$J \frac{d^2\theta}{dt^2} = M_0 = M_m - M_e \tag{4-55}$$

式中　θ——机械角位移，rad；

　　J——转动惯量，kg·m²；

　M_0——转子轴上的净加速转矩，N·m；

　M_m——原动机的机械转矩，N·m；

　M_e——发电机的电磁转矩，N·m。

经过从机械量到电气量的换算，并以标幺值表示时，转子的运动方程为

$$T_j \frac{d\omega_*}{dt} = M_{m*} - M_{e*} \tag{4-56}$$

式中　M_{m*}——原动机械转矩标幺值；

　M_{e*}——发电机电磁转矩标幺值；

　ω_*——角速度的标幺值；

　T_j——转子的惯性时间常数，s。

式（4-56）的偏差方程为（为了书写简便起见，以下各式省略"$*$"符号）

$$T_j \frac{d\Delta\omega}{dt} = \Delta M_m - \Delta M_e \tag{4-57}$$

同步发电机电磁转矩的标幺值等于发电机输出功率的标幺值，即

$$M_e = P_G = U_{dG} I_d + U_{qG} I_q \tag{4-58}$$

因为

$$U_{dG} = X_q I_q, \quad U_{qG} = E'_q - X'_d I_d \tag{4-59}$$

所以得

$$M_e = [E'_q + (X_q - X'_d) I_d] I_q$$

其偏差方程为

$$\Delta M_e = I_{qo} \Delta E'_q + [E'_{qo} + (X_q - X'_d) I_{do}] \Delta I_q + (X_q - X'_d) I_{qo} \Delta I_d \tag{4-60}$$

由图 4 - 23 有

$$E_{Qo} = E'_{qo} + (X_q - X'_d)I_{do}$$

于是

$$\Delta M_e = I_{qo}\Delta E'_q + E_{Qo}\Delta I_q + (X_q - X'_d)I_{qo}\Delta I_d \tag{4-61}$$

再将式（4 - 48）、式（4 - 49）代入式（4 - 61），则发电机电磁转矩增量为

$$\Delta M_e = \left[\frac{X_q - X'_d}{X'_d + X_e}I_{qo}U\sin\delta_0 + \frac{U\cos\delta_0}{X_q + X_e}E_{Qo}\right]\Delta\delta + \frac{X_q + X_e}{X'_d + X_e}I_{qo}\Delta E'_q$$

$$= K_1\Delta\delta + K_2\Delta E'_q \tag{4-62}$$

$$K_1 = \frac{\partial M_e}{\partial \delta}\bigg|_{E'_q = E'_{qo}} = \frac{X_q - X'_d}{X'_d + X_e}I_{qo}U\sin\delta_o + \frac{UE_{Qo}}{X_q + X_e}\cos\delta_o \tag{4-63}$$

$$K_2 = \frac{\partial M_e}{\partial E'_q}\bigg|_{\delta = \delta_o} = \frac{X_q + X_e}{X'_d + X_e}I_{qo} \tag{4-64}$$

式中　K_1——在恒定的转子 d 轴磁链下，当转子相位角有小变化时所引起的电磁转矩变化
　　　　的系数，此系数即 $\Delta E'_q$ 恒定时同步转矩系数；

　　　K_2——在恒定的转子相位角下，相应于 d 轴磁链小的变化所引起的电磁转矩变化的系数。

（四）发电机端电压方程

根据同步发电机相量图有

$$U_G^2 = U_{dG}^2 + U_{qG}^2$$

在运行点的偏差方程为

$$\Delta U_G = \left(\frac{U_{dG0}}{U_{G0}}\right)\Delta U_{dG} + \left(\frac{U_{qG0}}{U_{G0}}\right)\Delta U_{qG} \tag{4-65}$$

将式（4 - 59）的偏差方程代入式（4 - 65），得

$$\Delta U_G = \left(\frac{U_{dG0}}{U_{G0}}\right)X_q\Delta I_q - \left(\frac{U_{qG0}}{U_{G0}}\right)(X'_d\Delta I_d - \Delta E'_q) \tag{4-66}$$

以式（4 - 48）、式（4 - 49）代入式（4 - 66），消去 ΔI_d、ΔI_q 后得

$$\Delta U_G = \left[\frac{-UX'_dU_{qG0}}{U_{G0}(X'_d + X_e)}\sin\delta_0 + \frac{UX_qU_{dG0}}{U_{G0}(X_q + X_e)}\cos\delta_0\right]\Delta\delta + \frac{U_{qG0}X_e}{U_{G0}(X'_d + X_e)}\Delta E'_q$$

$$= K_5\Delta\delta + K_6\Delta E'_q \tag{4-67}$$

式中　K_5——在恒定 d 轴磁链下，转子相位角小的变化所引起的发电机端电压变化的系数；

　　　K_6——在恒定的转子相位角下，d 轴磁链小的变化所引起的发电机端电压变化的系数。

（五）同步发电机动态方程组

将式（4 - 51）、式（4 - 57）、式（4 - 62）、式（4 - 67）汇总起来，得到同步发电机的
动态方程组为

$$\left.\begin{array}{l}\Delta E'_q = \dfrac{K_3}{1 + K_3 T'_{d0}s}\Delta E_{de} - \dfrac{K_3K_4}{1 + K_3 T'_{d0}s}\Delta\delta \\[3mm] \Delta M_e = K_1\Delta\delta + K_2\Delta E'_q \\[2mm] \Delta U_G = K_5\Delta\delta + K_6\Delta E'_q \\[3mm] \Delta\omega = \dfrac{\Delta M_m - \Delta M_e}{T_j s} \\[3mm] \Delta\delta = \dfrac{\omega_o}{s}\Delta\omega \end{array}\right\} \tag{4-68}$$

根据式（4-68）可得同步发电机传递函数框图，如图4-25所示。

上面在最简单的情况下，导出了偏差量的基本方程、框图以及系数 $K_1 \sim K_6$ 的表达式。由 $K_1 \sim K_6$ 的表达式可见，K_3 只与外接串联阻抗有关，与发电机的运行工况无关，而其他系数均随运行点的改变而变化。图4-26分别表明了在远距离输电系统中，这些系数随发电机有功负荷、无功负荷变化的情况。由图可知，K_1、K_2、K_4 和 K_6 均为正值，而系数 K_5 当负荷较重时，即功率角增大时其值由正变为负。这是一个非常重要的现象。

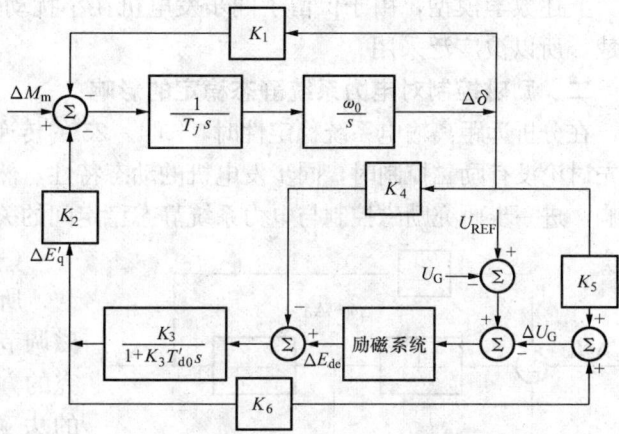

图4-25　经外阻抗接于无限大母线的同步发电机的传递函数框图

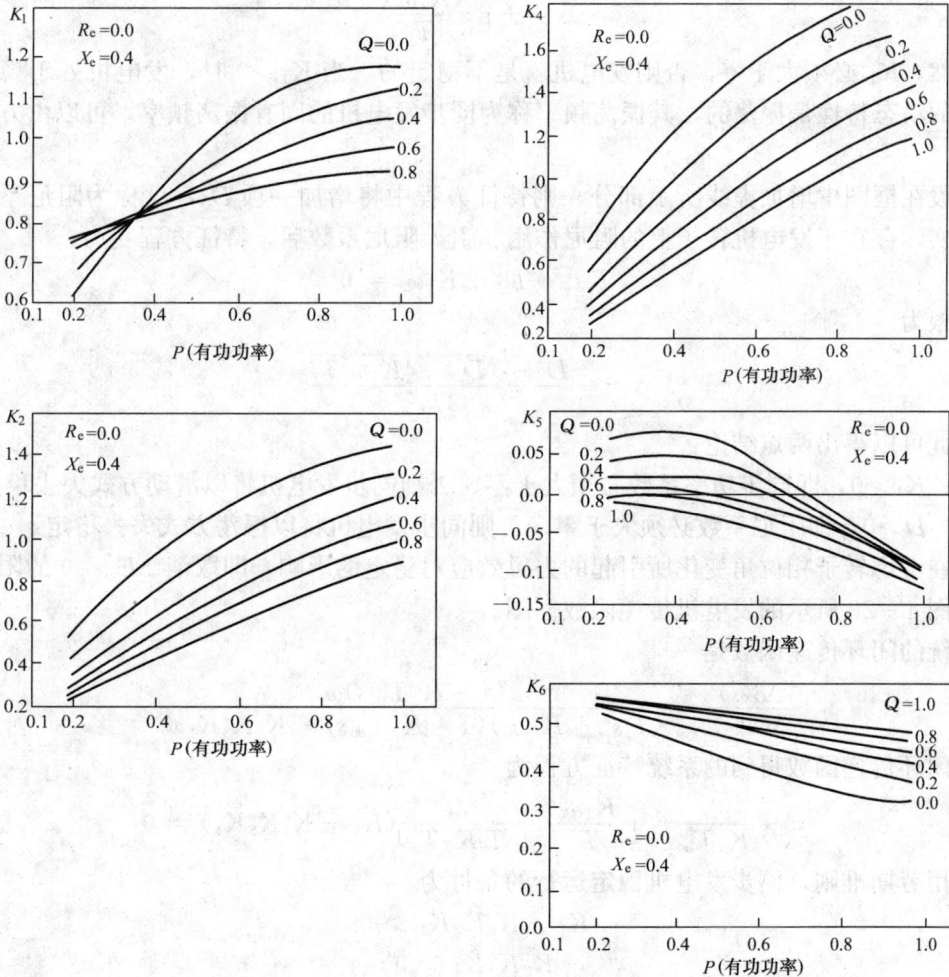

图4-26　参数 K_1，K_2，K_4，K_5，K_6 随负荷变化的曲线

　　上述数学模型，由于保留了同步发电机在小扰动过程中的重要变量，并且物理概念十分清楚，所以被广泛采用。

二、励磁控制对电力系统静态稳定的影响

　　在分析远距离输电系统稳定性时，图 4 - 25 的传递函数框图是讨论问题的主要依据。我们首先讨论没有励磁控制时，同步发电机的动态特性，然后分析励磁控制对发电机的动态特性的影响，进一步研究励磁控制与电力系统静态稳定间的关系和某些改善系统静态稳定的措施。

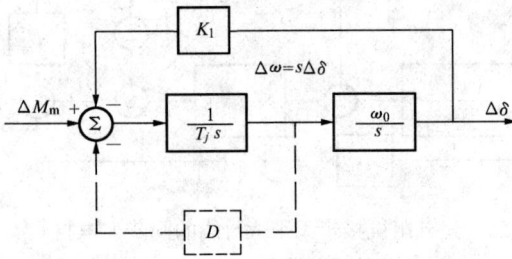

图 4 - 27　发电机的固有振荡框图

（一）同步发电机的固有特性

　　所谓同步发电机的固有特性是指不计励磁调节时发电机所具有的动态特性。为了研究的方便，暂不考虑转子相位角变化所引起的去磁效应，即认为 $\Delta E'_q = 0$。这样，图 4 - 25 可简化成图 4 - 27，其特征方程为

$$T_j s^2 + K_1 \omega_0 = 0$$

特征方程的根为

$$s = \pm \mathrm{j} \sqrt{\frac{K_1 \omega_0}{T_j}}$$

　　显然，K_1 必须大于零，否则发电机就是不稳定的。当 $K_1 > 0$ 时，发电机处于稳定的边界。它的动态特性是振荡的，其振荡频率称为同步发电机的固有振荡频率，可以由方程直接求得。

　　假设在框图中增加虚线所示部分，则特征方程中将增加一项 Ds，D 称为阻尼系数，它反映了实际存在于发电机转子上的阻尼作用。引入阻尼系数后，特征方程变为

$$T_j s^2 + Ds + K_1 \omega_0 = 0$$

其根为

$$s = -\frac{D \pm \sqrt{D^2 - 4K_1 \omega_0 T_j}}{2T_j}$$

由此可以得出两点结论：

（1）$K_1 > 0$，即同步功率系数必须大于零，否则同步发电机将以滑动方式失去稳定；

（2）$D > 0$，即阻尼系数必须大于零，否则同步发电机将以振荡方式失去稳定。

　　现在考虑转子相位角变化所引起的去磁效应对稳定的影响，即取消 $\Delta E'_q = 0$ 的限制，于是可得图 4 - 28 所示的发电机传递函数框图。

　　系统的闭环传递函数是

$$\frac{\Delta \delta(s)}{\Delta M(s)} = \frac{(1 + K_3 T'_{d0} s) \omega_0}{(T_j s^2 + K_1 \omega_0)(1 + K_3 T'_{d0} s) - K_2 K_3 K_4 \omega_0}$$

由闭环传递函数得到的系统特征方程为

$$s^3 + \frac{1}{K_3 T'_{d0}} s^2 + \frac{K_1 \omega_0}{T_j} s + \frac{\omega_0}{T_j K_3 T'_{d0}} (K_1 - K_2 K_3 K_4) = 0$$

运用劳斯准则，同步发电机稳定运行的条件为

$$K_1 - K_2 K_3 K_4 > 0$$
$$K_2 K_3 K_4 > 0$$

由此可见，在计及转子相位角变化所引起的去磁效应后，同步发电机稳定运行的条件发

生了变化。下面讨论这两个条件的物理意义。

当外加的励磁电压不变时，即 $\Delta E_{de}=0$，由式（4-51）可得

$$\Delta E'_q = \frac{-K_3 K_4}{1+K_3 T'_{d0} s}\Delta\delta$$

将此式代入式（4-62），得

$$\Delta M_e = K_1\Delta\delta - \frac{K_2 K_3 K_4}{1+K_3 T'_{d0} s}\Delta\delta$$

$$(4-69)$$

设 $\Delta\delta$ 以角频率 ω_d 振荡，按反馈电路频率特性可求得 ΔM_e 的幅值及相角关系。将 $s=j\omega_d$ 代入式（4-69），得

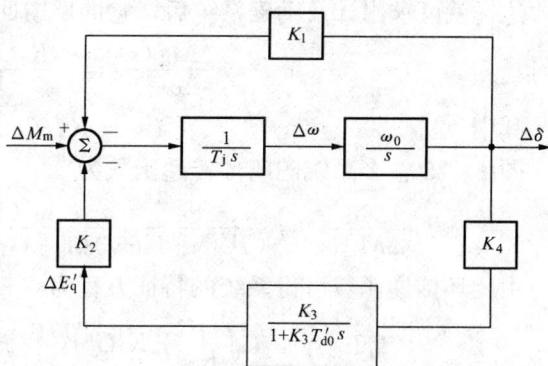

图 4-28 计及励磁绕组动态特性的同步发电机传递函数框图

$$\Delta M_e = \left(K_1 - \frac{K_2 K_3 K_4}{1+j\omega_d K_3 T'_{d0}}\right)\Delta\delta = \left(K_1 - \frac{K_2 K_3 K_4}{1+K_3^2 T'^2_{d0}\omega_d^2}\right)\Delta\delta + j\frac{\omega_d K_2 K_3^2 K_4 T'_{d0}}{1+K_3^2 T'^2_{d0}\omega_d^2}\Delta\delta$$

$$=\Delta M_s + j\Delta M_D \qquad (4-70)$$

式中　ω_d——由转子机械转动惯量决定的振荡频率；

　　　ΔM_s——同步转矩增量；

　　　ΔM_D——阻尼转矩增量。

可见，当 $\Delta\delta$ 以 ω_d 角频率振荡时，反馈至发电机的输入转矩可以分解为两个分量，其中与 $\Delta\delta$ 同相位的分量为同步转矩，与 $\Delta\delta$ 成 90°的分量为阻尼转矩。阻尼转矩的阻尼作用与电机本身固有阻尼系数 D 的作用一致的为正阻尼，相反的为负阻尼。式（4-70）中等号右面第二项中的系数 K_2、K_3、K_4 恒为正值，因此稳态（即 $\omega_d=0$）时，这一去磁转矩分量为 $-(K_2 K_3 K_4)\Delta\delta$，与第一项同步转矩 $K_1\Delta\delta$ 符号相反，所以稳定运行的条件变为 $K_1-K_2 K_3 K_4>0$，即同步转矩系数必须大于零，只不过由于计及电枢反应，使 $\Delta E'_q$ 发生了变化，同步转矩系数下降了。式（4-70）中虚部是阻尼转矩分量，其中 $K_2 K_3 K_4>0$，即在这种情况下的阻尼转矩大于零。计及同步发电机本身所具有的阻尼作用后，这一条件变为 $D+K_2 K_3 K_4>0$。可见，机组的正阻尼转矩加大了，因而机组运行更稳定。

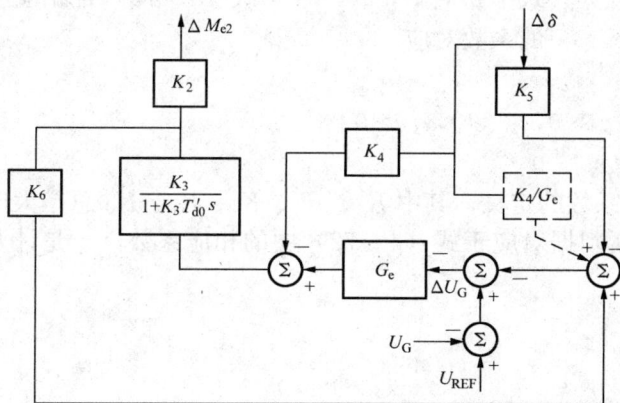

图 4-29 计及励磁系统发电机反馈传递函数

（二）计及励磁调节后的系统特性

现在进一步讨论励磁控制对电力系统静态稳定的影响，从图 4-25 所示的框图可以看出，励磁调节器是通过改变 $\Delta E'_q$ 来改变转矩增量 ΔM 的，在框图上则表示为因 $\Delta\delta$ 变化而产生的转矩变化，如图 4-29 所示。图中 G_e 代表励磁系统的传递函数。

在图 4-29 中，根据相加点前移的规则将 K_4 输出的相加点移至 G_e 的前面，如虚线所

示，这样就可求出计及励磁系统后，它的反馈回路的传递函数为

$$\frac{\Delta M_{e2}(s)}{\Delta \delta(s)} = -\frac{K_2 G_3 (K_4 + K_5 G_e)}{1 + G_3 G_e K_6} \tag{4-71}$$

其中
$$G_3 = K_3 / (1 + K_3 T'_{d0} s)$$

图 4-25 整个系统的闭环传递函数为

$$\frac{\Delta \delta(s)}{\Delta M_e(s)} = \frac{\omega_0 (1 + G_3 G_e K_6)}{(T_j s^2 + K_1 \omega_0)(1 + G_3 G_e K_6) - K_2 G_3 \omega_0 (K_4 + K_5 G_e)}$$

由闭环传递函数可得系统的特征方程为

$$T_j T'_{d0} s^3 + T_j \left(\frac{1}{K_3} + K_6 G_e\right) s^2 + K_1 T'_{d0} \omega_0 s + K_1 K_6 \omega_0 G_e + \frac{K_1 \omega_0}{K_3}$$

$$- K_2 K_4 \omega_0 - K_2 K_5 \omega_0 G_e = 0 \tag{4-72}$$

在讨论励磁控制对电力系统稳定的影响时，如果将图 4-17 所示的励磁系统框图引入图 4-25 中分析，将会遇到较大的困难。在不影响其主要特征的条件下，可以对励磁系统进行简化，如图 4-30 所示。

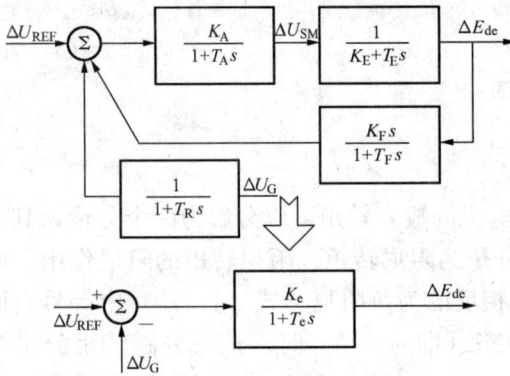

将励磁控制系统简化成一个等值的一阶惯性环节，它的等值放大系数为 K_e，时间常数为 T_e。因此

$$G_e = \frac{K_e}{1 + T_e s}$$

在快速励磁控制系统中，K_e 的值较大，而时间系数 T_e 很小，以 $G_e = K_e$ 代入式（4-72）并写成一般形式，式（4-72）转化成

$$a_0 s^3 + a_1 s^2 + a_2 s + a_3 = 0 \tag{4-73}$$

式中 a_0，a_1，a_2，a_3 与式（4-72）各相应项的系数对应。

图 4-30　励磁系统简化传递函数

运用劳斯准则，稳定运行条件是

$$\begin{cases} a_0 > 0, a_1 > 0, a_2 > 0, a_3 > 0 \\ a_1 a_2 - a_0 a_3 > 0 \end{cases}$$

因 ω_0、T_j、T'_{d0} 恒为正值。又根据各系数的定义，其中 K_2、K_3、K_4、K_6、K_e 总是大于零，而 K_1、K_5 有可能小于零。上面劳斯判据对应于式（4-72）中的相应系数，于是计及励磁调节后的系统稳定判据为

$$\begin{cases} K_1 > 0 \\ K_4 + K_e K_5 > 0 \\ \left(\dfrac{K_1}{K_3} - K_2 K_4\right) + K_e (K_1 K_6 - K_2 K_5) > 0 \end{cases} \tag{4-74}$$

上述三个判据的意义，在参考文献［6］中有详细的介绍，它们分别如下。

（1）$K_1 > 0$，即具有自动励磁调节器的发电机组可以在人工稳定区域运行，一般能达到 110°左右。

（2）$K_4 + K_e K_5 > 0$，即自动励磁调节器的最大放大倍数 K_{emax} 为

$$K_{emax} = -\frac{K_4}{K_5}$$

若放大倍数 K_e 大于 K_{emax}，机组将振荡失去稳定

（3）自动励磁调节器的放大倍数最低值为 K_{emin}，有

$$\begin{cases} K_{emin} = \dfrac{-\left(\dfrac{K_1}{K_3} - K_2 K_e\right)}{K_1 K_6 - K_2 K_5} \\ 放大倍数~K_e~若小于~K_{emin}~机组将滑行（非周期）失去稳定 \end{cases}$$

式（4-74）的物理意义仍是同步转矩系数及阻尼转矩系数必须大于零。用前面所述的方法，可以推导出图 4-29 所示的励磁系统反馈回路的同步转矩及阻尼转矩表示式为

$$\Delta M_{s2} = \frac{-\left[\dfrac{K_2 K_4}{K_6 K_e} + \dfrac{K_2 K_5}{K_6}\right]}{1 + \left(\dfrac{T'_{d0}}{K_6 K_e}\right)^2 \omega_d^2} \Delta\delta \approx \frac{-\dfrac{K_2 K_5}{K_6}}{1 + \left(\dfrac{T'_{d0}}{K_6 K_e}\right)^2 \omega_d^2} \Delta\delta \tag{4-75}$$

$$\Delta M_{d2} = \frac{\dfrac{K_2 K_4}{K_6 K_e} + \dfrac{K_2 K_5}{K_6}}{1 + \left(\dfrac{T'_{d0}}{K_6 K_e}\right)^2 \omega_d^2} \times \frac{T'_{d0} \omega_d}{K_6 K_e} \Delta\delta \approx \frac{\dfrac{K_2 K_5}{K_6}}{1 + \left(\dfrac{T'_{d0}}{K_6 K_e}\right)^2 \omega_d^2} \times \frac{T'_{d0}}{K_6 K_e} \omega_d \Delta\delta$$

$$\tag{4-76}$$

计及电机本身所具有的同步转矩分量 $K_1\Delta\delta$ 及阻转矩系数 D 的作用后，参照式（4-75）和式（4-76）可以得出同步发电机不发生滑动失步及振荡失步的条件为

$$\Delta M_s = K_1\Delta\delta + \Delta M_{s2} = \left[K_1 - \frac{K_2 K_5/K_6}{1 + (T'_{d0}/K_6 K_e)^2 \omega_d^2}\right]\Delta\delta > 0 \tag{4-77}$$

$$\Delta M_D = D\Delta\delta + \Delta M_{d2} = \left[D + \frac{K_2 K_5/K_6}{1 + (T'_{d0}/K_6 K_e)^2 \omega_d^2} \times \frac{T'_{d0}}{K_6 K_e} \omega_d\right]\Delta\delta > 0 \tag{4-78}$$

下面再讨论远距离输电情况下，发电机同步转矩与阻尼转矩的变化。

1. 输电线路轻负荷运行

当输电线路输送功率较小时，由图 4-24 可知，此时 $K_5 > 0$。由式（4-75）ΔM_{s2} 的表达式可知，$M_{s2} < 0$。但因机组本身的同步转矩系数 K_1 较大，故仍能保证 $\Delta M_s > 0$。所以在输电线输送功率较小时，即在发电机的功率角较小时，不会因励磁调节器的作用使 $\Delta M_s < 0$ 而发生滑行失步。

另外，由式（3-76）ΔM_{d2} 表达式可知，此时 $\Delta M_{d2} > 0$。这说明励磁调节器加入后，机组的阻尼转矩增大了，有利于电力系统的稳定运行。

2. 输电线路重负荷运行

输电线路输送功率较大时，由图 4-26 可知 $K_5 < 0$。这样 $\Delta M_{s2} > 0$，即励磁调节器加入后，增强了系统的同步能力。

但是，由于 $K_5 < 0$ 使 $\Delta M_{d2} < 0$，即励磁调节器加入后，反而减小了机组的阻尼转矩，使机组平息振荡的能力减弱了，并且随着电压放大系数 K_e 的增加，ΔM_{d2} 也将增大〔见式（4-76）〕。当机组总阻尼转矩 $\Delta M_D < 0$ 时，系统将发生振荡。这就是励磁调节器恶化机组阻尼的后果。

上述分析表明，在远距离输电并且联系薄弱的电力系统中，采用励磁调节器后，由于 K_5 变负反而减弱了系统的阻尼能力，导致电力系统可能出现低频振荡现象。因此，必须采取适当的措施来改善电力系统运行的稳定性。

三、改善电力系统稳定性的措施——电力系统稳定器（Power System Stabilizer — PSS）

（一）低频振荡的产生及校正

在远距离输电系统中，励磁控制系统会减弱系统的阻尼能力，引起低频振荡。其原因可以归结为两条。

（1）励磁调节器按电压偏差比例调节。

（2）励磁控制系统具有惯性。

当输电线路负荷较重、转子相位角发生振荡时，由于励磁调节器是采用按电压偏差比例调节方式，所以提供的附加励磁电流的相位具有使振荡角度加大的趋势。但是，励磁调节器维持电压是发电机运行中对其最基本的要求，又不能取消其维持电压的功能。研究表明，采用电力系统稳定器去产生正阻尼转矩以抵消励磁控制系统引起的负阻尼转矩，是一个比较有效的办法。

电力系统稳定器所采用的信号可以是发电机轴角速度偏差 $\Delta \omega$ 或机端电压频率偏差 Δf、电功率偏差 ΔP_e 和过剩功率 ΔP_m 及它们的组合等。由于这些信号相对于轴角速度的相位不同，为使 PSS 的输出信号具有产生正阻尼的合适的相位，一般 PSS 都要求配备相位为超前/滞后网络。如图 4-31（a）所示是 PSS 的框图，图 4-31（b）为 PSS 通用传递函数。不同的输入信号的超前/滞后环节阶数不同，时间常数也不同。

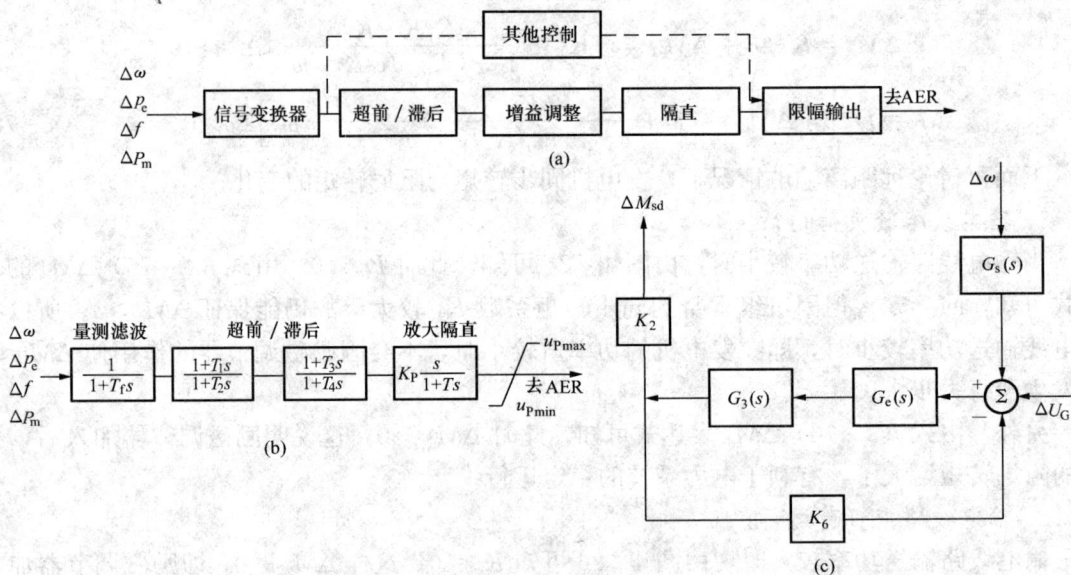

图 4-31　PSS 框图和通用传递函数
（a）PSS 框图；（b）PSS 的通用传递函数；（c）PSS 引入后传递函数

这里讨论以角速度 ω 为信号的电力系统稳定器的设计。

（二）电力系统稳定器的传递函数

如图 4-31（c）所示，设转速信号经传递函数 $G_s(s)$ 后被引入到励磁调节器的参考点。根据图 4-31（c），可以得出由稳定器提供的附加转矩为

$$\Delta M_{sd}(s) = \frac{K_2 G_s(s) G_3(s) G_e(s)}{1 + K_6 G_3(s) G_e(s)} \Delta\omega(s) \qquad (4\text{-}79)$$

分别把 $G_3(s)$、$G_e(s)$ 代入，可得

$$\Delta M_{sd}(s) = \frac{G_s(s) K_2 K_e}{T'_{d0} T_e s^2 + \left(T'_{d0} + \dfrac{T_e}{K_3}\right)s + \dfrac{1}{K_3} + K_6 K_e} \Delta\omega(s) \qquad (4\text{-}80)$$

因为 $K_6 K_e \gg \dfrac{1}{K_3}$，可将 $\dfrac{1}{K_3}$ 略去，则

$$\Delta M_{sd}(s) = \frac{G_s(s) K_2 K_e}{\left[s^2 + \left(\dfrac{T_e + K_3 T'_{d0}}{K_3 T_e T'_{d0}}\right)s + \dfrac{K_6 K_e}{T'_{d0} T_e}\right] T'_{d0} T_e} \Delta\omega(s)$$

$$= \frac{G_s(s) K_2 K_e}{(s^2 + 2\xi_x \omega_x s + \omega_x^2) T'_{d0} T_e} \Delta\omega(s) \qquad (4\text{-}81)$$

$$= \frac{G_s(s)}{d(s)} \times \frac{K_2 K_e}{T'_{d0} T_e} \Delta\omega(s)$$

其中
$$d(s) = s^2 + 2\xi_x \omega_x s + \omega_x^2$$

$$\omega_x = \sqrt{K_6 K_e / T'_{d0} T_e} \qquad (4\text{-}82)$$

$$\xi_x = (T_e + K_3 T'_{d0})/(2\omega_x K_3 T'_{d0} T_e) \qquad (4\text{-}83)$$

式中 ω_x——励磁控制系统的无阻尼自然振荡频率；

ξ_x——系统的阻尼比。

由此可见，如果稳定器的传递函数准确地与 $d(s)$ 相消，则可使稳定器提供的附加转矩与转速 ω 成正比，即超前 $\Delta\delta$ 相位 90°，也就是提供正阻尼转矩。实际上，$G_s(s)$ 与 $d(s)$ 准确相消是难以做到的，只要使 $G_s(s)$ 与 $d(s)$ 具有相似的相频特性，即在支配机组振荡频率时，$G_s(s)$ 与 $d(s)$ 有相近的幅角，稳定器就能提供正阻尼转矩。

支配机组振荡的频率，是由发电机的机械惯性环节决定的，如图 4-27 所示。化简上述框图，可得下列传递函数为

$$-\frac{\Delta\delta}{\Delta M_{e2}} = \frac{\omega_0/T_j}{s^2 + \dfrac{D}{T_j}s + \dfrac{K_1\omega_0}{T_j}} = \frac{\omega_0/T_j}{s^2 + 2\xi_n \omega_n s + \omega_n^2} \qquad (4\text{-}84)$$

其中
$$\omega_n = \sqrt{K_1 \omega_0 / T_j} \qquad (4\text{-}85)$$

$$\xi_n = \frac{D}{2\sqrt{T_j K_1 \omega_0}} \qquad (4\text{-}86)$$

式中 ω_n——机械环节的无阻尼自然振荡频率；

ξ_n——机械环节的阻尼比。

在欠阻尼（$0 < \xi_n < 1$）情况下，当阶跃输入后，机械环节的振荡频率是由阻尼自然振荡频率 ω_{dn}（支配机组振荡频率）决定的，其值为

$$\omega_{dn} = \omega_n \sqrt{1 - \xi_n^2} \qquad (4\text{-}87)$$

综上所述，$G_s(s)$ 通常由以下两部分组成。

（1）相位校正环节的传递函数 $G_\varphi(s)$。励磁系统中含有惯性元件，它是滞后环节。为了将其滞后角消去，$G_\varphi(s)$ 应具备超前相位角。$G_\varphi(s)$ 由超前环节构成，它的传递函数为

$$G_{\varphi}(s) = \frac{1}{a}\left(\frac{1+aT_{\varphi}s}{1+T_{\varphi}s}\right)^{n} \tag{4-88}$$

式中　n——串联级数。

（2）信号复归环节的传递函数。从系统稳定运行出发，不希望稳定器信号对发电机的维持电压产生影响，即不因稳定器信号的引入而影响发电机的稳态电压。所以稳定器中还需串联一个隔离信号稳定值的环节。这个环节的传递函数为

$$G_{\text{re}}(s) = \frac{K_{\text{re}}s}{1+T_{\text{re}}s} \tag{4-89}$$

式中 T_{re} 为 $2\sim4\text{s}$，$K_{\text{re}}/T_{\text{re}}$ 为 $10\sim40$。

上述传递函数在阶跃信号作用下的响应特性如图 4-32 所示。由图可见，在稳态下它的输出为零。

这样，电力系统稳定器信号单元总的传递函数为

$$G_{\text{s}}(s) = \frac{K_{\text{re}}s}{1+T_{\text{re}}s}\left(\frac{1+aT_{\varphi}s}{1+T_{\varphi}s}\right)^{n} \tag{4-90}$$

具有电力系统稳定器（PSS）的励磁系统—发电机联合框图如图 4-33 所示。

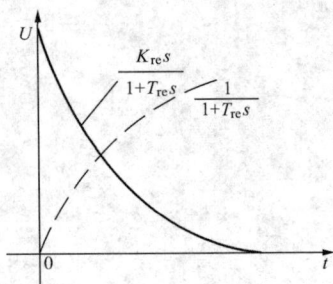

图 4-32　隔离环节在阶跃信号作用下的响应特性

上述关于同步转矩、阻尼转矩的分析方法对于分析弱联系的电力系统低频振荡的物理本质，如何引入电力系统稳定器以及决定适当的相位补偿都是十分有用的。但是，由于略去了特征方程中对应于励磁调节器环节的一些根，使得这种方法具有一定的近似性。特别是在励磁调节器和电力系统稳定器的放大系数较大时，就不能反映实际可能出现的不稳定现象。严格的分析方法可采用状态空间—特征值法，运用计算机求解系数矩阵的特征值，来确定系统的稳定性。

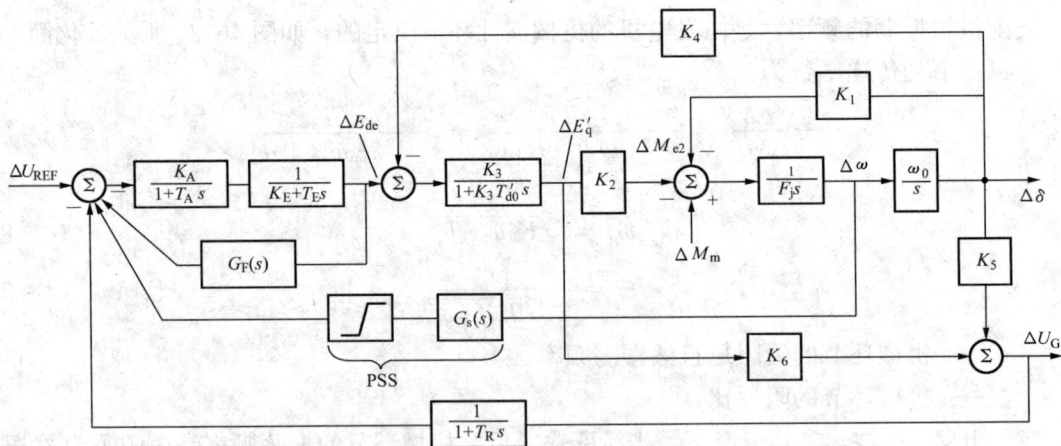

图 4-33　具有电力系统稳定器（PSS）的励磁系统—发电机联合框图

（三）电力系统稳定器电路简介

用于无刷励磁系统的电力系统稳定器原理框图示于图 4-34。它是采用转速信号进行校正的电力系统稳定器。

由装于机组轴上的磁阻变换器产生比例于轴转速的电压信号，额定转速时该电压信号为

图 4 - 34　电力系统稳定器原理框图

3000Hz、20V。它经转速检测器及频率—电压变换器转变为转速偏差的稳定信号。其中转速检测器是一分频器，它将 3000Hz 正弦波输入信号转换成 50Hz 方波信号。频率—电压变换器将此信号转换成与转速偏差成比例的稳定信号，其特性如图 4 - 35 所示。

陷波器是滤波器，其作用是将机组转轴扭振频率的干扰信号滤除，通常由二级滤波器组成。第一级滤掉一阶扭振频率信号，第二级滤波器参数可根据机组二阶扭振频率或二阶和三阶扭振频率综合值整定。

超前/滞后网络是一个具有两个可独立整定时间常数的调节环节，其作用是补偿励磁控制系统惯性时滞，使稳定信号在整个规定的频率范围内

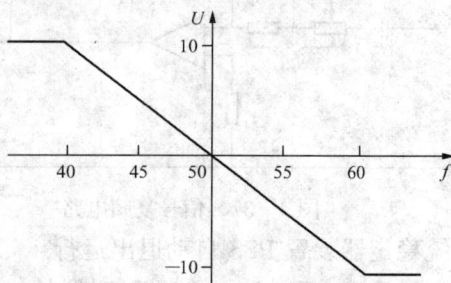

图 4 - 35　频率—电压变换器特性

获得所需要的输出—输入相位。其中超前时间常数用于补偿励磁系统的相位滞后；而滞后时间常数有降低噪声的作用，使其达到允许水平。模拟式励磁调节器的 PSS 中，超前/滞后网络由微分—积分器构成，其原理接线如图 4 - 36 所示。超前/滞后网络的传递函数 $G_\varphi(s)$ 为

$$G_\varphi(s) = \frac{1+(K_1C_1R+rC_1)s}{(1+rC_1s)[1+(K_2C_2R+RC_F)s]}$$
$$= \frac{1+(T_a+T_b)s}{(1+T_bs)[1+(T_c+T_d)s]} \qquad (4-91)$$

其中　　　　　　$T_a=K_1C_1R;\ T_b=rC_1;\ T_c=K_2C_2R;\ T_d=RC_F$

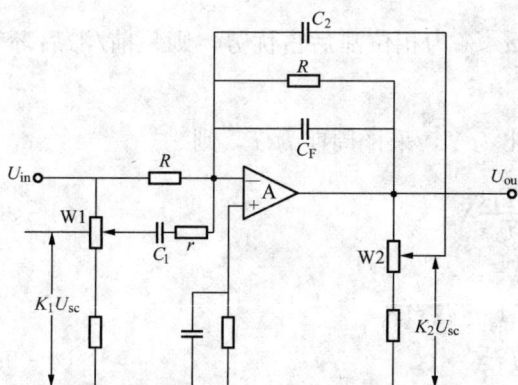

图 4 - 36　超前/滞后网络原理接线

式中　T_a——超前时间常数；

T_b——滤波时间常数；

T_c——滞后时间常数；

T_d——稳定放大器电路的时间常数。

T_b、T_d 远小于 T_a、T_c。

在典型电路中，$T_c=0.01s$，$T_d=0.001s$，与 T_a、T_c 相比均很小，所以式（4 - 91）可写为

$$G_\varphi(s) = \frac{1+T_as}{1+T_cs} \qquad (4-92)$$

超前时间常数 T_a 的整定范围为 $0.25\sim 2s$，由调节电位器 W1 获得，滞后时间常数 T_c 的整定范围为 $0.01\sim 0.15s$，由调节电位器 W2 获得。

放大电路提供一可调增益，满足稳定信号对增益选择的要求。

信号复归电路是一个具有时间常数范围可选择的微分—积分器，其电路图如图 4-37 所示。其传递函数为

$$G_{re}(s) = \left(\frac{RCs}{1+RCs}\right)\left(\frac{1}{1+RC_Fs}\right) = \left(\frac{T_{re}s}{(1+T_{re}s)(1+T_fs)}\right) \quad (4-93)$$

其中

$$T_{re} = RC; T_f = RC_F$$

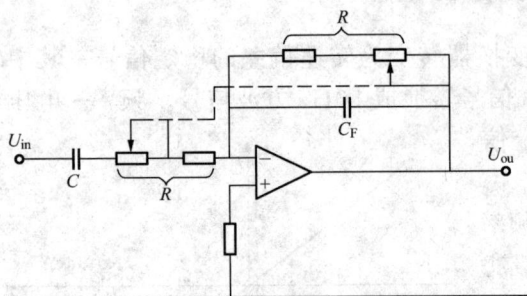

图 4-37　信号复归电路

式中　T_{re}——超前时间常数，为 5～50s。

在典型电路中 $T_f = 0.001～0.01s$，其值很小，故

$$G_{re}(s) = \frac{T_{re}s}{1+T_{re}s} \quad (4-94)$$

综合限制器的功能是在放大信号的同时对输出信号进行限幅，其限幅值可由限幅电位器整定。本单元的另一个功能是当辅助输入信号超过整定值时，切断输出信号使电力系统稳定器装置 PSS 自动退出运行。

最后一个环节——辅助延时器是一监视保护装置，它的功能是监视稳定器的输出。当稳定器输出超过预定值，并且时间超过辅助延时器设定时间时，将稳定器输出信号切除，防止由于稳定器内部元件故障而造成不必要的长时间误强励。

（四）数字式电力系统稳定器的算法

对于图 4-34 所示的 PSS 框图，在数字式励磁调节器中，除了量测滤波在输入信号时考虑外，其余环节如超前/滞后（相位补偿）、信号复归、综合限制、辅助延时等环节全部用计算机软件实现。其中综合限制和辅助延时为乘除数和逻辑控制，不难用软件实现。对于超前/滞后和信号复归这种微分方程的传递函数，如图 4-31 所示，需要用差分方程离散化的方法实现。

（1）超前/滞后环节。假定 PSS 的相位超前/滞后环节的传递函数为 $G_\varphi(s)$，有

$$G_\varphi(s) = \left(\frac{1+\alpha T_iS}{1+T_jS}\right)^n \qquad i = 1,3\cdots; j = 2,4\cdots \quad (4-95)$$

通常取 $n = 1～3$，$\alpha > 1$ 为相位超前占优势；$\alpha < 1$ 为相位滞后占优势，则超前/滞后环节的差分形式的离散化方法如下。

令超前/滞后环节为 $\frac{1+T_1s}{1+T_2s}$，输入为 X，输出为 Y，采样周期为 T，则

$$Y = \frac{1+T_1s}{1+T_2s}X \quad (4-96)$$

即

$$Y(1+T_2s) = (1+T_1s)X \quad (4-97)$$

$$T_2\dot{Y} + Y = T_1\dot{X} + X \quad (4-98)$$

$$\dot{Y} = \frac{T_1}{T_2}\dot{X} + \frac{1}{T_2}X - \frac{1}{T_2}Y \quad (4-99)$$

将式（4-99）用差分形式离散化，得

$$\frac{Y(K) - Y(K-1)}{T} = \frac{T_1}{T_2} \times \frac{X(K) - X(K-1)}{T} + \frac{1}{T_2}X(K) - \frac{1}{T_2}Y(K) \quad (4-100)$$

整理得到

$$Y(K) = \frac{T_1 + T}{T_2 + T} X(K) - \frac{T_1}{T_2 + T} X(K-1) + \frac{T_2}{T_2 + T} Y(K-1) \qquad (4-101)$$

（2）信号复归环节。PSS 的信号复归环节的传递函数 $G_{re}(s)$ 见式（4-94），令其输入为 Y（来自超前/滞后环节的输出），输出为 Z（去 AER），采样周期为 T，则

$$Z = \frac{T_{re}s}{1 + T_{re}s} Y \qquad (4-102)$$

即

$$Z(1 + T_{re}s) = T_{re}sY \qquad (4-103)$$

$$T_{re}\dot{Z} + Z = T_{re}\dot{Y} \qquad (4-104)$$

$$\dot{Z} = \dot{Y} - \frac{1}{T_{re}}Z \qquad (4-105)$$

将式（4-105）用差分方程离散化，得

$$\frac{Z(K) - Z(K-1)}{T} = \frac{Y(K) - Y(K-1)}{T} - \frac{1}{T_{re}}Z(K) \qquad (4-106)$$

整理可得

$$Z(K) = \frac{T_{re}}{T + T_{re}}\left[Y(K) - Y(K-1) + Z(K-1)\right] \qquad (4-107)$$

第五章　电力系统频率及有功功率的自动调节

第一节　电力系统的频率特性

一、概述

频率是电能质量的重要指标之一，在稳态条件下，电力系统的频率是一个全系统一致的运行参数。系统频率 f 与发电机组转速 n 的关系式为

$$f = \frac{pn}{60} \tag{5-1}$$

式中　p——发电机极对数；

　　　n——机组每分钟转数。

设系统中有 m 台机组，各机组原动机的输入总功率为 $\sum\limits_{i=1}^{m} P_{Ti}$，各机组的电功率总输出为 $\sum\limits_{i=1}^{m} P_{Gi}$。当忽略机组内部损耗时，$\sum\limits_{i=1}^{m} P_{Ti} = \sum\limits_{i=1}^{m} P_{Gi}$，输入输出功率平衡。如果这时由于系统中的负荷突然变动而使发电机组输出功率增加 ΔP_L，而由于机械的惯性，输入功率还来不及作出反应，这时

$$\sum_{i=1}^{m} P_{Ti} < \sum_{i=1}^{m} P_{Gi} + \Delta P_L$$

则机组输入功率小于负荷要求的电功率，为了保持功率平衡，机组只有把转子的一部分动能转换成电功率，致使机组转速降低，系统频率下降。其间的关系式为

$$\sum_{i=1}^{m} P_{Ti} = \sum_{i=1}^{m} P_{Gi} + \Delta P_L + \frac{\mathrm{d}}{\mathrm{d}t}\left(\sum W_{Ki}\right) \tag{5-2}$$

式中　W_{Ki}——机组的动能。

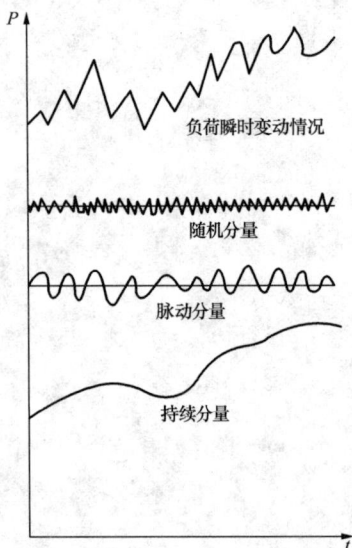

图 5-1　电力系统负荷变动情况

可见，系统频率的变化是由于发电机的负荷与原动机输入功率之间失去平衡所致，因此调频与有功功率调节是不可分开的。电力系统负荷是不断变化的，而原动机输入功率的改变较缓慢，因此系统中频率的波动是难免的。图5-1是电力系统中负荷瞬时变动情况的示意图。从图中可以看出，负荷的变动情况可以分成几种不同的分量：第一种是频率较高的随机分量，其变化周期一般小于10s；第二种为脉动分量，变化幅度较大，变化周期在 $10s\sim3min$ 之间；第三种为变化很缓慢的持续分量。

负荷的变化必将导致电力系统频率的变化，由于电力系统本身是一个惯性系统，所以对频率的变化起主要影响的是负荷变动的第二、三种分量。

电力系统频率的变化，对生产率以及发电厂间的负荷分配都有直接的影响。例如频率变化时，使发电机组和厂

用电辅机等设备偏离额定工况，因而它们的效率降低，电厂在不经济的状况下运行，还影响整个电网的经济运行。大容量汽轮发电机组对运行频率的偏离幅值和持续时间有着更严格的要求。频率过低时，还会危及全系统的安全运行。

所以，电力系统运行中的主要任务之一，就是对频率进行监视和控制。当系统机组输入功率与负荷功率失去平衡而使频率偏离额定值时，控制系统必须调节机组的输出功率，以保证电力系统频率的偏移在允许范围之内（一般允许偏差不得超过 ±0.2Hz，我国某些电力系统以 ±0.1Hz 作为频率偏差合格范围的考核指标）。

调节频率或调节发电机组转速的基本方法是改变单位时间内进入原动机的动力元素（如蒸汽或水）。当用一台或几台机组来调节频率时还会引起机组间负荷分配的改变，这就涉及电力系统经济运行问题。因此，频率的调节与电力系统负荷的经济分配有密切的关系。在调整系统频率时，要求维持系统频率在规定范围内。此外，还要力求使系统负荷在安全运行约束条件下，实现经济运行，发电机组之间实现经济分配。

为了分析电力系统频率调节系统的特性，首先要讨论调节系统各单元的数学表达式。其中负荷和发电机组是两个最基本的单元。

二、电力系统负荷的功率—频率特性

当系统频率变化时，整个系统的有功负荷也要随着改变，即

$$P_L = F(f)$$

这种有功负荷随频率而改变的特性叫做负荷的功率—频率特性，是负荷的静态频率特性。

电力系统中各种有功负荷与频率的关系，可以归纳为以下几类：

（1）与频率变化无关的负荷，如照明、电弧炉、电阻炉、整流负荷等。

（2）与频率成正比的负荷，如切削机床、球磨机、往复式水泵、压缩机、卷扬机等。

（3）与频率的二次方成比例的负荷，如变压器中的涡流损耗，但这种损耗在电网有功损耗中所占比重较小。

（4）与频率的三次方成比例的负荷，如通风机、静水头阻力不大的循环水泵等。

（5）与频率的更高次方成比例的负荷，如静水头阻力很大的给水泵等。

负荷的功率—频率特性一般可表示为

$$P_L = a_0 P_{LN} + a_1 P_{LN}\left(\frac{f}{f_N}\right) + a_2 P_{LN}\left(\frac{f}{f_N}\right)^2 + a_3 P_{LN}\left(\frac{f}{f_N}\right)^3 + \cdots + a_n P_{LN}\left(\frac{f}{f_N}\right)^n \quad (5-3)$$

式中　　　　f_N——额定频率；

P_L——系统频率为 f 时，整个系统的有功负荷；

P_{LN}——系统频率为额定值 f_N 时，整个系统的有功负荷；

$a_0,a_1,\cdots,a_n$——上述各类负荷占 P_{LN} 的比例系数。

将式（5-3）除以 P_{LN}，则得标幺值形式，即

$$P_{L*} = a_0 + a_1 f_* + a_2 f_*^2 + \cdots + a_n f_*^n \quad (5-4)$$

显然，当系统的频率为额定值时，$P_{L*}=1$，$f_*=1$，于是

$$a_0 + a_1 + a_2 + \cdots + a_n = 1 \quad (5-5)$$

在一般情况下，应用式（5-3）及式（5-4）计算时，通常取到三次方项即可，因为系统中与频率高次方成比例的负荷很小，一般可忽略。

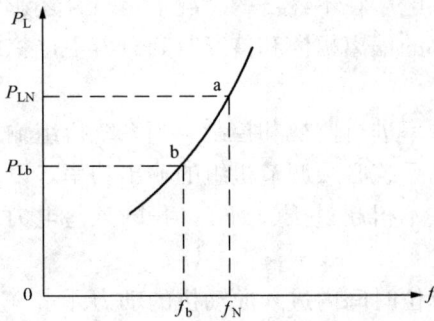

图 5 - 2　负荷的静态频率特性

式（5 - 3）或式（5 - 4）称为电力系统有功负荷的静态频率特性方程。当系统负荷的组成及性质确定后，负荷的静态频率特性方程也就确定了，因此也可以用曲线来表示，如图 5 - 2 所示。由图可知，在额定频率 f_N 时，系统负荷功率为 P_{LN}（图中 a 点）。当频率下降到 f_b 时，系统负荷功率由 P_{LN} 下降到 P_{Lb}（图中 b 点）。如果系统的频率升高，负荷功率将增大。也就是说，当系统内机组的输入功率 $\sum\limits_{i=1}^{m} P_{Ti}$ 和负荷功率间失去平衡时，系统负荷也参与了调节作用，它的特性有利于系统中有功功率在另一频率值下重新平衡。这种现象称为负荷的频率调节效应。通常用

$$\frac{\mathrm{d}P_{L*}}{\mathrm{d}f_*} = K_{L*}$$

来衡量调节效应的大小。K_{L*} 称为负荷的频率调节效应系数。

$$K_{L*} = \frac{\mathrm{d}P_{L*}}{\mathrm{d}f_*} = a_1 + 2a_2 f_* + 3a_3 f_*^2 + \cdots + na_n f_*^{n-1}$$

$$= \sum_{i=1}^{n} ia_i f_*^{i-1} \tag{5 - 6}$$

由式（5 - 6）可知，系统的 K_{L*} 值决定于负荷的性质，它与各类负荷所占总负荷的比例有关。

在电力系统运行中，允许频率变化的范围是很小的，在此允许频率变化的较小范围内，例如在 48～51Hz 之间，根据国内外一些系统的实测，有功负荷与频率的关系曲线接近于一直线，如图 5 - 3 所示。直线的斜率为

$$K_{L*} = \tan\beta = \frac{\Delta P_{L*}}{\Delta f_*} \tag{5 - 7}$$

也可用有名值表示为

$$K_L = \frac{\Delta P_L}{\Delta f} \quad (\mathrm{MW/Hz}) \tag{5 - 8}$$

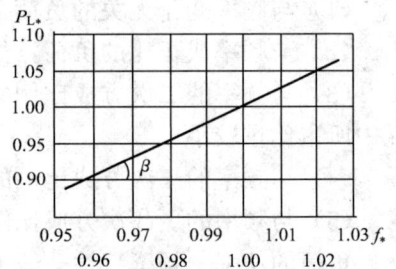

图 5 - 3　有功负荷静态频率特性

有名值与标幺值间的换算关系为

$$K_{L*} = K_L \frac{f_N}{P_{LN}} \tag{5 - 9}$$

K_L 和 K_{L*} 都是负荷的频率调节效应系数，K_{L*} 是系统调度部门要求掌握的一个数据。在实际系统中，需要经过测试求得，也可根据负荷统计资料分析估算确定。对于不同的电力系统，因负荷的组成不同，K_{L*} 值也不相同，一般在 1～3 之间。同时每个系统的 K_{L*} 值亦随季节及昼夜交替而有所变化。

K_{L*} 是无量纲的常数，它表明系统频率变化 1% 时负荷功率变化的百分数。

【例 5 - 1】　某电力系统中，与频率无关的负荷占 30%，与频率一次方成比例的负荷占 40%，与频率二次方成比例的负荷占 10%，与频率三次方成比例的负荷占 20%。试求系统频率由 50Hz 下降到 47Hz 时，负荷功率变化的百分数及其相应的 K_{L*} 值。

解 当 $f=47\text{Hz}$ 时，$f_* = \dfrac{47}{50} = 0.94$

由式（5-4）可以求出当频率下降到 47Hz 时系统的负荷为

$$P_{L*} = a_0 + a_1 f_* + a_2 f_*^2 + a_3 f_*^3$$

$$= 0.3 + 0.4 \times 0.94 + 0.1 \times 0.94^2 + 0.2 \times 0.94^3$$

$$= 0.3 + 0.376 + 0.088 + 0.166 = 0.930$$

则

$$\Delta P_L \% = (1 - 0.930) \times 100 = 7$$

于是

$$K_{L*} = \frac{\Delta P_L \%}{\Delta f \%} = \frac{7}{6} = 1.17$$

【例 5-2】 某电力系统总有功负荷为 3200MW（包括电网的有功损耗），系统的频率为 50Hz，若 $K_{L*} = 1.5$，试求负荷频率调节效应系数 K_L 值。

解 从式（5-9）得

$$K_L = K_{L*} \times \frac{P_{LN}}{f_N} = 1.5 \times \frac{3200}{50} = 96 \quad (\text{MW/Hz})$$

若系统的 K_{L*} 值不变，负荷增长到 3650WM 时，则

$$K_L = 1.5 \times \frac{3650}{50} = 109.5 \quad (\text{MW/Hz})$$

即此时频率降低 1Hz，系统负荷减少 109.5MW，由此可知，K_L 的数值与系统的负荷大小有关。调度部门只要掌握了 K_{L*} 值后，很容易求出 K_L 的值，从而得到频率偏移量与功率调节量间的关系。

三、发电机组的功率—频率特性

发电机组转速的调整是由原动机的调速系统来实现的。因此，发电机组功率—频率特性取决于调速系统特性。当系统的负荷变化引起频率改变时，发电机组调速系统工作，改变原动机进汽量（或进水量），调节发电机的输入功率以适应负荷的需要。通常把由于频率变化而引起发电机组输出功率变化的关系称为发电机组的功率—频率特性或调节特性。

（一）发电机的功率—频率特性

为了便于说明问题，先讨论发电机组假定未配置调速器的功率—频率特性。

发电机组转矩方程近似表示为

$$M_{G*} = A - B\omega_* \tag{5-10}$$

故功率方程为

$$P_{G*} = C_1'\omega_* - C_2'\omega_*^2 \tag{5-11}$$

或

$$P_{G*} = C_1 f_* - C_2 f_*^2 \tag{5-12}$$

式中 A、B、C_1'、C_2'、C_1、C_2——均为常数，通常 $C_1 = 2C_2$。

式（5-11）和式（5-12）可用图 5-4 所示的曲线来表示。由图可知，输出功率最大值是在额定条件下，即转速和转矩都为额定值时出现。

当发电机组配有调速系统后，情况就发生了变化。由于调速器的作用，随着转速的变动而不断地改变进汽（或进水）量，使原动机的运行点不断地从一根静态特性向另一根静态特

性过渡，如图 5 - 5 所示，即由 a′ 到 a″ 到 a‴ 等，连接这些不同曲线上的运行点 a′、a″、a‴…… 所成的曲线（图中的虚线）即为有调速器时的静态功率—频率特性。一般近似地以直线段 1-2-3′ 来代替线段 1-2-3。其中 2-3 之所以下降是由于原动机的进汽（或进水）量已达到最大值，调速器已不能发挥作用，以致频率（或转速）进一步下降时，运行点只能沿对应于最大进汽量的频率特性移动。

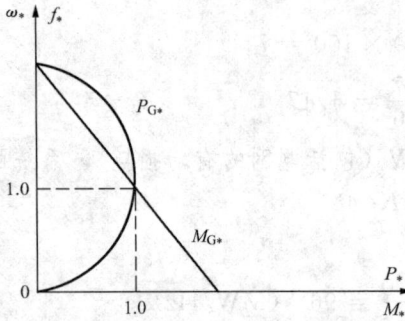

图 5 - 4　未配调速器的发电
机组功率—频率特性

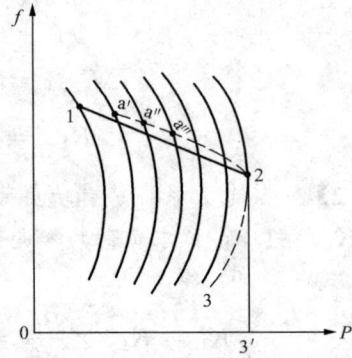

图 5 - 5　配有调速器的发电机组
的静态功率—频率特性

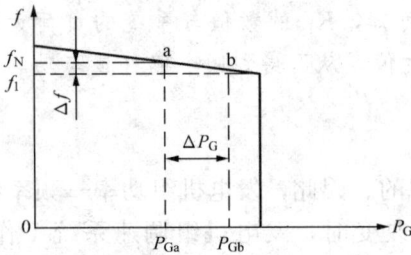

图 5 - 6　配有调速系统的发
电机组功率—频率特性

配有调速系统的发电机组的功率—频率特性，如图 5 - 6 所示。如发电机以额定频率 f_N 运行时（相当于图中 a 点），其输出功率为 P_{Ga}；当系统负荷增加而使频率下降到 f_1 时，则发电机组由于调速器的作用，使输出功率增加到 P_{Gb}（相当于图中 b 点）。可见，对应于频率下降 Δf，发电机组的输出功率增加 ΔP_G。很显然，这是一种有差调节，其特性称为有差调节特性。特性曲线的斜率为

$$R = -\frac{\Delta f}{\Delta P_G} \tag{5 - 13}$$

式中　R——发电机组的调差系数。

负号表示发电机输出功率的变化和频率的变化符号相反。

调差系数 R 的标幺值表示式为

$$R_* = -\frac{\Delta f/f_N}{\Delta P_G/P_{GN}} = -\frac{\Delta f_*}{\Delta P_{G*}} \tag{5 - 14a}$$

或写成

$$\Delta f_* + R_* \cdot \Delta P_{G*} = 0 \tag{5 - 14b}$$

式（5 - 14b）又称为发电机组的静态调节方程。

在计算功率与频率的关系时，常采用调差系数的倒数 K_{G*}，即

$$K_{G*} = \frac{1}{R_*} = -\frac{\Delta P_{G*}}{\Delta f_*}$$

即

$$K_{G*} \Delta f_* + \Delta P_{G*} = 0 \tag{5 - 15}$$

式中 K_{G*}——发电机组的功率—频率静特性系数，或原动机的单位调节功率。

K_G 也可用有名值表示为

$$K_G = -\frac{\Delta P_G}{\Delta f} \qquad (5-16)$$

一般发电机组调差系数或单位调节功率，可采用下列数值：

（1）对汽轮发电机组 $R_* = 4\% \sim 6\%$ 或 $K_{G*} = 16.6 \sim 25$；

（2）对水轮发电机组 $R_* = 2\% \sim 4\%$ 或 $K_{G*} = 25 \sim 50$。

发电机组功率—频率特性的调差系数主要决定于调速器的静态调节特性，它与机组间有功功率的分配密切相关，而调节特性的失灵区又造成机组间有功功率分配的不确定性。下面分别加以讨论。

（二）调差特性与机组间有功功率分配的关系

调差特性与机组间有功功率分配的关系，可用图 5-7 来说明。图中表示两台发电机并联运行的情况，曲线①代表 1 号发电机组的调节特性，曲线②代表 2 号发电机组的调节特性。假设此时系统总负荷为 $\sum P_L$，如线段 CB 的长度所示，系统频率为 f_N 时，1 号机承担的负荷为 P_1，2 号机承担的负荷为 P_2。于是有

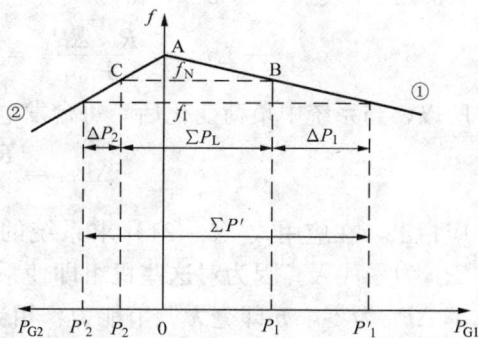

图 5-7 两台发电机并联运行的情况

$$P_1 + P_2 = \sum P_L$$

当系统负荷增加，经过调速器的调节后，系统频率稳定在 f_1，这时 1 号发电机组的负荷为 P_1'，增加了 ΔP_1；2 号发电机组的负荷为 P_2'，增加了 ΔP_2，两台发电机组增量之和等于 ΔP_L。

根据式（5-14b），可得

$$\frac{\Delta P_{1*}}{\Delta P_{2*}} = \frac{R_{2*}}{R_{1*}} \qquad (5-17)$$

式（5-17）表明，发电机组的功率增量用各自的标幺值表示时，在发电机组间的功率分配与机组的调差系数成反比。调差系数小的机组承担的负荷增量标幺值要大，而调差系数大的机组承担的负荷增量标幺值要小。

上述结论可以推广到系统中多台发电机并联运行的情况，按式（5-14b），得系统中第 i 台发电机组的调节方程为

$$\Delta P_{Gi} = -\frac{1}{R_{i*}} \cdot \frac{\Delta f}{f_N} P_{GiN} \qquad (i = 1, 2, \cdots, n) \qquad (5-18)$$

对式（5-18）求总和，并考虑到稳态时整个系统内频率的变化 Δf 是相同的，则得

$$\Delta P_\Sigma = \sum_{i=1}^n \Delta P_{Gi} = -\frac{\Delta f}{f_N} \sum_{i=1}^n \frac{P_{GiN}}{R_{i*}} \qquad (5-19)$$

如用一台等值机组来代替时，则有

$$\Delta P_\Sigma = -\frac{1}{R_{\Sigma*}} \cdot \frac{\Delta f}{f_N} P_{\Sigma N} \qquad (5-20)$$

式中　$P_{\Sigma N}$——全系统总额定容量，即 $P_{\Sigma N}=\sum_{i=1}^{n}P_{GiN}$；

$\qquad R_{\Sigma}$——系统等值机组的调差系数（或称平均调差系数）。

比较式（5-19）和式（5-20），可得系统的等值调差系数为

$$R_{\Sigma}^{*}=\frac{P_{\Sigma N}}{\sum_{i=1}^{n}\dfrac{P_{GiN}}{R_{i*}}} \qquad (5-21)$$

由式（5-18）及式（5-20），得

$$-\Delta f_{*}=\frac{R_{1*}\Delta P_{1}}{P_{G1N}}=\frac{R_{2*}\Delta P_{2}}{P_{G2N}}=\cdots=\frac{R_{\Sigma}^{*}\Delta P_{\Sigma}}{P_{\Sigma N}} \qquad (5-22)$$

所以，当系统中负荷变化后，每台发电机所承担的功率可确定为

$$\Delta P_{Gi}=\frac{R_{\Sigma}^{*}\Delta P_{\Sigma}}{P_{\Sigma N}}\cdot\frac{P_{GiN}}{R_{i*}} \qquad (5-23)$$

应指出，在应用式（5-21）求系统的等值调差系数时，对没有调节容量的机组应以 P_{GiN}/R_{i*} 为零代入。因为对这些机组即使系统频率变化 Δf，但其输出功率仍不变化，即调节功率 ΔP_{Gi} 为零，亦即毫无调节能力，相当于其调差系数趋于无限大。

在电力系统中，多台机组无功调差系数等于零是不能在同一母线上并联运行的，其理由已在第三章讨论并列运行机组之间的无功功率分配时业已阐明。而并列运行机组之间有功功率的分配与此完全类似。如果其中一台机组的调差系数等于零，其余机组均为有差调节，这样虽然可以运行，但是由于目前系统容量很大，一台机组的调节容量已远远不能适应系统负荷波动的要求，因此也是不现实的。所以，在电力系统中所有机组的调速器都为有差调节，由它们共同承担负荷的波动。

（三）调节特性的失灵区

以上讨论中都是假定机组的有功调节特性是一条理想的直线。但是实际上，由于测量元件的不灵敏性，对微小的转速变化不能反应，特别是机械式调速器尤为明显。这就是说，调速器具有一定的失灵区，因而调节特性实际上是一条具有一定宽度的带子，如图5-8所示。

不灵敏区的宽度可以用失灵度 ε 来描述，即

$$\varepsilon=\frac{\Delta f_{W}}{f_{N}} \qquad (5-24)$$

式中　Δf_{W}——调速器的最大频率偏差。

由于调速器的频率调节特性是条带子，因此导致并联运行的发电机组间有功功率分配产生误差。从图5-8中可以看出，对应于一定的失灵度 ε 来说，最大

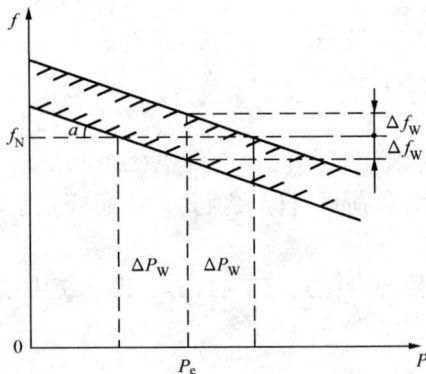

图5-8　调速器的不灵敏区

误差功率与调差系数存在如下关系

$$\Delta f_{W}/\Delta P_{W}=\tan\alpha=R \qquad (5-25)$$

以标幺值表示为

$$\Delta f_{W*}/\Delta P_{W*}=R_{*} \qquad (5-26)$$

或

$$\varepsilon/\Delta P_{W*}=R_{*} \qquad (5-27)$$

式中　ΔP_W——机组的最大误差功率。

由式（5-27）可知，$\Delta P_{\text{W}*}$ 与失灵度 ε 成正比，而与调差系数 R_* 成反比。过小的调差系数将会引起较大的功率分配误差，所以 R_* 不能太小。

还必须指出，不灵敏区的存在虽然会引起一定的功率误差或频率误差，但是，如果不灵敏区太小或完全没有，那么当系统频率发生微小波动时，调速器也要调节，这样会使阀门的调节过分频繁，因而在一些非常灵敏的电液调速器（如数字电液调节）中，通常要采用外加措施，形成一个人为（例如 $\pm 2\text{r/min}$）的不灵敏区。

通常，汽轮发电机组调速器的不灵敏区为 $0.1\%\sim 0.5\%$；水轮发电机组调速器的不灵敏区为 $0.1\%\sim 0.7\%$。

四、电力系统的频率特性

电力系统主要是由发电机组、输电网络及负荷组成，如果把传输过程中的功率损耗看成是负荷的一部分，则电力系统功率—频率关系可以简化为图 5-9（a）所示。在稳态频率为 f 的情况下，P_T、P_G 和 P_L 都相等，因此在讨论它们的功率频率特性曲线时，就可以看成为由两个环节构成的一个闭环系统。发电机组的功率—频率特性与负荷的功率—频率特性曲线的交点就是电力系统频率的稳定运行点，例如图 5-9（b）中的 a 点。

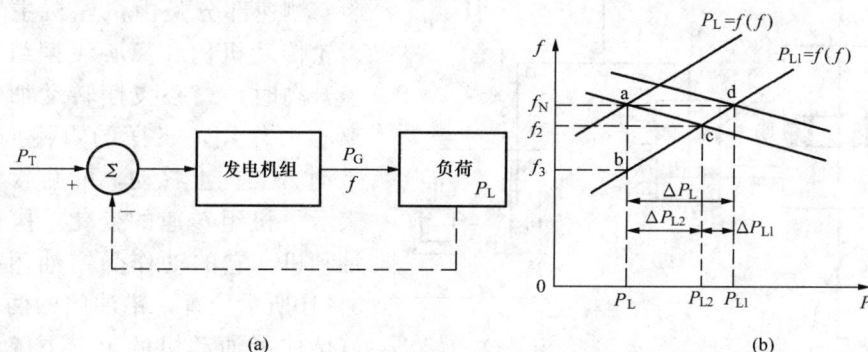

图 5-9　电力系统的功率—频率关系及频率特性
（a）电力系统功率—频率关系；（b）电力系统频率特性

如果系统中的负荷增加 ΔP_L，则总负荷静态频率特性变为 P_L1，假设这时系统内的所有机组均无调速器，机组的输入功率恒定为 P_T 且等于 P_L，则系统频率将逐渐下降，负荷所取用的有功功率也逐渐减小。依靠负荷调节效应系统达到新的平衡，运行点移到图中 b 点，频率稳定值下降到 f_3，系统负荷所取用的有功功率仍然为原来的 P_L 值。在这种情况下，频率偏差值 Δf 决定于 ΔP_L 值的大小，一般是相当大的。但是，实际上各发电机组都装有调速器，当系统负荷增加，频率开始下降后，调速器即起作用，增加机组的输入功率 P_T。经过一段时间后，运行点稳定在 c 点，这时系统负荷所取用的功率为 P_L2，小于额定频率下所需的功率 P_L1，频率稳定在 f_2。此时的频率偏差 Δf 要比无调速器时小得多了。由此可见，调速器对频率的调节作用是很明显的。调速器的这种调节作用通常称为一次调频。

由图 5-9（b）可见，负荷功率减少量 ΔP_L1 可由式（5-7）或式（5-8）求得；发电机组功率增量 ΔP_L2 可用式（5-14）或式（5-16）求得，二者之和必然等于负荷在额定频率时所需要的增量 ΔP_L。

第二节　调速器原理

一、概述

调速器通常分为机械液压调速器和电气液压调速器（简称电液调速器）两类，如按其控制准则来划分，又可分为比例积分（PI）调速器和比例—积分—微分（PID）调速器等。

早期用的调速器是机械型的，用一只离心飞摆直接控制进汽阀，这种型式的调速器至今还用于柴油机上。机械液压型调速器是后来发展起来的，至20世纪30年代已相当完善。

机械液压型调速器死区较大，动态性能指标较差，且难于综合其他信号参与调节，于是发展了电液型调速器。按电子器件的不同，又有模拟与数字电液调速器之分。现在投运的大型汽轮发电机组已采用数字电液控制（Digital Electro-Hydraulic Control）。

二、机械液压调速器

（一）工作原理

图 5-10 是简化的凝汽式汽轮机的机械液压式调速器原理图。

测速部分是由汽轮机主轴带动的齿轮传动机构和离心飞摆组成。当转速升高时，离心飞摆转动加快，由于离心力作用，飞摆的重锤向上运动，带动 A 点向上移动，可见 A 点的位移表示了机组转速的变化。执行机构是油动机，它的动作受错油门控制，图 5-10所示位置，错油门的两个凸肩正好堵住了油动机的上、下腔油路，因此油动机活塞静止不动，汽轮机的调节汽阀保持开度不变。当错油门凸肩向上移动一个距离 ΔE 时，油动机的上、下腔分别与压力油和排油接通，

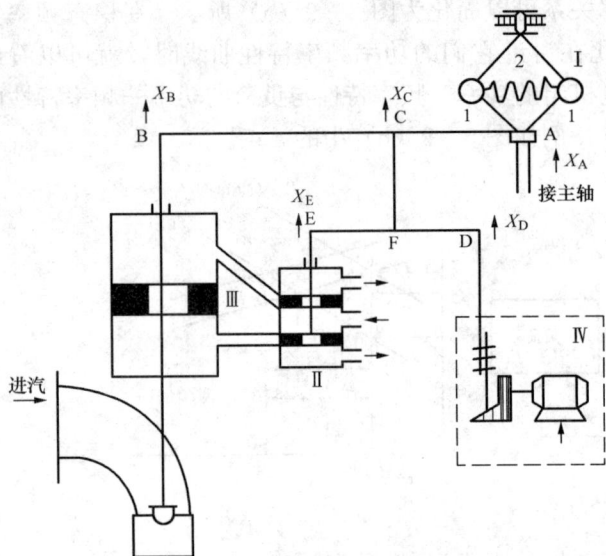

图 5-10　机械液压调速器原理
1—重锤；2—弹簧；Ⅰ—离心飞摆；Ⅱ—错油门；
Ⅲ—油动机；Ⅳ—调频器（同步器）

在油压作用下油动机活塞向下移动，于是关小调节汽阀，减少进汽量，即减小原动机的输入功率。这是一个积分环节，只有当 ΔE 等于零，E 点回到原来位置时，调节才终止。油动机和错油门实际上又是一个放大器，通过机液机构所产生的强大作用力，把 E 点微小位移转化为调节汽阀开度的变化。

机械杠杆 ACB 和 DFE 联合作用组成了一个加法器和位移反馈环节。如果 B 点和 D 点不动，A 点向上移动时，带动 E 点也向上移动。如 A、D 点不动，B 点向下移动时，带动 E 点向下移动。因此，E 点的位移正比于 A、B 两点位移之和，具有加法特性。如果 C 点不动，B 点移动时，将使 A 点产生位移，具有反馈特性，按自动控制观点来分析，图 5-10 可简化为图 5-11 所示的框图。

现举例说明它的调节过程。假设发电机组在某一稳定状态下运行时负荷突然减少，机组转速随即升高，离心飞摆的重锤上移。A、C、E、F 点位置和错油门凸肩向上移；在油压推

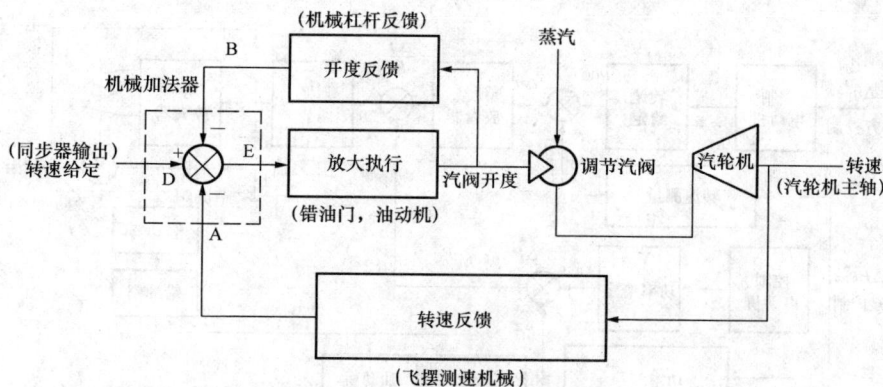

图 5 - 11　简化的调速系统框图

动下，油动机活塞向下关小调节汽阀，减小汽轮机的输入功率。B、C、F、E 点随油动机活塞同时下移，当错油门凸肩重新回到图 5 - 10 所示位置，堵住油动机上、下腔油路不再移时，调节汽阀开度即维持在该位置不再变化，这时调节结束，机组处于一个新的状态运行。

当调节结束时，B 点位置已下移，而 C 点位置又不变，因此 A 点的位置也就不可能返回到原来调节前的位置，应较原来位置略高，即转速略高于调节前，如图 5 - 6 所示为有差调节特性，相当于图 5 - 6 的 b 点移到 a 点运行。

机组增加负荷时，调速器的调节过程与上述情况相反。

（二）转速给定装置

在图 5 - 10 中，电动机的正转或反转可以使 D 点位置作上下移动，用于控制调节特性的上下移动。人们称它为同步器或调频器。

在图 5 - 12 中实线是调节前各机件所处的状态，当 D 点向上移动时，由于转速和油动机活塞还来不及变化，所以 A、B、C、F 各点都不会移动，只有推动 E 点下移，使油动机活塞上移，增加进入汽轮机的功率。机组未并网时，调节到 A′、D′、F′、C′、B′位置时结束，结果是转速升高。机组并网运行时，由于电网频率基本不变，即 A 点位置基本不变，D 点向上移动时，B 点移到 B″时调节才结束，调节汽阀增大开度使输出功率增大。这可用图 5 - 13 来说明，由于转速不变而功率从 P_a 增加为 P_b，调整结果使机组静特性平行移动。

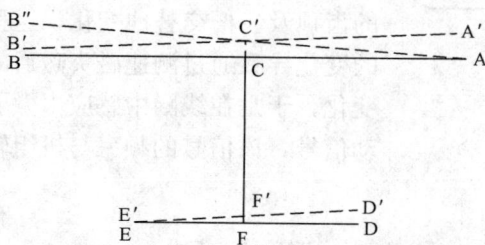

图 5 - 12　调节转速给定时机构的动作情况

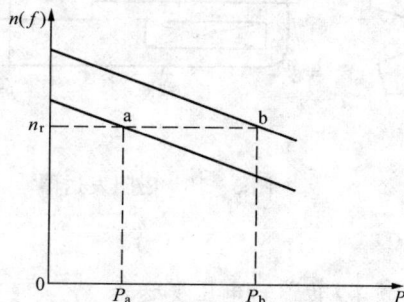

图 5 - 13　改变转速给定使静特性平移

三、功率—频率电液调速器

经简化的功率—频率电液调速系统原理图，如图 5 - 14 所示。它由转速测量、功率测量及其给定环节，电量放大器和电液转换器及液压系统等部件组成。

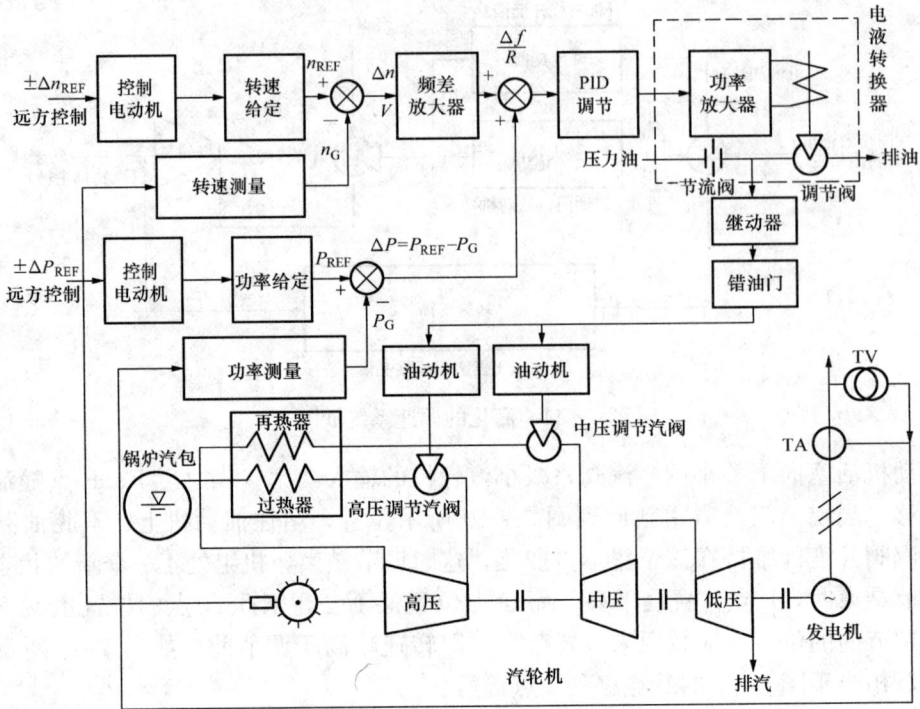

图 5-14 功率—频率电液调速系统原理图

（一）转速测量

由磁阻发送器和频率—电压变送器完成转速测量。

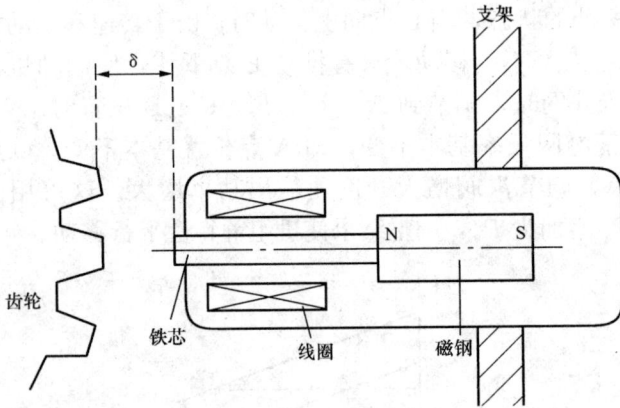

图 5-15 磁阻发送器

1. 磁阻发送器

磁阻发送器的作用是将转速转换为相应频率的电压信号，其结构如图5-15所示。它由齿轮和测速磁头两部分组成，齿轮与主轴联在一起。测速磁头由永久磁钢和线圈组成，且与齿轮相距一定间隙δ。当汽轮机转动时带动齿轮一起旋转。测速磁头所对的齿顶及齿槽交替地变化，这种磁阻的变化导致通过测速磁头磁通的相应变化，于是在线圈中感应出微弱的脉动信号，该信号的频率与机组转速成正比。

2. 频率/转速—电压变送器

频率—电压变送器的作用是将磁阻发送器输出的脉冲信号转换成与转速成正比的输出电压值 U_n，其电路原理框图如图5-16所示。

磁阻发送器输出的脉动信号经限幅、放大后得到近似于梯形的脉冲波，如图5-17所示。整形电路是一个施密特触发器，于是把梯形波转换为方波。

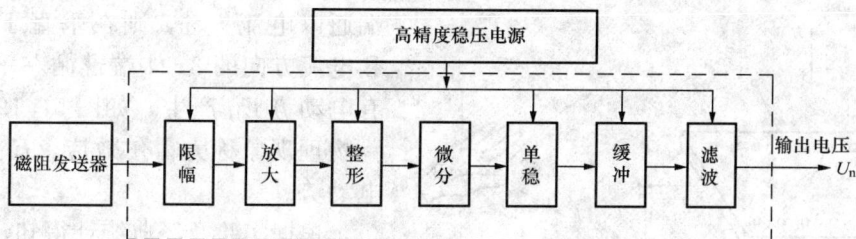

图 5 - 16　频率—电压变送器原理框图

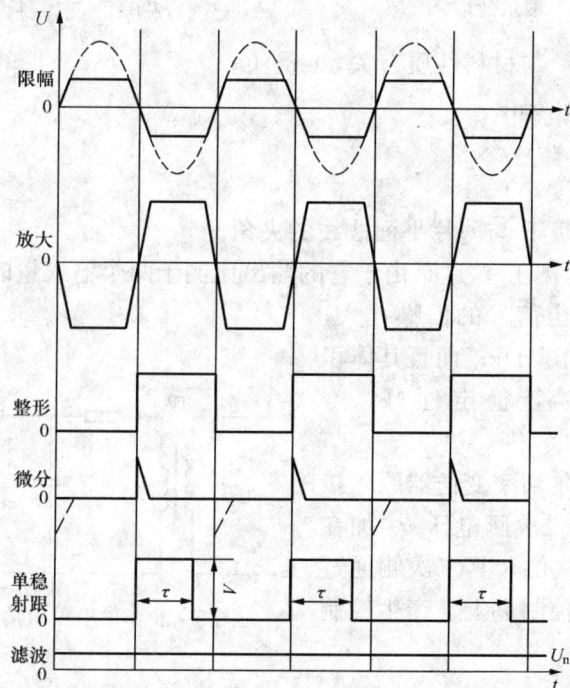

图 5 - 17　频率/转速—电压变送器的工作波形

微分电路在方波的上升沿时，获得正向尖锋脉冲，去触发一个单稳态触发器，单稳电路翻转后，输出一个幅度为 V、宽度为 τ 的正向方波脉冲。可见，在单位时间内，单稳态触发器输出正脉冲数与磁阻变送器输出信号的频率成正比，也就是与汽轮机的转速 n 成正比。滤波后输出电压 U_n 的特性如图 5 - 18 所示。

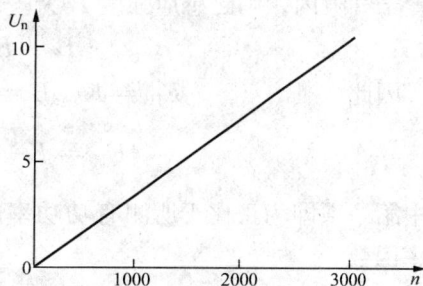

图 5 - 18　频率/转速—电压变送器的输出特性

（二）功率测量

将发电机的有功功率转换成与之成正比的直流电压，即有功功率变送器。功率测量通常用磁性乘法器和霍尔效应原理等，限于篇幅，只介绍霍尔功率变送器。

霍尔效应是物理学家 E. H. Hall 于 1879 年发现的半导体基本电磁效应之一。如果把一片半导体材料的薄片放在磁场中，并使磁场力线与薄片平面垂直，当在薄片的 1、2

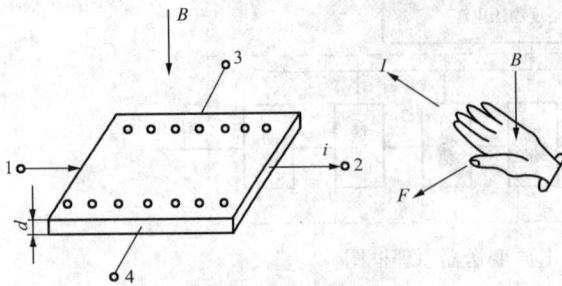

图 5 - 19　霍尔效应

端通以电流 i 时，则在垂直于磁场方向和电流方向的 3、4 端遵循左手定则就会有电动势 E_H 产生，如图 5 - 19 所示，这一物理现象称为霍尔效应，E_H 称为霍尔电动势。

根据实验及经典统计得知，霍尔电动势可表示为

$$E_H = \frac{R_H}{d} i_c B \cos\theta \times 10^{-8} \qquad (5 - 28)$$

式中　R_H——霍尔系数，与材料性质有关，cm^3/C；

　　　　d——薄片厚度，cm；

　　　　i_c——控制电流，A；

　　　　B——磁感应强度，T；

　　　　θ——磁感应强度 B 与薄片平面法线的夹角。

霍尔元件的应用范围极广，这是由于它的输出比例于两个输入量的乘积，可以方便而准确地实现乘法运算，输出信号的信噪比大，频率范围广，最高可达 10^{12} Hz；而且其体积小，重量轻，可靠性高，稳定性好，寿命长。

图 5 - 20 为单相霍尔功率变送器原理接线，发电机电压互感器二次侧电压 u_G 加在带气隙变压器 TB 的一次侧，其二次侧通过微调电阻接到霍尔片的控制端上，产生控制电流 i_c，则有

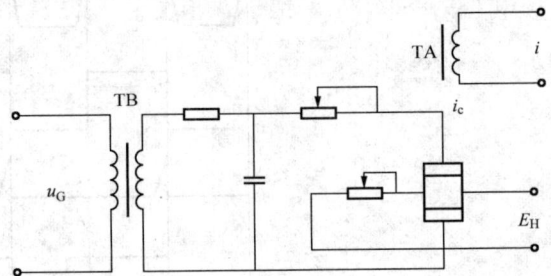

图 5 - 20　单项霍尔功率变送器原理接线

$$i_c = K_1 u_G = K_1 U_m \sin\omega t \qquad (5 - 29)$$

电流互感器二次侧的电流 i 接至变流器 TA 的绕组上，在气隙内产生磁场强度 H，霍尔片置于气隙内，则磁感应强度 B 为

$$B = K_2 i = K_2 I_m \sin(\omega t + \varphi) \qquad (5 - 30)$$

因此　　　　　$E_H = K_3 i_c B = K_1 K_2 K_3 U_m I_m \sin\omega t \sin(\omega t + \varphi)$ 　　(5 - 31)

$$E_H = K \frac{U_m I_m}{2} \left[\cos\varphi - \cos(2\omega t + \varphi) \right] \qquad (5 - 32)$$

式中第一项即为正比于所测有功功率的直流分量，第二项为二倍频率的交流分量，$\cos\varphi$ 为功率因数。

霍尔电动势 E_H 的平均值正比于有功功率，这就是霍尔元件测量单相有功功率的基本原理。图 5 - 20 中的电容用于对相位误差的补偿作用。如果将控制电流移相 90°（或将电压移相 90°），则可测得无功功率。如果将控制电流、激磁电流都加以整流，则可测视在功率。稍加变换还可用作其他电量的测量变送器。

（三）转速和功率给定环节

转速和功率给定环节可用高精度稳压电源供电的精密多转电位器构成。其输出电压值即

可表示为给定转速或功率，多转电位器由控制电机带动，以适应当地或远方控制的需要。

图 5-14 中的放大器和 PID 调节，由运算放大器组成，由于 PID 输出功率很小，不能驱动电液转换器，因此加入一个功率放大环节。

（四）电液转换及液压系统

电液转换器把调节量由电量转换成非电量油压。液压系统由继动器、错油门和油动机组成，见图 5-21。

电液转换器线圈将功率放大器输出的变化量转换为调节油阀开度的变化。当调节油阀关小时，油压上升，进入继动器上腔的油压升高，将活塞压下，带动继动器蝶阀向下移动。错油门内腔是一个"王"字形滑阀。滑阀中间有一个油孔和底部排油孔相通，当蝶阀下移时使滑阀中间排油孔的排油量减小，其上腔油压升高，推动滑阀向下移动，使油动机上腔与排油接通，下腔与压力油接通，因而开大调节汽阀，增加汽轮机的输入功率。

油动机活塞向上移动时 B 点上移，带动 A 点也上移，继动器

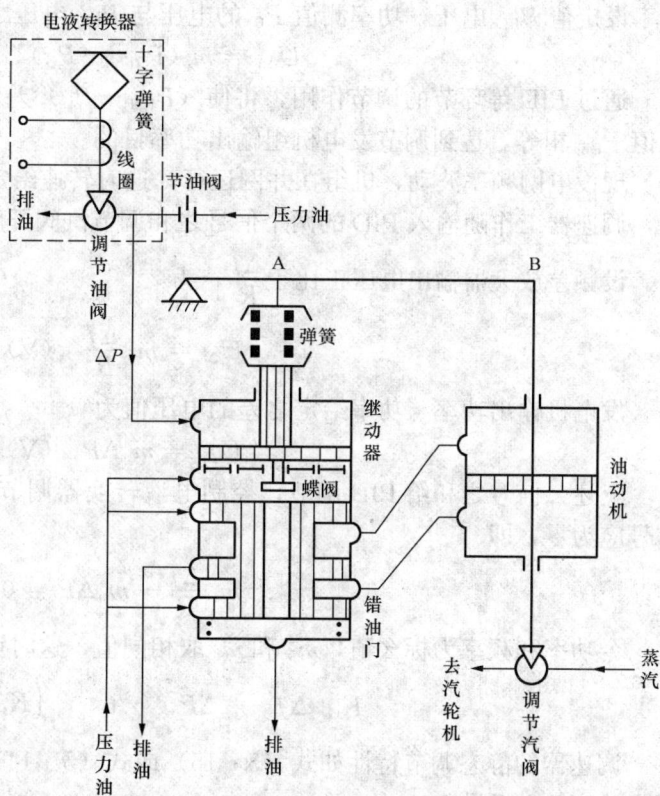

图 5-21　电液转换器及液压系统结构原理

活塞是差动式的，下边面积大于上边面积，因此在 A 点向上移动时，在油压的推动下继动器蝶阀将向上移动，使错油门内滑阀中间排油孔的排油量增加，其压力减小，在错油门底部弹簧作用下，"王"字滑阀向上移动，当它又回到图 5-21 所示位置时，即进入新的平衡状态，调节汽阀也稳定在一个新的开度，调节随即结束。调节汽阀开度的变化与功率放大器输出的变化量成正比。

（五）调速器的工作

按发电机组是否并入电网两种情况来讨论调速器的工作。

1. 发电机组未并网时

图 5-14 中的功率测值及功率给定值信号均为零。运行人员操作增速或减速按钮，控制电动机正转或反转，使它驱动转速给定电位器，改变转速给定值 n_{REF} 的电压。频率/转速—电压变送器输出电压与机组运行转速 n_{G} 相对应。可见这两个电压的差值与 $(n_{\text{REF}} - n_{\text{G}})$ 成正比，即

$$U_{\Delta n} = m_{\text{n}}(n_{\text{REF}} - n_{\text{G}}) \quad (\text{V})$$

这里 m_{n} 为比例系数，把它送入频差放大器，经 PID 调节、功率放大器等环节，由电液转换器去控制调节汽阀的开度，改变机组的转速，使 $m_{\text{n}}(n_{\text{REF}} - n_{\text{G}}) = m_{\text{n}}\Delta n$ 值趋于零，转

速 n_G 趋于给定转速 n_{REF} 为止，即达到调速目的。

2. 机组在并网情况下运行时

假设电网频率恒定且为额定值，频差放大器输出的 Δf 信号为零，同样理由，如果改变功率设定值 P_{REF} 电压，功率测值 P_G 的电压与 P_{REF} 电压之差值信号为

$$U_{\Delta p} = m_p(P_{REF} - P_G) \quad (V)$$

通过 PID 等环节的调节作用，将使（$P_{REF} - P_G$）差值电压为零。即发电机功率 P_G 与给定值 P_{REF} 相等。达到调节发电机组输出功率目的。

现设电网频率波动，机组在并网运行，这时转速给定值 n_{REF} 和功率给定值 P_{REF} 为某一定值，调速器工作随输入 PID 的两个信号之和调节汽阀开度，改变机组的输出功率。

设频差放大器输出电压正比于 $\dfrac{\Delta f}{R}$，为

$$U_{\Delta f} = m_f \frac{\Delta f}{R} \quad (V)$$

发电机输出功率与功率给定之差的电压值为

$$U_{\Delta p} = m_p \Delta P \quad (V)$$

上述二信号之和给 PID 调节，控制电液转换器调节汽阀开度，稳态时输入 PID 的电压信号应为零，即

$$m_f \frac{\Delta f}{R} + m_p \Delta P = 0$$

令功率和频率为标幺值，m_p 和 m_f 取相同值，这时调速器的特性为

$$K_{G*} \Delta f_* + \Delta P_* = 0 \qquad \left(K_{G*} = \frac{1}{R_*} \right)$$

调速器的静态调节特性如式（5-15）或式（5-14）所示。图 5-14 中的频差放大器可用于改变调差系数 R_*。

四、数字式电液调速器

目前数字式电液调速器已在发电机组上广泛应用，其基本框图如图 5-22 所示。它与模拟电液调速器的主要区别是控制电路部分的功能用计算机来实现。由图可见，主机与控制对

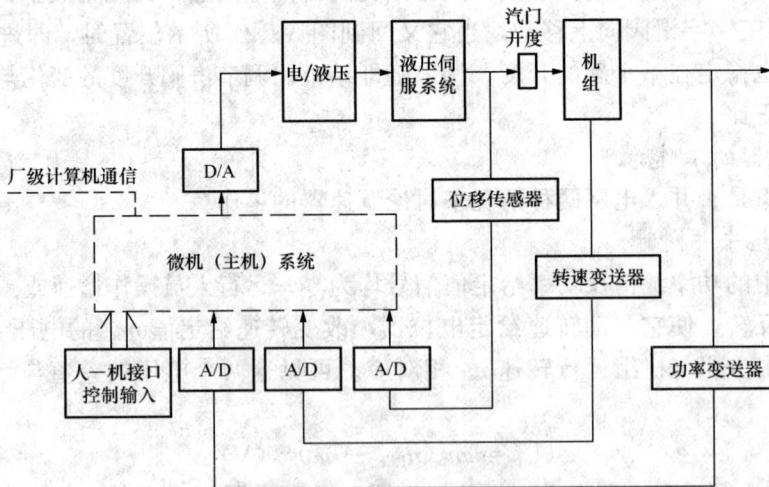

图 5-22　数字式电液调速器基本框图

象发电机组（包括原动机）间输出、输入过程通道和模拟式电液调速器是相同的，如电/液压转换、液压伺服系统以及转速和功率传感器等。它们由 D/A 或 A/D 转换电路与主机接口交换信息，这些部件已在前面介绍，这里不再重复。

调速器的调节控制规律由计算机实现，首先要建立数学模型以及制订运行中的控制原则，然后编程用软件实现其控制规律。也就是主机根据采集到的实时信息，按预先确定的控制规律进行调节量计算，计算结果经 D/A 输出去控制电/液压转换，再由液压伺服系统控制原动机的输入功率，完成调速或调节功率的任务。

数字式电液调速器用了计算机控制以后，可以充分发挥计算机高速运算和逻辑判断优势，除了完成调速和负载控制功能外，还可实现机组自启动控制功能；在接近额定转速时，可使发电机转速跟踪电网频率快速同期并列等功能；如果是汽轮机，在启动过程还附有热应力管理功能等，从而极大地提高了电厂自动化程度。

第三节　电力系统的频率调节系统及其特性

一、调节系统的传递函数

传递函数是分析调节系统性能的重要工具，电力系统的频率和有功功率调节系统，主要是由调速器，发电机组（发动机与原动机）和电网等环节组成，它们的传递函数分别讨论如下。

（一）调速器

如图 5 - 23 所示，进入原动机的动力元素是由调速器控制的。频率变化时，调速器首先反应，进行频率的一次调节。它的动作较快，是电力系统频率和有功功率调节系统基本组成部分，是电力系统调频特性的基础。

前已述及，调速器一般由测量、积分放大、执行等环节组成，不论是汽轮机还是水轮机，调速器的执行环节都是利用液压放大原理控制汽门（或导水叶）的开度。各种调速器的构成器件各异，但是它们主要部件微分方程式的形式是相同的。为了直观起见，这里不妨用图 5 - 10 的机械液压调速器为例来描述。通常只讨论小偏离的情况，因此可以作如下考虑。

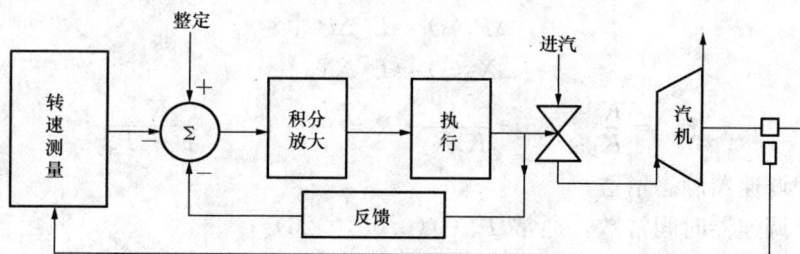

图 5 - 23　调速系统示意图

（1）系统稳态时的频率为 f_N（或 ω_N），对应的原动机汽阀位置为 X_B，发电机输出功率为 P_G。

（2）D 点移动微小距离 ΔX_D，正比于发出增加功率指令信号 ΔP_c，即 $\Delta X_D \propto \Delta P_c$。

（3）当 D 点升高时，引起 E 点降低 ΔX_E，通过错油门作用，使 B 点升高 ΔX_B，从而原动机的输入功率增加 ΔP_T，发电机的输出功率增加 ΔP_G，稳态时两者相等。

（4）由于发电机功率增加，使系统的频率发生微小的变化 Δf，引起调速器响应，使 A 点向上移动 ΔX_A。在不考虑不灵敏区和延时的情况下，则 ΔX_A 正比于 Δf。

（5）所有联结点的位移正方向如图 5-10 中箭头所示。

由于所有联结点移动的距离很小，下列方程成线性关系，即

$$\Delta X_E = K_1' \Delta X_A - K_2' \Delta X_D + K_4 \Delta X_B \tag{5-33}$$

其中

$$\Delta X_A = k_1 \Delta f; \quad \Delta X_D = k_2 \Delta P_c$$

因此式（5-33）可写成为

$$\Delta X_E = K_1 \Delta f - K_2 \Delta P_c + K_4 \Delta X_B \tag{5-34}$$

其中

$$K_1 = K_1' k_1; \quad K_2 = K_2' k_2$$

式中　K_1、K_2、K_3——均为比例系数，取决于联杆的杆臂长度等因素。

假定流入液压伺服机（油动机）的油量与导油阀（配压阀）的位置 ΔX_E 成正比，那么油动机活塞移动的速度 $\mathrm{d}\Delta X_B/\mathrm{d}t$ 正比于 ΔX_E，即

$$\frac{\mathrm{d}\Delta X_B}{\mathrm{d}t} = K_3(-\Delta X_E)$$

或写成

$$\Delta X_B = K_3 \int (-\Delta X_E)\mathrm{d}t \tag{5-35}$$

式中　K_3——系数，取决于油孔和活塞的几何形状及油压等因素。

对式（5-34）和式（5-35）进行拉普拉斯变换，然后消去 ΔX_E，把输出量 ΔX_B 表达为给定值 ΔP_c 和频率 Δf 两输入量间的关系，得

$$\Delta X_B(s) = \frac{K_2 \Delta P_c(s) - K_1 \Delta F(s)}{K_4 + \dfrac{s}{K_3}}$$

整理后得

$$\Delta X_B(s) = \frac{K_n}{1+sT_n}\left[\Delta P_c(s) - \frac{1}{R}\Delta F(s)\right] \tag{5-36}$$

$$=G_n(s)\left[\Delta P_c(s) - \frac{1}{R}\Delta F(s)\right]$$

其中

$$\Delta F(s) = L[\Delta f]$$
$$\Delta P_c(s) = L[\Delta P_c]$$
$$\Delta X_B(s) = L[\Delta X_B]$$
$$K_n = \frac{K_2}{K_4}; \quad T_n = \frac{1}{K_4 K_3}; \quad R = \frac{K_2}{K_1}; \quad G_n = \frac{K_n}{1+sT_n}$$

式中　K_n——调速器静态增益；

T_n——调速器时间常数，通常 $T_n \in (0.05, 0.25)$ s；

R——调速器的调差系数；

G_n——调速器传递函数。

式（5-36）表示了原动机调节量与控制指令信号及系统频率间的动态特性。

（二）原动机

调速器根据转速变化控制进入原动机的动力元素，下面进一步讨论原动机的传递函数。

对于汽轮机，由于汽阀位置 X_B 的改变导致进汽量的改变，使汽轮机输入功率变动 ΔP_T，因而引起发电机功率 ΔP_G 变化。

　　汽轮机由于调节汽门和第一级喷嘴之间有一定的空间存在，当汽门开启或关闭时，进入汽门的蒸汽量虽有改变，但这个空间的压力却不能立即改变，这就形成了机械功率滞后于汽门开度变化的现象，称为汽容影响。在大容量汽轮机中，汽容对调节过程的影响很大。

　　汽容影响在数学上可以用一个一阶惯性环节来模拟，这样汽轮机的传递函数可表示为

$$G_T(s) = \frac{\Delta P_T(s)}{\Delta X_B(s)} = \frac{K_T}{1 + sT_T} \tag{5-37}$$

式中　　T_T——汽容时间常数，一般为 0.1～0.3s；

　　　　K_T——增益，通常与 K_n 一起考虑。

　　这是最简单的汽轮机的传递函数，对于再热式汽轮机，还要考虑再热段充汽时延，其传递函数可表示为

$$G_T(s) = \frac{\Delta P_T(s)}{\Delta X_B(s)} = \frac{K_T(1 + sK_rT_r)}{(1 + sT_T)(1 + sT_r)} \tag{5-38}$$

式中　　T_r——再热时间常数，一般在 10s 左右；

　　　　K_r——再热系数，它约等于（0.2～0.3）倍汽轮机总功率。

　　当不考虑再热时，即 T_r、K_r 均为零，则式（5-38）就成为式（5-37）。

　　对于水轮机，则要考虑到水锤效应的影响。水锤效应是由流动着的水的惯性所引起的。

　　压力导管中的水在稳态情况下，水的流速是一定的，但当迅速关小导向叶片的开度时，导管中的压力将急剧上升，而当迅速开大导向叶片的开度时，导管中的压力将急剧下降。这种现象称为水锤效应。它使水轮机功率不能追随开度的变化而有一个滞延。水轮机的传递函数为

$$G_n(s) = \frac{1 - T_ws}{0.5T_ws + 1} \tag{5-39}$$

式中　　T_w——水锤时间常数。

（三）汽轮发电机组的传递函数

　　根据上面求得的传递函数，就可以作出如图 5-24 所示的带有调速器的非再热式汽轮发电机组的模型框图。图 5-24（b）是把 $G_n(s)$ 和 $G_T(s)$ 合并，且考虑了 $K_nK_T = 1$ 时的情况，对于图 5-24（a）的汽轮发电机组模型的原理示意图如图 5-25 所示。其中飞摆反应频率的变化。增、减功率指令是通过调速电动机使发电机组的功率频率特性上、下移动来实现的。

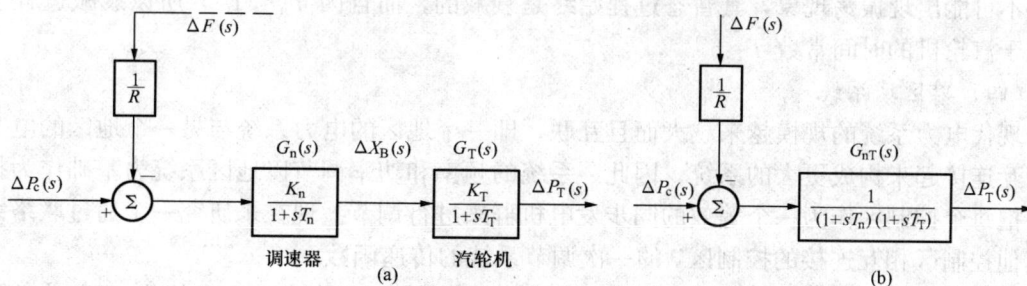

图 5-24　非再热式汽轮发电机组的模型框图
(a) 各环节传递函数；(b) 合成的传递函数

　　下面就图 5-24（a）的框图来分析汽轮发电机组的调速特性，最简单的情况是发电机组与无限大系统并联运行，在小偏离情况下，发电机功率变化对系统的频率影响甚微，对其动能的

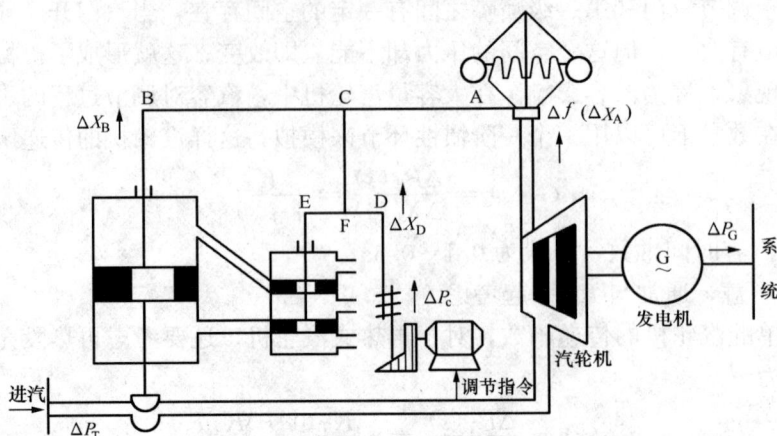

图 5 - 25　汽轮发电机组模型的原理示意图

影响也可忽略不计。由于转速恒定，$\Delta F(s)$ 等于零，且 $\Delta P_T = \Delta P_G$，由图 5 - 24（a）可得

$$\Delta P_T(s) = \Delta P_G(s) = \frac{K_n}{1+sT_n} \cdot \frac{K_T}{1+sT_T} \Delta P_c(s) \tag{5 - 40}$$

由控制理论可知，假使我们在此系统上加一个单位阶跃变化的控制功率 ΔP_c，就可以了解发电机功率的变化过程。

对单位阶跃输入 ΔP_c 进行拉普拉斯变换，即

$$\Delta P_c(s) = \frac{\Delta P_c}{s}$$

则式（5 - 40）变为

$$\Delta P_G(s) = \frac{K_n}{1+sT_n} \cdot \frac{K_T}{1+sT_T} \cdot \frac{\Delta P_c}{s} \tag{5 - 41}$$

因此，发电机输出功率增量的稳态值 ΔP_G，可由终值定理求得

$$\Delta P_G = \lim_{s \to 0}[s\Delta P_G(s)] = K_n K_T \Delta P_c \tag{5 - 42}$$

式（5 - 42）表明，对于一台与超大容量电网并联运行的发电机来说，发电机的稳态输出功率增量 ΔP_G 与控制指令信号 ΔP_c 成正比。并且由于两个时间常数均为正值，在调节过程中不可能出现振荡现象，其暂态过程始终是衰减的，而且因 $T_n < T_T$，所以衰减过程主要取决于汽轮机的时间常数 T_T。

（四）单区域系统

现代电力系统的规模越来越大而且互联，即一个地区的电力系统与另一个地区的电力系统相互连接起来构成更大的系统。因此，系统的频率和功率调节以地区系统为基础作为控制区，把每个控制区作为一个等效的同步发电机群来进行调节。现在来研究一个通过联络线路与其他控制区相互连接的控制区 i 的一次调节系统的传递函数。

图 5 - 26 为互联系统的示意图。假设在控制区 i 中，突然有一个量值为 ΔP_{Li} 的负荷变化。由于调速器的作用，这个区域频率变化为 Δf_i，发电机组的输入功率相应变化了 ΔP_{Ti}，在此过程中，ΔP_{Ti} 与 ΔP_{Li} 两者是不相等的，两者之差由以下三方面的功率来平衡。

（1）发电机组动能提供的功率增量。

（2）因负荷的频率调节效应而引起的负荷功率变化。

（3）联络线路上功率的变化。

根据功率平衡关系可得

$$\Delta P_{Ti} - \Delta P_{Li} = \frac{\mathrm{d}W_{ki}}{\mathrm{d}t} + K_{Li}\Delta f_i + \Delta P_{ti}$$

$$(5-43)$$

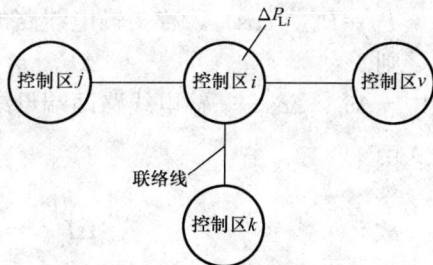

图 5 - 26　互联系统示意图

式中　$\dfrac{\mathrm{d}W_{ki}}{\mathrm{d}t}$——由于发电机动能引起的功率变化；

$\qquad W_{ki}$——i 区域内发电机组的动能；

$\qquad K_{Li}\Delta f_i$——由于负荷调节效应引起的功率变化；

$\qquad \Delta P_{ti}$——联络线路上总功率的变化。

动能 W_{ki} 是随控制区等效同步发电机转速（或频率）的平方变化，即

$$W_{ki} = \left(\frac{f_i}{f_N}\right)^2 W_{kiN}$$

$$(5-44)$$

式中　W_{kiN}——控制区域 i 在额定频率 f_N 时的动能。

如控制区 i 瞬时频率为 f_i，则可写为

$$f_i = f_N + \Delta f_i$$

$$(5-45)$$

考虑到 $f_N \gg \Delta f_i$，因此式（5-44）可写成

$$W_{ki} = \left(\frac{f_N + \Delta f_i}{f_N}\right)^2 W_{kiN} \approx \left(1 + 2\frac{\Delta f_i}{f_N}\right)W_{kiN}$$

$$(5-46)$$

故

$$\frac{\mathrm{d}W_{ki}}{\mathrm{d}t} = \frac{2W_{kiN}}{f_N}\frac{\mathrm{d}\Delta f_i}{\mathrm{d}t}$$

$$(5-47)$$

联络线路的功率增量 ΔP_{ti} 为控制区 i 输出的总有功功率增量，它等于与区域 i 相连的各联络线路中功率增量之和，即

$$\Delta P_{ti} = \sum_{j=1}^{n} \Delta P_{tij}$$

$$(5-48)$$

由电网理论知，输电线路中的功率为

$$P_{tij} = -P_{tji} = \frac{U_i U_j}{X_L}\sin\delta_{ij}$$

$$(5-49)$$

其中

$$\delta_{ij} = \delta_i - \delta_j$$

式中　U_i，U_j——输电线路两端母线的电压；

$\qquad \delta_{ij}$——两母线电压相角之差；

$\qquad X_L$——输电线路的电抗。

当联络线路中功率发生微小变化时，其值可表示为

$$\Delta P_{tij} = \frac{\mathrm{d}P_{tij}}{\mathrm{d}\delta}\Delta\delta_{ij}$$

$$(5-50)$$

故由式（5-49）得

$$\Delta P_{tij} = \frac{U_i U_j}{X_L}\cos\delta_{ij} \cdot \Delta\delta_{ij}$$

$$= \frac{U_i U_j}{X_L}\left[\cos(\delta_i - \delta_j)\right](\Delta\delta_i - \Delta\delta_j)$$

$$(5-51)$$

令 $P_{\max ij} = \dfrac{U_i U_j}{X_L}$，称为输电线路的极限传输容量。

$T_{ij} = P_{\max ij} \cos \delta_{ij}$，称为输电线路的同步系数。

则
$$\Delta P_{tij} = T_{ij} \Delta \delta_{ij} = T_{ij}(\Delta \delta_i - \Delta \delta_j) \tag{5-52}$$

式中 $\Delta \delta_i$、$\Delta \delta_j$——输电线路两端母线电压相角的变化量。

因
$$\Delta \delta = 2\pi \int \Delta f \, \mathrm{d}t$$

故
$$\Delta P_{tij} = 2\pi T_{ij} \left(\int \Delta f_i \, \mathrm{d}t - \int \Delta f_j \, \mathrm{d}t \right) \tag{5-53}$$

控制区 i 的总输出功率增量为
$$\Delta P_{ti} = \sum_{j=1}^{n} 2\pi T_{ij} \left(\int \Delta f_i \, \mathrm{d}t - \int \Delta f_j \, \mathrm{d}t \right) \tag{5-54}$$

把式（5-47）代入式（5-43），并改写为以控制区 i 的总额定有功功率 P_{iN} 为基准值的标幺值表示式，得
$$\Delta P_{Ti*} - \Delta P_{Li*} = \frac{2H_i}{f_N} \times \frac{\mathrm{d}\Delta f_i}{\mathrm{d}t} + K_{Li*} \Delta f_{i*} + \Delta P_{ti*} \tag{5-55}$$

式中 ΔP_{Ti*}、ΔP_{Li*}、K_{Li*}——均为以功率 P_{iN} 为基准的标幺值。

$H_i = W_{kiN}/P_{iN}$ 是一个标幺惯性时间常数，量纲为 s（秒），一般为 2～8s，通常也可以由发电机组有关参数求得，在一般手册上给出的发电机组的惯性时间常数 T_G 为
$$T_G = 2W_{kGN}/S_{GN} \quad \text{（s）}$$

式中 W_{kGN}——发电机组在额定转速时的动能；

S_{GN}——该机组的额定容量。

所以发电机组的动能
$$W_{kGN} = \frac{T_G S_{GN}}{2}$$

电网 i 区域发电机组的总动能 W_{kiN} 为区域内各发电机组动能 W_{kGN} 之和，因此，我们就不难求得以 P_{iN} 为基准的标幺惯性时间常数 H_i。

把式（5-54）化为以 P_{iN} 为基准值的标幺值表示式，然后进行拉普拉斯变换，得
$$\Delta P_{ti*}(s) = \frac{2\pi}{s} \sum_{j}^{n} T_{ij} \left[\Delta F_{i*}(s) - \Delta F_{j*}(s) \right] \tag{5-56}$$

对式（5-55）进行拉普拉斯变换，得
$$\Delta P_{Ti*}(s) - \Delta P_{Li*}(s) = (2H_i s + K_{Li*}) \Delta F_{i*}(s) + \Delta P_{ti*}(s) \tag{5-57}$$

令
$$K_{Pi} = \frac{1}{K_{Li*}} \tag{5-58}$$

$$T_{pi} = \frac{2H_i}{K_{Li*}} \tag{5-59}$$

$$G_{pi}(s) = \frac{K_{Pi}}{1 + sT_{pi}} \tag{5-60}$$

将式（5-58）～式（5-60）代入式（5-57），省略标幺符号后整理后得
$$\left[\Delta P_{Ti}(s) - \Delta P_{Li}(s) - \Delta P_{ti}(s) \right] G_{pi}(s) = \Delta F_i(s) \tag{5-61}$$

根据式（5-56）、式（5-61），可相应地得到图 5-27 和图 5-28 所示的框图。

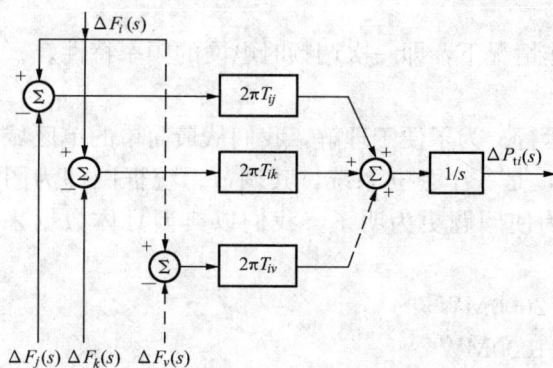

图 5 - 27 方程式（5 - 56）的框图

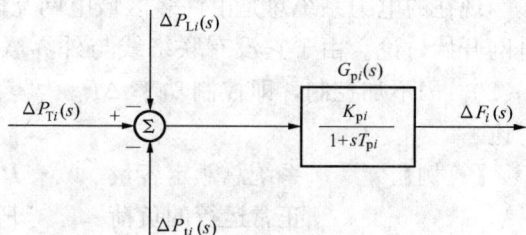

图 5 - 28 方程式（5 - 61）的框图

然后，再把图 5 - 28 与图 5 - 24（b）合并。若不考虑互联系统就可得到单区域的闭环调节框图，如图 5 - 29 所示。

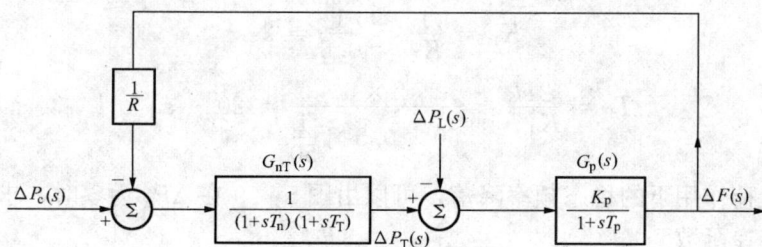

图 5 - 29 单个区域的闭环调节框图

考虑互联系统时，计及图 5 - 27 的框图，控制区 i 一次调节系统的闭环框图如图 5 - 30 所示。

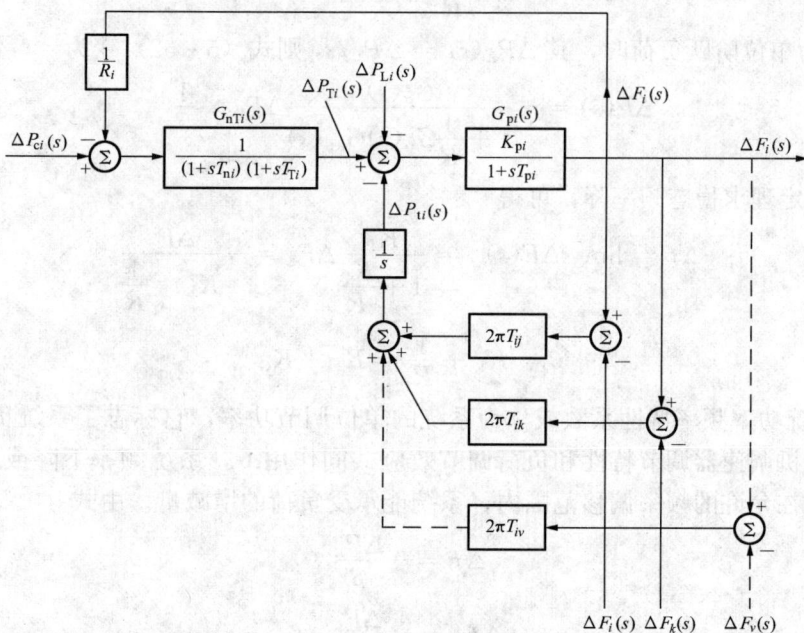

图 5 - 30 控制区 i 一次调节系统的闭环框图

二、电网的频率调节特性

这里讨论的是电网中发电机组在调速器工作情况下，即一次调频时电网的频率特性。

（一）单区域电网的频率特性

现在的电力系统总是由许多区域电网互联运行。为了便于理解，我们从最简单的单区域电网开始讨论。由于它没有联络线与外界联系，是一个孤立系统，其调节系统框图即为图 5-29。因不加控制，即控制功率 ΔP_c 为零。为使问题更为明了，我们以典型具体数据来讨论。

【算例】　　　系统总额定容量　　　　$P_N = 2000\text{MW}$
　　　　　　　正常运行的负荷　　　　$P_L = 1000\text{MW}$
　　　　　　　惯性常数　　　　　　　$H = 5.0\text{s}$
　　　　　　　调差系数　　　　　　　$R_* = 4.8\%$
　　　　　　　负荷调节效应系数　　　$K_{L*} = 0.5$（以系统总功率容量为基准）

由式（5-58）、式（5-59）得

$$K_P = \frac{1}{K_L} = \frac{1}{0.5} = 2$$

$$T_P = \frac{2H}{K_{L*}} = \frac{2 \times 5}{50 \times 0.5 \times \frac{1}{50}} = 20 \quad (\text{s})$$

对于阶跃负荷作用下的稳态频率降落，可以由图 5-29 在 ΔP_c 为零时，求得负荷扰动量与频率量之间传递函数。

由调节系统闭环传递函数得出

$$\Delta F(s) = -\frac{G_p(s)}{1 + \frac{1}{R}G_p(s)G_{nT}(s)}\Delta P_L \quad (\text{s}) \tag{5-62}$$

当 ΔP_L 为单位阶跃负荷时，其 $\Delta P_L(s) = \Delta P_L / s$，则式（5-62）变为

$$\Delta F(s) = -\frac{G_p(s)}{1 + \frac{1}{R}G_p(s)G_{nT}(s)}\Delta P_L \times \frac{1}{s} \tag{5-63}$$

应用终值定理求稳态频率降，可得

$$\Delta f = \lim_{s \to 0}[s\Delta F(s)] = \frac{K_P}{1 + \frac{K_P}{R}}\Delta P_L = -\frac{\Delta P_L}{K_L + \frac{1}{R}} \tag{5-64}$$

令

$$\beta = K_L + \frac{1}{R} = K_L + K_G \tag{5-65}$$

β 称为系统功率频率特性系数或称为系统的单位调节功率，它标志了系统负荷增加或减少时，在原动机调速器调节特性和负荷调节效应共同作用下，系统频率下降或上升的数值，也可由此求取在允许的频率偏移范围内，系统能承受负荷的增减量。由式（5-64）得

$$\Delta f = -\frac{\Delta P_L}{\beta} \tag{5-66}$$

$$\Delta f_* = -\frac{\Delta P_{L*}}{\beta_*} \tag{5-67}$$

将前面的数据代入，即可求出稳态频率降 Δf。求出

$$\beta_* = K_{L*} + \frac{1}{R_*} = 0.5 + \frac{1}{4.8\%} = 21.33$$

假设负荷增量为 $\Delta P_L = 20\text{MW}$，则 $\Delta P_{L*} = \dfrac{20}{2000} = 0.01$

故

$$\Delta f_* = -\frac{\Delta P_{L*}}{\beta_*} = -\frac{0.01}{21.33} = -4.688 \times 10^{-4}$$

所以

$$\Delta f = \Delta f_* f_N = -4.688 \times 10^{-4} \times 50 = -0.0234 \quad (\text{Hz})$$

即系统的稳态频率降低了 0.0234Hz。

下面讨论此系统的动态特性。

式（5-62）的分母中有三个时间常数，是三阶的，取该式的反变换，即可求得 Δf 与时间 t 的关系。一般调速器加上汽轮发电机的时间常数最多为 2s 左右。在本算例中 T_P 的数值为 20s，相比之下 T_n、T_T 很小，为简便起见，将其忽略，则式（5-63）简化为

$$
\begin{aligned}
\Delta F(s) &= -\frac{\dfrac{K_P}{1+sT_P}}{1+\dfrac{1}{R}\left(\dfrac{K_P}{1+sT_P}\right)} \cdot \frac{\Delta P_L}{s} \\
&= \frac{K_P R}{RT_P s + R + K_P} \cdot \frac{\Delta P_L}{s} \\
&= \frac{K_P R}{K_P + R} \cdot \frac{1}{\dfrac{RT_P}{R+K_P}s+1} \cdot \frac{\Delta P_L}{s} \\
&= \frac{1}{\beta}\frac{1}{\dfrac{RT_P}{R+K_P}s+1} \cdot \frac{\Delta P_L}{s}
\end{aligned}
\tag{5-68}
$$

式（5-68）表明，负荷阶跃信号加于一个典型的一阶惯性环节，它的时间常数 T_{∂} 为

$$T_{\partial} = \frac{R}{R+K_P}T_P \tag{5-69}$$

将上述算例参数代入，得 $T_{\partial} = 0.4687\text{s}$，稳态频率降低0.0234Hz（见算例），可以把式（5-68）进一步写成更简单的形式

$$\Delta F(s) = -\frac{\Delta P_L}{\beta}\left[\frac{1}{s} - \frac{1}{s + \dfrac{R+K_P}{RT_P}}\right] \tag{5-70}$$

将数据代入式（5-70）得

$$\Delta F(s) = -0.0234\left(\frac{1}{s} - \frac{1}{s+2.13}\right) \tag{5-71}$$

再对式（5-71）进行拉普拉斯反变换得

$$\Delta f = -0.0234(1 - e^{-2.13t}) \tag{5-72}$$

根据式（5-72）可以绘出 Δf 随时间变化的曲线，如图 5-31 所示。为了便于比较，图中还绘出了计及时间常数 T_n、T_T 时的响应曲线。

从以上分析中我们可以得出下列几方面。

（1）总的闭环系统的时间常数只有 $\dfrac{1}{2.13}$s，即0.4687s，比表征电厂本身的时间常数 T_P

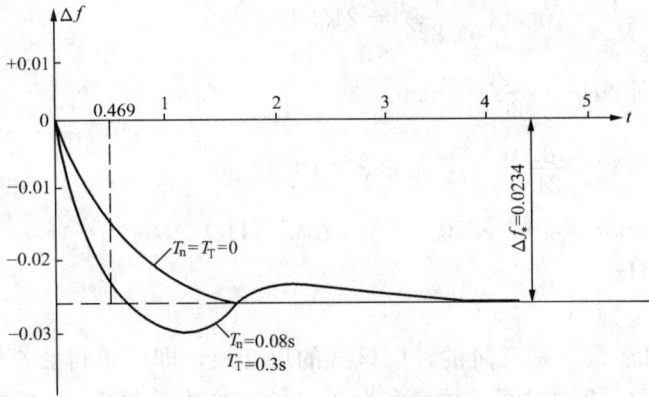

图 5 - 31　Δf 随时间变化的曲线

（为 20s）要小得多，这主要是由于闭环系统中的反馈所起的作用（即调速器的作用）。由式（5 - 62）可见，减小调速器的调差系数 R，即增大控制环节的增益，可加大其调节作用。

（2）由式（5 - 65）可见，减小 R 值使 β 增大，可以减小稳态频率偏差。

（3）当计及 T_n、T_T 时，Δf 随时间变化曲线不是纯指数型的，在初期出现了振荡，刚开始时形成一个较大的瞬时频率降落。

（4）由算例可见，当负荷变化 20MW 时，频率降落为 0.0234Hz，如果长期存在，将会引起较大的累计频率偏差，这也是不允许的。

对控制功率信号 ΔP_c 进行调节，移动发电机组的功率频率特性以维持系统频率，这是本章下一节讨论的自动调频问题。

以上讨论中关于系统变化过程解释如下：当负荷突然增加 1%（即 20MW）时，系统功率平衡遭到破坏，起初瞬间由于频率尚未下降，汽轮发电机的调速系统还未动作，所以发电机的输入功率不变。因此，这时负荷所增加的功率是由系统的动能供给的（动能以 20MW/s 的速度减小）。随着系统动能的减小，发电机的转速下降（即系统频率下降），调速系统随之动作，增加发电机的输入功率。与此同时，由于频率的下降，负荷的频率调节效应使它吸取的功率有所减小。

总之，增加的 20MW 负荷功率是由三部分来平衡的，即系统动能供给的功率，发电机增加的输入功率以及负荷少吸收的功率。在开始瞬间，后两项为零，随着频率降低，它们就逐渐增大，最后在一个较低的频率下稳定运行。此时，动能已不再供给功率，20MW 的负荷增量仅由后两项来供给。

由前面的数据可知，在新的稳态情况下，发电机增加的功率 ΔP_G 为

$$\Delta P_G = -\frac{\Delta f_*}{R_*} P_N = \frac{-0.0234/50}{4.8\%} \times 2000 = 19.5 \quad (\text{MW})$$

负荷调节效应引起负荷功率的变化 ΔP_L 近似为

$$\Delta P_L = K_{L*} \Delta f_* P_N = 0.5\left(\frac{-0.0234}{50}\right) \times 2000 = -0.5 \quad (\text{MW})$$

即负荷减小 0.5MW 的功率。

由上可知，这两项功率之和为 20MW，正好与系统中增加的负荷相平衡，而其中绝大部分是由发电机增加的输出功率来平衡的，这主要依赖于调速器的调节作用。

（二）多区域系统特性

现代电力系统的规模越来越大，因为大系统在运行方面具有许多优点。在前面讨论的例子中已经看到，在负荷发生突然变化后，开始时负荷增加的功率是由系统的动能供给

的。系统越大，它所储备的动能越多，能供给的功率也越多。例如一个 1000MW 的系统，突然失去 300MW 的容量（相当于总容量的 30％）时，在单独运行情况下，将会造成灾难性的事故，其频率将下降很多，甚至导致系统解列，造成大面积停电。如果这一系统是容量为100000MW的大系统的一部分，同样失去 300MW 的容量，而只相当于整个系统容量的 0.3％，因而频率下降很少，而且由于调速器的作用，很快就可以得到恢复。

另一方面，系统容量越大，备用容量可相对节省，因为各子系统的备用容量可以相互支援。

此外，联合系统的各个区域里，每天的峰值负荷出现的时间是不相同的，峰值负荷与平均负荷的比值，联合系统要比小系统的小得多，因而备用容量可以大为减少。我国各大电网正在日益扩大，并已形成各大电网联合运行，所以研究多控制区的调频系统就更有现实意义。

这里研究最基本的两区域控制调节系统。两区域系统可将前面求得的两个单区域控制系统的框图（图 5 - 29）相互连接起来，就可得到表示两区域系统的控制框图，如图 5 - 32 所示。

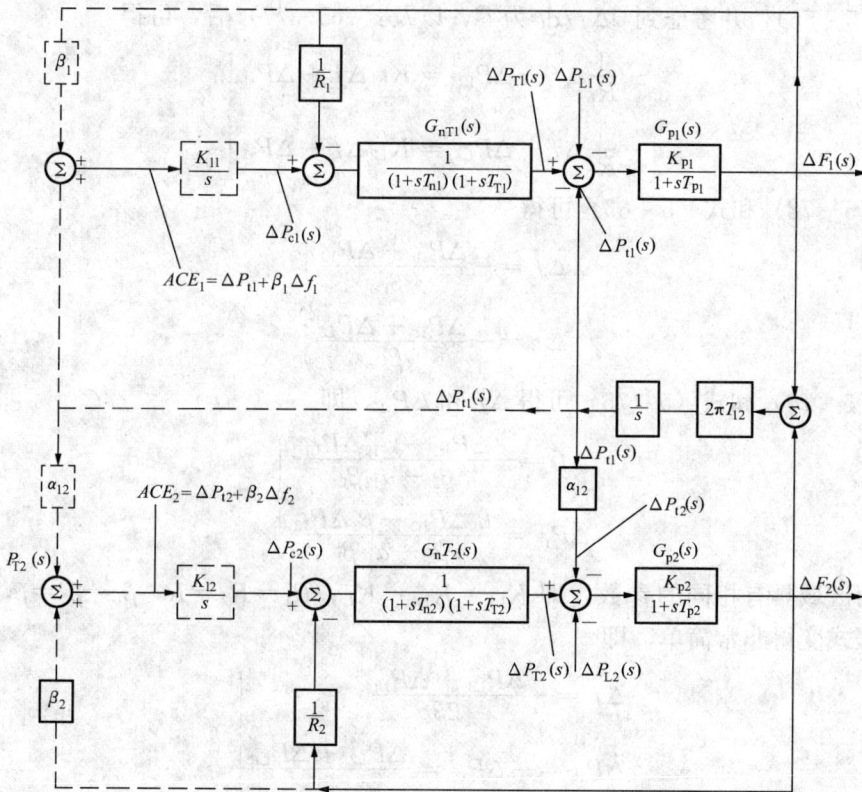

图 5 - 32　两区域系统的控制框图

图中系数 a_{12} 是两个系统容量之间的换算系数。因为前面单个控制区导出的方程中，ΔP_{ti} 是以区域 i 的额定功率 P_{iN} 为基准的，对两个区域系统来说，同一联络线中的功率是相等的，即

$$\Delta P_{t1} * P_{1N} = - \Delta P_{t2} * P_{2N} \qquad (5 - 73)$$

而 $$\Delta P_{t2*} = a_{12}\Delta P_{t1*} \tag{5-74}$$

其中 $$a_{12} = -P_{1N}/P_{2N} \tag{5-75}$$

因为这里暂先讨论的是无控制功率的情况，所以图 5-32 中的虚线部分暂不考虑

即 $$\Delta P_{c1} = 0; \qquad \Delta P_{c2} = 0$$

现假设每个区域的负荷均突然增加一个阶跃值 ΔP_{L1} 和 ΔP_{L2}，由于稳态情况下，发电机的输出功率只决定于调速器的调差系数 R，故由式（5-13）结合图 5-32 可得

$$\left.\begin{aligned} \Delta P_{G1} &= -\frac{1}{R_1}\Delta f_1 \\ \Delta P_{G2} &= -\frac{1}{R_2}\Delta f_2 \end{aligned}\right\} \tag{5-76}$$

考虑到两系统互联，所以 $\Delta f_1 = \Delta f_2 = \Delta f$，将此关系代入式（5-76）得

$$\left.\begin{aligned} \Delta P_{G1} &= -\frac{1}{R_1}\Delta f \\ \Delta P_{G2} &= -\frac{1}{R_2}\Delta f \end{aligned}\right\} \tag{5-77}$$

由式（5-55），并考虑到 $\mathrm{d}\Delta f/\mathrm{d}t$ 为零，以及式（5-77）后，可得

$$\left.\begin{aligned} -\frac{1}{R_1}\Delta f - \Delta P_{L1} &= K_{L1}\Delta f + \Delta P_{t1} \\ -\frac{1}{R_2}\Delta f - \Delta P_{L2} &= K_{L2}\Delta f + \Delta P_{t2} \end{aligned}\right\} \tag{5-78}$$

从式（5-78）和式（5-65）可得

$$\left.\begin{aligned} \Delta f &= -\frac{\Delta P_{t1} + \Delta P_{L1}}{\beta_1} \\ \Delta f &= -\frac{\Delta P_{t2} + \Delta P_{L2}}{\beta_2} \end{aligned}\right\} \tag{5-79}$$

由式（5-79）和式（5-75）可得 Δf 和 ΔP_{t1}，即

$$\left.\begin{aligned} \Delta f &= -\frac{\Delta P_{L2} - a_{12}\Delta P_{L1}}{\beta_2 - a_{12}\beta_1} \\ \Delta P_{t1} &= \frac{\beta_1\Delta P_{L2} - \beta_2\Delta P_{L1}}{\beta_2 - a_{12}\beta_1} \end{aligned}\right\} \tag{5-80}$$

如果两区域具有相同的参数，即 $K_{L1} = K_{L2} = K_L$；$R_1 = R_2 = R$，$\beta_1 = \beta_2 = \beta$，$a_{12} = -1$。则上述方程式变得非常简单，即

$$\left.\begin{aligned} \Delta f &= -\frac{\Delta P_{L2} + \Delta P_{L1}}{2\beta} \\ \Delta P_{t1} &= -\Delta P_{t2} = \frac{\Delta P_{L2} - \Delta P_{L1}}{2} \end{aligned}\right\} \tag{5-81}$$

假使在区域 2 中发生一个阶跃负荷变化 ΔP_{L2}，而在区域 1 中的负荷不变，即 $\Delta P_{L1} = 0$，则

$$\Delta f = -\frac{\Delta P_{L2}}{2\beta} \tag{5-82}$$

$$\Delta P_{t1} = \Delta P_{t2} = \frac{\Delta P_{L2}}{2} \tag{5-83}$$

由此可见，控制区域 2 中增加的负荷 ΔP_{L2} 是由两个控制区域共同来承担的，其中 50% 的负荷增量由区域 1 通过联络线供给。将式（5 - 82）与式（5 - 66）相比较可知，当负荷变化时，两区域控制系统的频率偏差比单一孤立系统时的频率偏差减小一半，联络线的功率增量为 ΔP_{L2} 的一半，这说明了联合系统的优越性。需要指出的是，式（5 - 81）～式（5 - 83）是在两区域具有相同参数条件下得到的，一般情况应按式（5 - 80）计算。

第四节　电力系统自动调频

一、概述

系统频率的波动，主要是由于负荷变化引起的，调频问题实质上是电力系统在正常运行中，控制发电机的输入功率使之与负荷所需功率之间的平衡问题。调频是二次调节，是通过调整机组的输入功率实现的。机组功率改变时，它所需的燃料费用也就跟着改变，同时全电网的潮流分布以致系统中的网损也都随之而变。在电力系统运行中，在确保安全运行前提下，燃料费用和线路网损是考虑经济运行的重要因素，所以现代电力系统调频的主要任务，不只是维持系统频率在给定水平，同时还须考虑机组负荷的经济分配，以及区域电网间按计划交换功率，并考虑区域电网间授时系统的时间同步。

调度在确定各发电厂的发电计划和安排调频任务时，一般将运行电厂分为调频厂、调峰厂和带基本负荷的发电厂三类。如图 5 - 33 所示的日负荷曲线，其中全天不变的基本负荷由带基本负荷的发电厂承担，这类电厂一般为经济性能好的高参数火电厂、热电厂及核电厂。负荷变动部分按计划下达给调峰电厂，调峰电厂一般由经济性能较差的机组担任。在实际运行中，计划负荷与实际负荷不可能完全一致，其差值部分称为计划外负荷，由调频电厂担任。

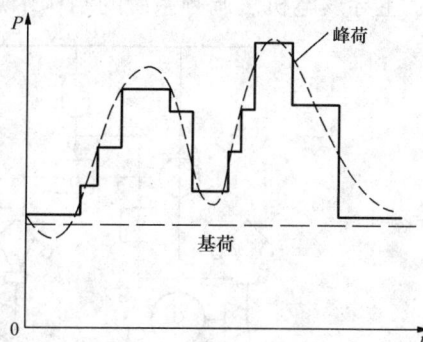

图 5 - 33　日负荷曲线

为了保证调频任务的完成，系统中需要备有足够容量的调频机组来应付计划外负荷的变动，而且还须具有一定的调整速度以适应负荷的变化，当电网容量较大，一个调频电厂不能满足调节要求时，则选择几个电厂共同完成调频任务。

二、调频准则及方法

前面已经谈到，调频是二次调节，自动改变功率给定值 ΔP_c，用移动调频机组调速器的调节特性的办法，使频率恢复到额定值。调速器的控制电动机称为同步器或调频器，它是一个积分环节，只有在输入信号为零时才不转动，停止调节。

控制调频器的信号有比例、积分、微分三种基本形式。

（1）比例调节：按频率偏移的大小，控制调频器按比例地增、减机组功率，即 $\Delta P_c \propto \Delta f$，这种调频方式只能减小而不能消除系统频率偏移。

（2）积分调节：按频率偏移对时间的积分控制调频器，即 $\Delta P_c \propto \int \Delta f dt$，这种方式可以实现频率的无差调节，但负荷变动最初阶段，因控制信号不大而延缓了调节过程。

（3）微分调节：按频率偏移对时间的微分控制调频器，即 $\Delta P_c \propto \dfrac{\mathrm{d}\Delta f}{\mathrm{d}t}$，在负荷变动最初阶段，增、减调节较快，但随着时间推移 Δf 趋于稳定时，调节量也就趋于零，在稳态时它就不起作用。

上述三种形式各有优缺点，应取长补短综合利用。将综合后的信号作为调频器控制信号，改变功率设定值 ΔP_c，直到控制信号为零时为止。电力系统中实现频率和有功功率自动调节的方法与电网容量以及运行条件等情况有关，大致有如下三种。

（一）主导发电机法

采用主导发电机法时，在调频电厂中一台主导机组上装设无差调频器，其调节准则为

$$\Delta f = 0 \tag{5-84}$$

在其他机组上装设有功功率调整器，使这些机组的功率随主导机组的功率按比例地变化，协助主导发电机的调频工作。它们的调节准则是

$$\Delta P_i = a_i \Delta P_1 \qquad (i = 2,3,\cdots,n) \tag{5-85}$$

式中　ΔP_1——主导发电机的调节功率；

a_i——第 i 台协助调频机组的比例系数；

ΔP_i——第 i 台协助调频机组的调节功率。

主导发电机法调频系统的结构示意图如图 5-34 所示。

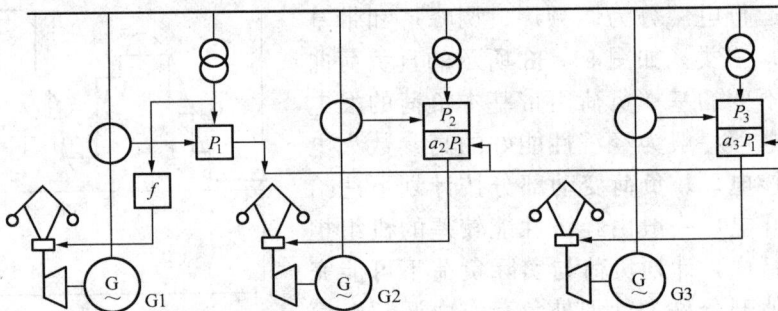

图 5-34　主导发电机法调频系统的结构示意图

当负荷变动系统频率发生变化时，调频电厂中主导发电机组的调节系统首先动作，改变主导机组的功率，力图维持系统频率恒定，这时，由于主导机组的功率变化，所以协助调频的其他机组也随之作相应的功率调整，力图使它们的调节功率与主导机组的调节功率间维持给定的比例关系。在调节过程中，主导机组按系统频率不断地调节，协助调频机组也跟随主导机进行调节，直到系统频率恢复到额定值，协助调频机组与主导机组的调节功率符合给定比例时为止。这时系统中不参加调频的其余机组的功率维持不变，计划外负荷的变动全部由调频机组承担。

采用主导发电机法调频，尽管有好几台机组一起承担系统负荷变动，但开始时只有一台主导机先行调节，因而调节过程就显得缓慢。协助调频机组与主导机组如在同一电厂较容易实施，因此只适用于中小型电力系统。

（二）同步时间法（积差调节）

同步时间法是按频率偏差的积分值来进行调节，因为频率偏差的积分反映了在一定时间段内同步时间对标准时间的偏差。

同步时间法的调节方程为

$$\left.\begin{array}{c}\int \Delta f \mathrm{d}t + k\Delta P_{\mathrm{c}} = 0 \\ \\ \Delta P_{\mathrm{c}} = -K_{\mathrm{i}}\int \Delta f \mathrm{d}t\end{array}\right\} \qquad (5\text{-}86)$$

或

其中

$$\Delta f = f - f_{\mathrm{N}}$$

式中　　K_{i}——积分控制增益。

积分控制调节系统框图如图 5-35 所示。

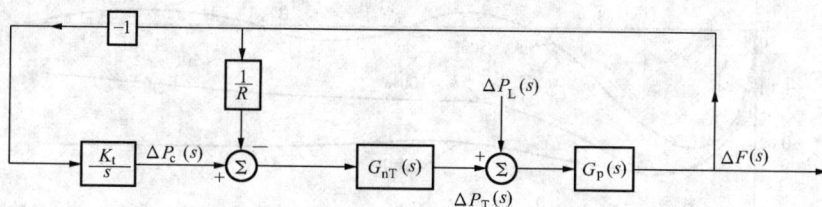

图 5-35　积分控制调节系统框图

如果负荷增加，频率随之下降，产生频率偏差 Δf，其积分值 $\int \Delta f \mathrm{d}t$ 积累增大，调频器动作移动调速器调节特性，增加进入机组的动力元素使频率回升。调节过程进行到 Δf 等于零，频率恢复额定值为止。这时系统中功率达到新的平衡。

对于上述调节过程为了分析方便起见，我们忽略 T_{n}、T_{T}，并假设调速器动作无时延，虽然这样处理会引入一些误差，但并不影响问题的本质，而且也只影响暂态过程。

首先对式（5-86）进行拉普拉斯变换，得

$$\Delta P_{\mathrm{c}}(s) = -\frac{K_{\mathrm{i}}}{s}\Delta F(s) \qquad (5\text{-}87)$$

然后对于单位阶跃负荷，根据 $\Delta P_{\mathrm{L}}(s) = \Delta P_{\mathrm{L}}/s, G_{\mathrm{nT}}(s) = 1$，由图 5-35 可得出

$$[\Delta P_{\mathrm{T}}(s) - \Delta P_{\mathrm{L}}(s)]G_{\mathrm{p}}(s) = \Delta F(s) \qquad (5\text{-}88)$$

和

$$\left\{-\frac{1}{R}\Delta F(s) + \left[-\frac{K_{\mathrm{i}}}{s}\Delta F(s)\right]\right\}G_{\mathrm{nT}}(s) = \Delta P_{\mathrm{T}}(s) \qquad (5\text{-}89)$$

再把式（5-88）、式（5-89）合并，整理后可得

$$\Delta F(s) = -\frac{G_{\mathrm{P}}(s)\Delta P_{\mathrm{L}}}{\left[1 + \left(\frac{1}{R} + \frac{K_{\mathrm{i}}}{s}\right)G_{P}(s)\right]s} = -\frac{\dfrac{K_{\mathrm{P}}}{1+sT_{\mathrm{P}}}\Delta P_{\mathrm{L}}}{\left[1 + \left(\frac{1}{R}\cdot\frac{K_{\mathrm{i}}}{s}\right)\dfrac{K_{\mathrm{P}}}{1+sT_{\mathrm{P}}}\right]s}$$

所以

$$\Delta F(s) = -\frac{K_{\mathrm{P}}}{T_{\mathrm{P}}}\cdot\frac{\Delta P_{\mathrm{L}}}{s^{2} + s\left(1 + \dfrac{K_{\mathrm{P}}}{R}\right)/T_{\mathrm{P}} + K_{\mathrm{P}}K_{\mathrm{i}}/T_{\mathrm{P}}} \qquad (5\text{-}90)$$

对式（5-90）进行拉普拉斯反变换，就可得到 $\Delta f(t)$ 的响应曲线，如图 5-36 所示。其中图 5-36（a）忽略 T_{n} 和 T_{T}；图 5-36（b）计及 T_{n} 和 T_{T}。

由于响应取决于式（5-90）的极点，即取决于式（5-91）的根，则

$$s^{2} + s\frac{1+K_{\mathrm{P}}/R}{T_{\mathrm{P}}} + \frac{K_{\mathrm{i}}K_{\mathrm{P}}}{T_{\mathrm{P}}} = \left(s + \frac{1+K_{\mathrm{P}}/R}{2T_{\mathrm{P}}}\right)^{2} + \frac{K_{\mathrm{i}}K_{\mathrm{P}}}{T_{\mathrm{P}}} - \left(\frac{1+K_{\mathrm{P}}/R}{2T_{\mathrm{P}}}\right)^{2} = 0 \qquad (5\text{-}91)$$

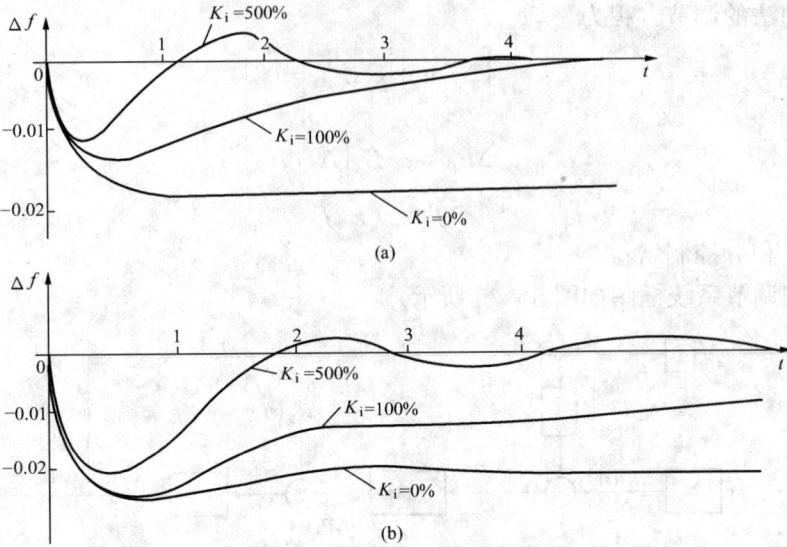

图 5 - 36　加控制时的 $\Delta f(t)$ 响应曲线

(a) $T_n=0$, $T_T=0$；(b) $T_n=0.08s$, $T_T=0.3s$

显然，极点的性质取决于增益 K_i 的值，若

$$\frac{K_i K_P}{T_P} > \left(\frac{1+K_P/R}{2T_P}\right)^2$$

即

$$K_i > \frac{1}{4T_P K_P}\left(1+\frac{K_P}{R}\right)^2$$

令

$$a = \frac{1+K_P/R}{2T_P}, \omega^2 = \frac{K_i K_P}{T_P} - \left(\frac{1+K_P/R}{2T_P}\right)^2$$

则式（5 - 91）化为如下形式

$$(s+a)^2 + \omega^2 = 0 \tag{5 - 92}$$

式中　a、ω——均为正实数。

s 具有两个不同的根，$s_1=-a+j\omega$ 和 $s_2=-a-j\omega$，它表示在 s 平面上，有一对共轭复根，其 $\Delta f(t)$ 的响应具有阻尼振荡形式，即

$$e^{-at}\sin\omega t \text{ 和 } e^{-at}\cos\omega t$$

当 $K_i=\frac{1}{4T_P K_P}\left(1+\frac{K_P}{R}\right)^2$ 时，s 具有一对相同的实根，$s_1=s_2=-a$，这是一种阻尼振荡的临界情况，此时的 K_i 称为临界积分增益，以 K_{IC} 表示。

当 $K_i<K_{IC}$ 时，式（5 - 91）变为

$$(s+\beta_1)(s+\beta_2) = 0 \tag{5 - 93}$$

式中　β_1、β_2——均为正数。

方程式（5 - 90）在 s 平面上有两个负实根，$\Delta f(t)$ 的响应对应为非振荡衰减的形式，即 $e^{-\beta_1 t}$ 和 $e^{-\beta_2 t}$ 的形式。

总之，无论哪种情况下，系统的控制调节总是稳定的。即使在第一种情况下，K_i 较大，调节具有振荡性质，但仍是衰减的。我们并不希望它出现这种振荡情况，虽然它可加快响应，减少时间误差，但控制较难掌握。

　　一般情况下，总是在 $K_i < K_{IC}$ 的条件下工作，使整个调节过程处于非振荡情况。

　　由 $\Delta f(t)$ 的曲线可以看出，在开始时，频率的变化与未加控制的情况一样，按指数规律下降。因为这时积分控制还来不及起作用，系统仍按未加控制方式变化。经过一段时间后，积分控制起作用，使频率上升。最后可使频差 Δf 完全消失。也就是说采用积分控制，可以完全消除系统的频率偏差。这一点可以通过由式（5 - 90）求稳态频降值得到证实。

　　稳态时频率是电力系统的统一参数，各点的 $\int \Delta f \mathrm{d}t$ 的值也都相同，所以同步时间法可适用于众多电厂参与调整。由于它的调节速度比较缓慢，不能保证频率的瞬时偏差在规定范围内，所以通常并不单纯采用积差调节，而是将频率的瞬时偏差 Δf 和积差 $\int \Delta f \mathrm{d}t$ 相结合，构成改进的频率积差调节方程，n 台发电机组参与调频的方程为

$$\Delta f + k_i \left(\Delta P_i - a_i \int k' \Delta f \mathrm{d}t \right) = 0 \quad (i = 1, 2, \cdots, n) \tag{5 - 94}$$

式中　ΔP_i——第 i 台机组承担的功率调节量；

　　　　k_i——第 i 台机组的比例系数；

　　　　a_i——第 i 台机组调节功率的分配系数，$\sum\limits_{i=1}^{n} a_i = 1$；

　　　　k'——功率频率换算系数。

　　在调节过程结束时，Δf 必须为零，否则调节过程不会结束。因此调节过程终止时，式（5 - 94）可写为

$$\Delta P_i = a_i \int k' \Delta f \mathrm{d}t \tag{5 - 95}$$

　　计划外负荷总的调节量 ΔP_c 可求得为

$$\Delta P_c = \sum_{i=1}^{n} \Delta P_i = \sum_{i=1}^{n} a_i \int k' \Delta f \mathrm{d}t = \int k' \Delta f \mathrm{d}t$$

所以　　　　　　　$$\Delta P_i = a_i \sum_{i=1}^{n} \Delta P_i = a_i \Delta P_c \tag{5 - 96}$$

　　可见调节结束后，计划外负荷按一定比例在调频机组间分配。计划外的负荷越大，则频率累积误差也越大。

　　当采用多个调频电厂调频时，可以采用分散方式，即参与调频电厂各有一套频差信号发生器，就地产生 $\int k' \Delta f \mathrm{d}t$ 信号进行调频。为了使各调频厂测得的 Δf 值尽可能一致，避免频差积分的差异而造成功率分配上的误差，需设置高稳定性晶体振荡标准频率发生器。

　　为了克服频差积分信号分散产生的不一致性，同步时间法的频差积分信号也可在电网调度中心集中产生，即一套高精度频率发生器集中产生积差信号，确定各调频机组的调节量，用远动通道送给各调频机组，如图5 - 37所示。

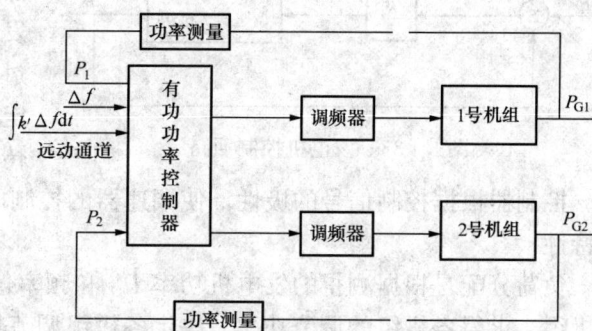

图 5 - 37　积差集中调频

电网调度中心把频差积分信号值 $\int k'\Delta f dt$ 通过远动通道送到各调频电厂，如图 5 - 37 中所示为调频电厂的调频系统，厂内配置一台有功功率控制器，用于控制全厂调频机组的功率调节量 ΔP_c。它的输入信息，除了调度所送来的频差积分信号外，还有当地产生的频差 Δf 和厂内各调频机组的输出功率 P_1，P_2，…。它的输出信号为各调频机组按式（5 - 94）所对应的方程。$\Delta f + k_i(\Delta P_i - a_i\int k'\Delta f dt)$ 接到相应机组的控制电动机，调节它们的功率给定值，该有功功率控制器可用带 CPU 的数字电子器件组成，它的输出信号可以经 D/A 转换放大后，接到各控制电动机，也可以输出按比例调节的脉冲。

这种集中调频方式优点很明显，但需要远动通道。

（三）联合自动调频

随着电力系统扩大，主导发电机的调节容量已很难满足要求，而同步时间法虽然可动用多个电厂参与调频，但由于信号分设各地很难综合考虑优化控制，无法全面完成调频经济功率分配方面的任务，而自动调频除了维持系统频率为额定值外，还必须使系统的潮流分布符合经济、安全等原则，所以集中式联合调频具有显著优点，得到了广泛应用。

随着电力系统远动技术的成熟，电网调度的 SCADA 系统（Supervisory Control And Data Acquisition System）早已走上实用化阶段，联合自动调频就具备了可实施的基础。调度控制中心实时监控计算机系统中，配置 AGC（Automatic Generation Control）功能的软件完成如下任务。

（1）维持系统频率为额定值，在正常稳态情况下，其频率偏差在 0.05～0.2Hz 范围内。

（2）控制地区电网间联络线的交换功率与计划值相等，实现各地区有功功率的就地平衡。

（3）在安全运行前提下，所管辖系统范围内，机组间负荷实现经济分配。

AGC 所需信息，如各发电机组实发功率 P_{Gi}、线路潮流、节点电压等，由各厂站侧的远动装置送到调度控制中心，形成实时数据库。AGC 软件按预定数学模型和调节准则确定各调频厂（或机组）的调节量，通过远动或计算机网络专用通信的下行通道把指令送到各厂站机组，形成各调频机组的调节指令。

在自动调频系统中，机组控制回路是一个简单的伺服系统，如图 5 - 38 所示，它的任务是使发电机的负荷 P_G 符合设定的功率 P_c。自动调频机组虽然结构各异，但它们简化后的近似框图都可用图 5 - 38 来表示，即根据设定值和实际负荷之差，通过积分放大环节控制调速器的调速特性。调度控制中心根据得到的发电机组实际功率值和频率偏差信号，通过负荷分配程序，计算得到发电机负荷设定值 P_c，并通过信息传输系统，将这信息传递到相应机组的控制器，如图 5 - 39 所示。控制器根据控制信号的极性，使调速器的控制电动机按指定方向旋转，移动调速器的调节特性。

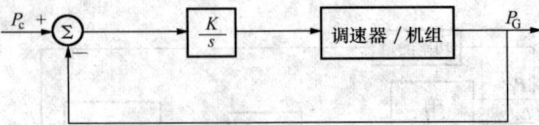

图 5 - 38　发电机控制回路

负荷分配是根据测得的发电机功率 P_G 和频率偏差信号，按一定的关系将负荷分配给发电机组，求得各机组的调节功率。决定各机组调节功率 ΔP_{ci} 最简单的关系式为

$$\Delta P_{ci} = a_i \left(\sum_{i=1}^{n} \Delta P_{Gi} - B_f \Delta f \right) \tag{5-97}$$

式中 B_f——频率偏差系数。

所以系统调频机组总的调节功率为

$$\sum_{i=1}^{n} \Delta P_{ci} = \sum_{i=1}^{n} a_i \left(\sum_{i=1}^{n} \Delta P_{Gi} - B_f \Delta f \right) = \sum_{i=1}^{n} \Delta P_{Gi} - B_f \Delta f \tag{5-98}$$

由图 5-39 的发电机控制回路调节特性可知，当调节过程结束时，系统各调频机组调节前的功率加调节功率与它们的实发功率相等，式（5-98）中 $\Delta f = 0$，即频率偏差等于零。至于分配到每台机组的调节值 ΔP_{ci}，则由分配系数 a_i 规定。而各机组调节功率之和等于总的调节功率。

调度控制中心用计算机实现调频，传递信息可以有两种方式。

（1）如图 5-40 所示，由调度专用远动通道传递发电机功率等运行参数经遥测装置送到调度控制中心，调度中心计算得出各调频机组的调节量后，通过远动下行通道发给各调频机组或经协调控制器进行功率调节。

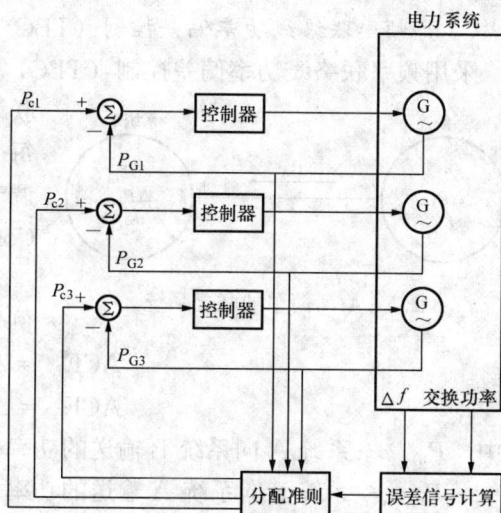

图 5-39 自动调频系统示意图

（2）如图 0-4 所示，利用电力系统计算机系统专用光纤为主的通信网络，即调度控制中心与调频厂之间用专用网络交换信息。

调频厂内也可采用集散控制系统（Distributed Control System）控制调频机组间的功率。

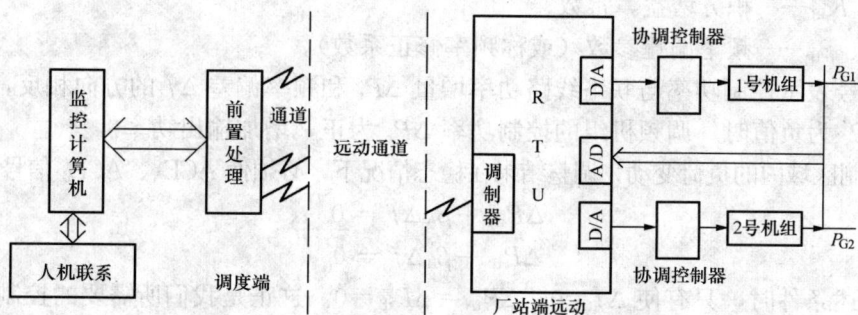

图 5-40 用远动通道实现系统调频的结构示意图

三、联合电力系统的调频

（一）联合电力系统的调频方式

（1）恒定频率控制 FFC（Flat Frequency Control）：按频率偏差 Δf 进行调节，在 $\Delta f = 0$ 时，调节结束。所以最终维持的是系统频率，而对联络线路上的交换功率则不加控制，这实际上是单一系统的观点，因此这种方式只适用于电厂之间联系紧密的小型系统，对于庞大联合电力系统实现起来确有不少困难。

（2）恒定交换功率控制 FTC（Flat Tie-line Control）：控制调频机组保持交换功率 P_t 恒定，而对系统的频率并不控制。这种方式适用于两个电力系统间按协议交换功率的情况。它要求保持联络线路上交换功率不变，而频率则要通过两相邻系统同时调整发电机的功率来维持。

（3）频率联络线功率偏差控制 TBC（Tie line load frequency Bias Control）：既按频差又按联络线路交换功率调节，最终维持的是各地区电力系统负荷波动就地平衡，这实际上是多系统调频观点，这种调频方式是大型电力系统或联合电力系统中常用的一种方法。

（二）频率联络线功率偏差控制（TBC）

采用频率联络线功率偏差控制（TBC）方式，不仅要消除频差（$\Delta f = 0$）而且还要消除联络线路中的交换功率偏差（$\Delta P_t = 0$）。这就是说，每个控制区负责本区域的功率调整，通常把本区域调节作用的信号称为区域控制误差 ACE（Area Control Error）。

现以图 5 - 41 最简单两个地区间的联合系统为例来说明 ACE 的意义和 TBC 的特点。

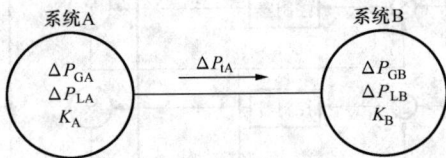

图 5 - 41　简单的联合系统

$$\left.\begin{aligned}ACE_A &= \Delta P_{tA} + \beta_A \Delta f_A \\ ACE_B &= \Delta P_{tB} + \beta_B \Delta f_B\end{aligned}\right\} \qquad (5 - 99)$$

式中　P_{tA}——系统 A 向系统 B 输送的功率；

P_{tB}——系统 B 向系统 A 输送的功率。

在同一条联络线上 $P_{tA} = -P_{tB}$。

相应的控制功率为

$$\left.\begin{aligned}\Delta P_{GA} &= -K_{iA}\int(\Delta P_{tA} + \beta_A \Delta f_A)\mathrm{d}t \\ \Delta P_{GB} &= -K_{iB}\int(\Delta P_{tB} + \beta_B \Delta f_B)\mathrm{d}t\end{aligned}\right\} \qquad (5 - 100)$$

式中　K_{iA}、K_{iB}——积分增益，常数；

β_A、β_B——频率偏置参数（或称频率修正系数）。

其中负号表示控制功率与联络线路功率增量 ΔP_t 和频率偏差 Δf 的方向相反，即当系统的 Δf 或 ΔP_t 为负值时，调频机组的控制功率 ΔP_c 为正，增加输出功率。

任一控制区域内的负荷变动，调整结果在稳态情况下，必须使 ACE_A、ACE_B 信号为零，即

$$\Delta P_{tA} + \beta_A \Delta f = 0$$
$$\Delta P_{tB} + \beta_B \Delta f = 0$$

符合上述条件时，只有使 $\Delta f = 0$，$\Delta P_{tA} = \Delta P_{tB} = 0$。这正是我们所需要的控制要求。

必须指出的是，如果 A 系统采用了 TBC 调节，而 B 系统采用有差调频或甚至无二次调频，则仍有可能出现 Δf 和 ΔP_t。为了更好理解起见，从一般情况开始讨论。

设 A 系统有二次调频，B 系统只有调速器一次调频，系统的负荷增量分别为 ΔP_{LA}、ΔP_{LB}，联络线路上功率增量为 ΔP_{tA}。由式（5 - 43）可知，在稳态情况下 $\dfrac{\mathrm{d}W_{ki}}{\mathrm{d}t}$ 等于零，得

$$\Delta P_{Ti} - \Delta P_{Li} = K_{Li}\Delta f_i + \Delta P_{ti}$$

即汽轮机功率增量 ΔP_{Ti} 与负荷增量 ΔP_{Li} 间差值，由负荷频率调节效应 $K_{Li}\Delta f$ 和联络线路增量 ΔP_{ti} 来平衡。通常 ΔP_T 与 ΔP_G 相等，由式（5 - 42）和式（5 - 13）可知，系统二次调节

功率 $\Delta P'_{\mathrm{T}}$ 或 $\Delta P'_{\mathrm{G}}$ 为 $K_{\mathrm{n}}K_{\mathrm{T}}\Delta P_{\mathrm{c}}$；一次调节功率 $\Delta P'_{\mathrm{T}}$ 或 $\Delta P'_{\mathrm{G}}$ 为 $-\Delta f/R$。所以当系统有二次调频时，调节功率为两者之和。因此对 A、B 系统有下列关系式

$$\left.\begin{aligned}\Delta P_{\mathrm{GA}}-\Delta P_{\mathrm{LA}}&=K_{\mathrm{LA}}\Delta f+\Delta P_{\mathrm{tA}}\\\Delta P_{\mathrm{GB}}-\Delta P_{\mathrm{LB}}&=K_{\mathrm{LB}}\Delta f+\Delta P_{\mathrm{tB}}\end{aligned}\right\}\tag{5-101}$$

其中

$$\Delta P_{\mathrm{tA}}=-\Delta P_{\mathrm{tB}}$$

考虑到 B 系统仅有一次调节，所以式（5-101）为

$$\left.\begin{aligned}\Delta P_{\mathrm{LA}}&=\Delta P''_{\mathrm{GA}}-\left(\frac{1}{R_{\mathrm{A}}}+K_{\mathrm{LA}}\right)\Delta f-\Delta P_{\mathrm{tA}}\\\Delta P_{\mathrm{LB}}&=-\left(\frac{1}{R_{\mathrm{B}}}+K_{\mathrm{LB}}\right)\Delta f+\Delta P_{\mathrm{tA}}\end{aligned}\right\}\tag{5-102}$$

所以

$$\left.\begin{aligned}\Delta P_{\mathrm{LA}}&=\Delta P''_{\mathrm{GA}}-\beta_{\mathrm{A}}\Delta f-\Delta P_{\mathrm{tA}}\\\Delta P_{\mathrm{LB}}&=-\beta_{\mathrm{B}}\Delta f+\Delta P_{\mathrm{tA}}\end{aligned}\right\}\tag{5-103}$$

A 系统按频率及联络线路功率进行调节时，最终使

$$\beta_{\mathrm{A}}\Delta f+\Delta P_{\mathrm{tA}}=0$$

由式（5-103）得

$$\Delta P''_{\mathrm{GA}}=\Delta P_{\mathrm{LA}}$$

$$\Delta P_{\mathrm{tA}}=-\beta_{\mathrm{A}}\Delta f$$

代入式（5-103），得

$$\Delta f=-\frac{1}{\beta_{\mathrm{A}}+\beta_{\mathrm{B}}}\Delta P_{\mathrm{LB}}\tag{5-104}$$

$$\Delta P_{\mathrm{tA}}=\frac{\Delta P_{\mathrm{LB}}\beta_{\mathrm{A}}}{\beta_{\mathrm{A}}+\beta_{\mathrm{B}}}\tag{5-105}$$

可见，A 系统自动调频的二次调节功率 $\Delta P''_{\mathrm{GA}}$ 等于 A 系统的负荷增量 ΔP_{LA}，A 系统维持了功率的就地平衡。整个系统的频率及联络线路功率变化只与 B 系统负荷增量 ΔP_{LB} 有关。把式（5-104）、式（5-105）与式（5-82）、式（5-83）、式（5-66）相比可知，由于 B 系统无自动调频，所以整个联合系统对 B 系统的负荷波动仍然只有一次调频似的。

【例 5-3】　设 A、B 两系统由联络线路相连，两系统的单位调节功率 $\beta_{\mathrm{A}}=\beta_{\mathrm{B}}=$ 1250MW/Hz，它们的负荷增量分别是 ΔP_{LA} 为 100MW、ΔP_{LB} 为 50MW。设 A 系统装设按频率及联络线路功率调整的自动调频，B 系统无自动调频。试计算 Δf、ΔP_{t} 和 $\Delta P''_{\mathrm{GA}}$。

解　由式（5-104）及式（5-105）得

$$\Delta f=-\frac{1}{\beta_{\mathrm{A}}+\beta_{\mathrm{B}}}\Delta P_{\mathrm{LB}}=-\frac{50}{2500}=-0.02\quad(\mathrm{Hz})$$

$$\Delta P_{\mathrm{tA}}=\frac{\beta_{\mathrm{A}}}{\beta_{\mathrm{A}}+\beta_{\mathrm{B}}}\Delta P_{\mathrm{LB}}=\frac{1}{2}\times50=25\quad(\mathrm{MW})$$

$$\Delta P''_{\mathrm{GA}}=\Delta P_{\mathrm{LA}}=100\quad(\mathrm{MW})$$

如果 A、B 系统采用其他调节准则，也可列出相应方程求解，这里不再详述。

联合系统调频的动态特性，由图 5-32 可以列出方程组求解，由于阶数较高，通常用计算机求解，也可绘出 $\Delta f(t)$、$\Delta P_{\mathrm{t}}(t)$ 的响应曲线。

频率联络线功率偏差控制使每个控制区负责本区域的功率调整，适用于行政上独立的两个区域电网之间的调频；联络线按协议输送功率 P_{t}，并有相关条款约束双方遵守，这就需

要制订一个符合电网运行规律的调频考核标准，现设 A 系统的运行和调频工作较为正常，而 B 系统的调频工作欠佳，运行中会出现发电机组调节功率不足或过剩的情况。现分析 A、B 两系统 ACE 的情况。

如果 B 系统的调节功率不足，联合系统频率下降，$\Delta f<0$，将影响联络线上的输送功率，引起 A 系统向 B 系统输送功率增加（或 B 系统向 A 系统输送功率减小），即 $\Delta P_{tA}>0$（或 $\Delta P_{tB}<0$）。

如 B 系统负荷突减，发电功率过剩，这时联合系统频率上升，$\Delta f>0$，联络线上输送功率的波动为 $\Delta P_{tA}<0$，$\Delta P_{tB}>0$。

可见 A、B 两系统 Δf 和 ΔP_t 的符号有区别，调频工作正常的 A 系统在两种不同情况下，ΔP_{tA} 和 Δf 的符号均相反；而调频工作不正常的 B 系统，其 ΔP_{tB} 和 Δf 的符号均相同。因此式（5 - 99）只要选择合适的 β_A、β_B 就有可能使工作正常系统的 $|ACE_A|\approx0$，即在允许偏差范围内。而工作不正常系统的 $|ACE_B|>0$，超越允许值，依此不但能判别误差的引发地区，而且也为 A、B 系统的自动调频提供不一样的信息。

现在我国某些区域电网的调度就用 ACE［式（5 - 99）］的记录作为监视系统间违规的依据。正常运行时，调度监视的主要内容是电网频率、实时总功率、联络线实时功率与计划值的偏差，由计算机软件求得 ACE 值并实时记录，这些数据在调度监视画面上显示，如图 5 - 42 受电网的波形所示；$-\Delta P$ 为受电功率，正常时 $ACE\approx0$，现大于计划值，$ACE<0$，发增功率指令。

由于 ACE 能判别误差引发的区域，现在联合系统一般把 ACE 作为违约及惩罚的运算依据。除了对 ACE 进行实时记录外，同时进行判别违约（cps1）[1] 和惩罚情况（cps2）[2] 计算，且可实时监视。

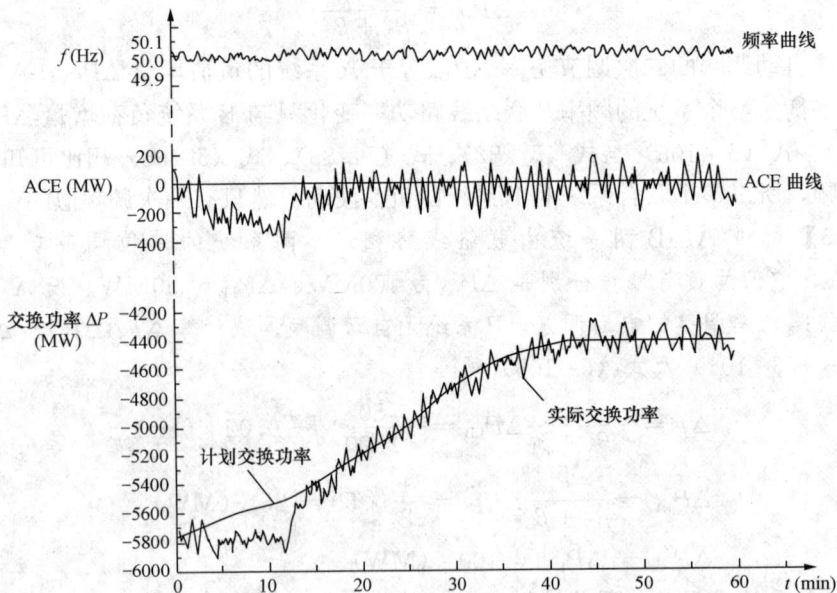

图 5 - 42　受电网侧交换功率、频率和 ACE 某一时段的实时波形

---

[1]　参见本书 190 页 cps1。
[2]　参见本书 190 页 cps2。

第五节 电力系统的经济调度与自动调频

电力系统的频率调节涉及系统中有功功率平衡和潮流分布。在保证频率质量和系统安全运行的前提下，如何使电力系统运行具有良好的经济性，这就是电力系统经济调度控制（Economic Dispatch Control——EDC）的任务。它是联合自动调频的重要目标之一，因此也有人把 EDC 列为 AGC 功能的一部分，称为 AGC/EDC 功能。可见，EDC 是按数学模型编制的程序，调用时需一定的时间开销，但它可以较长时间启动一次（一般在 5min 以上）。有人称 EDC 为三次经济调整。

一、等微增率分配负荷的基本概念

在很久以前，曾误认为最经济的分配负荷是当系统负荷增加时，使效率最好的机组先增加负荷，直至其最高效率；然后再让效率次之的机组也增加负荷直到其最高效率时的负荷为止，以此类推。这种方法已被证明并不经济，最经济的应是按等微增率分配负荷。等微增率法至今还被广泛应用。

微增率是指输入耗量微增量与输出功率微增量的比值。对发电机组来说，为燃料消耗量（或消耗费用）的微增量与发电机输出功率微增量的比值。所谓等微增率法则，就是运行的发电机组按微增率相等的原则分配负荷，这样就可使系统总的燃料消耗（或费用）为最小，从而是最经济的。

对于一台发电机组，它包括了锅炉、汽轮机和发电机三个单元。它们在单位时间内所消耗的能量与输出功率之间的关系，称为耗量特性。典型的耗量特性如图 5 - 43（a）、（b）、（c）所示，相应的微增率曲线如图5 - 43（d）、（e）、（f）所示。

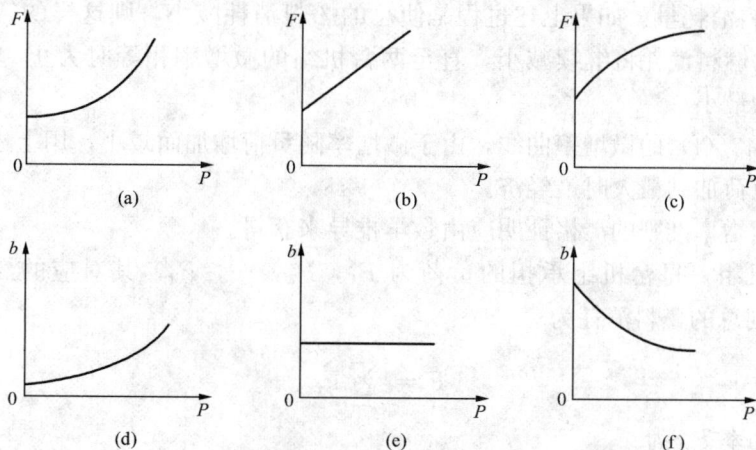

图 5 - 43 三种典型的耗量特性曲线及其微增率曲线

（a）、（b）、（c）典型的耗量特性曲线；（d）、（e）、（f）相应的微增率曲线

对应于某一输出功率时的微增率就是耗量特性曲线上对应该功率点切线的斜率，即

$$b = \frac{\Delta F}{\Delta P} \tag{5 - 106}$$

式中 b——耗量微增率（或简称微增率）；

ΔF——输入耗量微增量；

ΔP——输出功率微增量。

锅炉的耗量特性曲线有如图 5 - 43（a）所示的形状，它的微增率特性曲线如图5 - 43（d）所示。

对于节流式汽轮机的耗量特性曲线有如图 5 - 43（c）所示的形状，它的微增率特性曲线如图 5 - 43（f）所示，其微增率随着负荷增大而减小。至于锅炉—汽轮机—发电机组成的单元机组的耗量特性，由于汽轮机的微增率变化不大和发电机的效率接近于 1，所以整个机组的耗量特性和微增率特性可以认为如图 5 - 43（a）和图 5 - 43（d）的形状。这种特性随着输出增加，其耗量增量大于输出功率的增量，因此耗量微增率随输出功率的增加而增大。

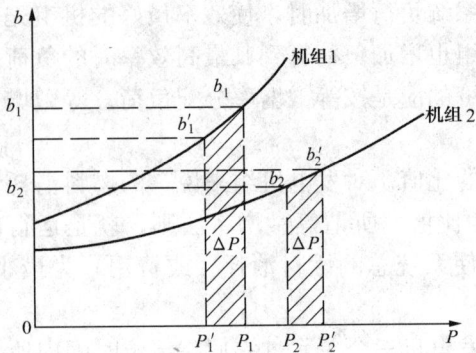

图 5 - 44　两台发电机组的
微增率曲线

为了说明等微增率法则，我们以最简单的两台机组并联运行为例。图 5 - 44 中示出了两台发电机组的微增率特性曲线，原来所带的负荷，机组 1 为 P_1、微增率为 b_1，机组 2 为 P_2、微增率为 b_2，且 $b_1 > b_2$。如果使机组 1 的功率减小 ΔP，即功率变为 P_1'，相应的微增率减小至 b_1'；而机组 2 增加相同的 ΔP，其功率变为 P_2'，微增率增至 b_2'，此时总的负荷不变。由图可知，机组 1 减少的燃料消耗（图中 P_1、b_1、b_1'、P_1' 所围的面积）大于机组 2 增加的燃料消耗（图中 P_2、b_2、b_2'、P_2' 所围之面积）。这两个面积之差即为减少

（或增加）的燃料消耗量，如果上述过程是使总的燃料消耗减小，则这样的转移负荷过程就继续下去，总的燃料消耗将继续减小，直至两台机组的微增率相等时为止，即为 $b_1 = b_2$ 时总的燃料消耗为最小。

但是图 5 - 43（f）的微增率曲线，由于微增率随负荷增加而减小，用上述同样方法可以证明，把机组负荷加到最大时最经济。

当然，等微增率准则的严格证明应由数学推导来获得。

设有 n 台机组，每台机组承担的负荷为 P_1，P_2，…，P_n，其对应的燃料消耗为 F_1，F_2，…，F_n，则总的燃料消耗为

$$F = \sum_{i=1}^{n} F_i \tag{5 - 107}$$

而总负荷功率 P_L 为

$$P_L = \sum_{i=1}^{n} P_i \tag{5 - 108}$$

现在要使发电机组总的输出在满足负荷的条件下，总的燃料消耗为最小，即使 $F = F_{min}$。这时，可应用拉格朗日乘子法则来求解

取拉格朗日方程

$$L = F - \lambda \Psi \tag{5 - 109}$$

式中　F——总燃料消耗；

λ——拉格朗日乘子；

Ψ——约束函数。

这里功率平衡就是相应的约束条件，即

$$P_1 + P_2 + \cdots + P_n - P_L = 0$$

或

$$\Psi(P_1, P_2, \cdots, P_n) = \sum_{i=1}^{n} P_i - P_L = 0 \tag{5-110}$$

因此，使总燃料消耗最小的条件是式（5-109）对功率的偏导数为零，即

$$\frac{\partial L}{\partial P_i} = \frac{\partial F}{\partial P_i} - \lambda \frac{\partial \Psi}{\partial P_i} = 0 \quad (i=1,2,\cdots,n) \tag{5-111}$$

因 P_L 是常数，同时各机组的输出功率又是相互无关的，所以

$$\frac{\partial L}{\partial P_i} = \frac{\partial F}{\partial P_i} - \lambda \frac{\partial}{\partial P_i}\left(\sum_{i=1}^{n} P_i - P_L\right) = 0$$

$$\frac{\partial F}{\partial P_i} - \lambda(1-0) = 0 \tag{5-112}$$

$$\frac{\partial F}{\partial P_i} - \lambda = 0$$

或

$$\frac{\partial F}{\partial P_i} = \lambda$$

设每台机组都是独立的，那么每台机组燃料消耗只与本身输出功率有关。因此，式（5-112）可写成

$$\frac{\mathrm{d}F_i}{\mathrm{d}P_i} = \lambda \tag{5-113}$$

由此可得

$$\frac{\mathrm{d}F_1}{\mathrm{d}P_1} = \frac{\mathrm{d}F_2}{\mathrm{d}P_2} = \cdots = \frac{\mathrm{d}F_n}{\mathrm{d}P_n} = \lambda$$

即

$$b_1 = b_2 = \cdots = b_n = \lambda \tag{5-114}$$

因此，发电厂内并联运行机组的经济调度准则为各机组运行时微增率 b_1，b_2，$\cdots$，b_n 相等，并等于全厂的微增率 λ。图 5-45 为发电厂内 n 台机组按等微增率运行分配负荷时的示意图。

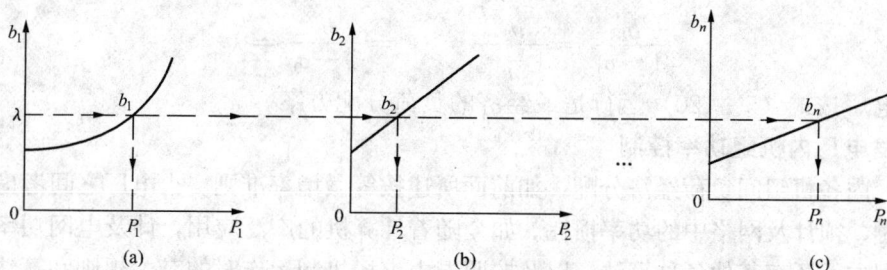

图 5-45 多台机组间按等微增率运行分配负荷时的示意图

二、发电厂之间负荷的经济分配

由于发电厂之间通过输电线路相连，所以考虑发电厂之间的负荷经济分配时，要计及线

路功率损耗因素。

　　设有 n 个发电厂，每个发电厂承担的负荷分别为 P_1，P_2，$\cdots$，P_n，相应的燃料消耗为 F_1，F_2，$\cdots$，F_n 则全系统总的燃料消耗为

$$F_1 + F_2 + \cdots + F_n = \sum_{i=1}^{n} F_i \qquad (5\text{-}115)$$

　　总的发电功率与总负荷 P_L 及线损 P_e 相平衡，即

$$\Psi = \sum_{i=1}^{n} P_i - P_L - P_e = 0 \qquad (5\text{-}116)$$

　　同样应用拉格朗日乘子求解，取拉格朗日方程式（5-109），则

$$\frac{\partial L}{\partial P_i} = \frac{\partial F}{\partial P_i} - \lambda\left(1 - \frac{\partial P_e}{\partial P_i}\right) = 0 \qquad (i = 1, 2, \cdots, n) \qquad (5\text{-}117)$$

　　或

$$\lambda = \frac{\partial F}{\partial P_i} \bigg/ \left(1 - \frac{\partial P_e}{\partial P_i}\right) = \frac{\partial F_i}{\partial P_i} L_i \qquad (5\text{-}118)$$

　　其中

$$\frac{\partial F_i}{\partial P_i} = b_i$$

式中　L_i——线损修正系数，$L_i = \dfrac{1}{1 - \dfrac{\partial P_e}{\partial P_i}}$；

　　　　λ——系统微增率；

　　　　$\dfrac{\partial F_i}{\partial P_i}$——发电厂微增率。

　　所以在考虑线损条件下，负荷经济分配的准则是每个发电厂的微增率与相应的线损修正系数的乘积相等。

　　为了求得各发电厂的微增率 b_i，必须计算出线损 P_e（一般事先根据运行工况而选定的线损系数求得），然后算出各发电厂的线损微增率 σ_i，即

$$\sigma_i = \frac{\partial P_e}{\partial P_i}$$

　　在 λ 和 σ_i 已知后，就可求出 b_i，即

$$b_i = (1 - \sigma_i)\lambda \qquad (5\text{-}119)$$

由式（5-119）得

$$\frac{b_1}{1 - \sigma_1} = \frac{b_2}{1 - \sigma_2} = \cdots = \frac{b_n}{1 - \sigma_n} = \lambda \qquad (5\text{-}120)$$

　　调频电厂按式（5-120）运行是最经济的负荷分配方案。

三、发电厂内机组功率控制

　　发电厂内各机组间负荷经济分配，如前面所述按等微增率准则。火电厂之间考虑有功负荷经济分配时，须计及网络中的功率损耗。如今随着计算机的广泛应用，计及电网功率损耗的经济功率分配方面还有其他各种算法，以及按照电力市场机制运作时的有关规则和算法，这里不一一列举。

　　厂站内的远动装置（Remote Terminal Unit，RTU）与机组功率控制器配合，完成 AGC 监控功能所需的遥测、遥信、遥调等实时信息的采集、发送和接收任务。它把机组、线路及母线等运行参数送往调度端的控制计算机系统。调度端将 AGC 有关遥调指令传送给

调频电厂的 RTU，以实现对调频机组的调节控制。

调度所计算机系统执行 AGC 功能给调频电厂的调节指令有两种方式：①直接下达给各调频机组；②下达全厂总调节量。

（一）调节指令直接下达给各调频机组

采用这种方式时，经济功率分配计算，包括厂内调频机组间的负荷分配，计算工作量全部集中在调度所。

当调频机组为汽轮发电机组时，功率调节涉及机、炉热力系统的协调控制，调度端发给 RTU 的指令，是各个机组的调节量，如图 5 - 40 所示，RTU 输出分别经 D/A 转换后，控制各机组的协调控制器进行调节。

（二）调节指令为全厂总调节量

采用这种方式时，调频电厂内机组间的负荷分配由有功功率分配器实行机组间经济功率分配，例如当调频电厂是水电厂时，机组间的经济功率分配较为简单，一般小型计算机就能胜任，为了减轻调度端计算机的负担且为简化遥调指令起见，可采用这一方式。如图 5 - 46 所示，调度端发给 RTU 的指令是全厂总调节量，RTU 经 D/A 输出后，由有功功率分配器 A/D 输入，再按要求对各机组进行调节控制。

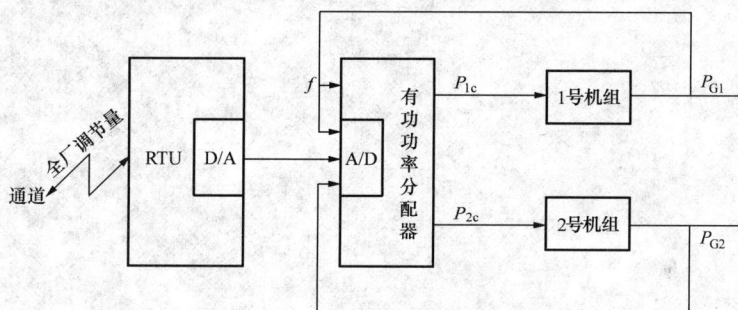

图 5 - 46 电厂的经济功率分配

机组有功功率控制器的组成框图，方案之一如图 5 - 47（a）所示，它接收 RTU 送来的调节指令 ΔP_c，输入的其他信息还有各发电机的实发功率量与原设定量，经计算可确定各机组的调节量，输出去控制各机组的伺服电机。

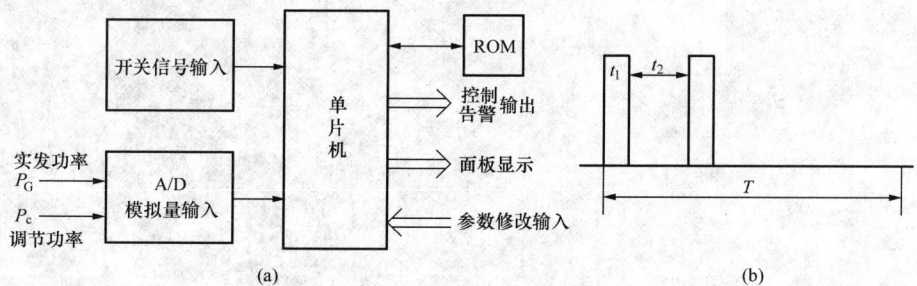

图 5 - 47 机组有功功率控制器

（a）机组有功功率控制器硬件框图；（b）控制输出信号

t_1—脉冲宽度；t_2—脉冲间隔；T—控制周期

　　有功功率调节量的输出为周期性脉冲，如图 5-47（b）所示，每个脉冲改变机组一定功率值，根据调节量确定一个控制周期内发出多少个脉冲。控制周期按机组动特性确定，以保证机组功率变化过程迅速、平稳。

　　当实发功率与给定功率差值反向时，控制信号由另一端口输出，波形相同，伺服电机旋转方向也就相反，按指定的要求完成调整任务。有功功率控制器大多由用于工业控制的可编程控制器 PLC 组成。

第六章 电力系统自动低频减载
及其他安全自动控制装置

第一节 概 述

随着电力工业迅速发展，电力系统的规模日益增大，跨区域联合电力系统已经形成。国内外电力系统的运行经验表明，大电网系统性事故不仅使国民经济蒙受巨大损失，而且在电气化水平发达的社会，停电将会给广大人民生活造成极大困难。例如 1965 年 11 月 9 日美国电力系统事故大约 20 万 km² 的区域停电 13h 以上，停电负荷达 2500 万 kW。2003 年 8 月 13 日又发生美加电网大停电，事故初期从个别线路跳闸开始，最后导致电力系统崩溃，造成美国东部、加拿大东部大范围地区停电，纽约、芝加哥和多伦多、渥太华等大城市都遭停电之苦，约使 5000 万人的生活受到影响，有些停电时间长达 18h 以上，停电负荷约 6180 万 kW，经济损失十分巨大，使人民生活受到严重影响。所以对于系统性事故采取有效对策，以提高电力系统运行的可靠性，具有特别重要的实际意义。

当电力系统发生某些故障时，如不及时采取措施，就有可能引起连锁反应使事故扩大，以致危及整个系统的安全运行，例如，上面提及的美加电网大停电就是一个现实的教训。本章所介绍的电力系统中常见的几种自动装置，是针对危及系统安全运行的故障所采用的自动化对策，它们的主要任务是当系统发生某些故障时，按照预定的控制准则迅速作出反应，采取必要措施避免事故扩大。

为了阐明这类属于电力系统安全自动控制装置的意义，现举例说明如下。

在电力系统中，大型水电站或坑口电厂一般都远离负荷中心，经输电线路向受端电网远距离输电（如图 6-1 所示）。

A 发电厂向 B 系统输送的功率为 P_A。现假设事故情况为如下两种。

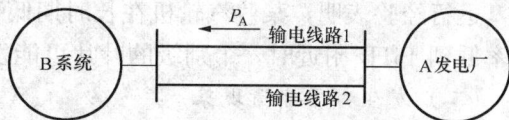

图 6-1 输电系统示意图

（1）当 A 发电厂发生故障时，B 系统中的发电功率突然减少了 P_A，如果这时 B 系统运行机组的备用容量远较 P_A 为小，则将造成电网严重的功率缺额，引起电网频率大幅度下降，此时如不及时采取果断措施切除部分负荷，则将威胁电力系统的安全运行，严重时甚至使整个系统崩溃，造成更大损失。

（2）设双回输电线路输送的功率 P_A 较大，当其中一回线路发生短路故障时，继电保护正确动作，故障线路被切除，但是由于输送的功率 P_A 已超出了一回线路运行的暂态稳定极限功率，如不迅速减少输送功率，则可能由于系统稳定遭到破坏而导致 A 发电厂解列，造成受端 B 系统更严重的功率缺额。

由上述介绍可见，当发生第一种事故时如能迅速切除 B 系统部分负荷、发生第二种事故时如能迅速减少输送功率，就可以避免事故的进一步扩大。然而，要求调度人员在极短的时间内迅速作出正确判断并完成上述操作，是很难保证的，因为远动信息往返传递需要一定时间，当运行人员得悉信息，核实后作出反应并采取措施所需时间就更长，这样势必失去处理事故的良机。因此，这种针对引发系统性事故的紧急操作任务必须依靠自动控制装置来完成，这类反事故操作都属于电力系统安全自动控制装置范畴的内容。

第二节　自动低频减载

一、概述

电力系统的频率反映了发电机组所发出的有功功率与负荷所需的有功功率之间的平衡情况。第五章中已经讲过，当发电厂发出的有功功率不满足用户要求出现缺额时，系统频率就会下降。

但第五章所讨论的系统频率和有功功率自动调节的内容，是指系统在正常运行情况下由于计划外负荷所引起的频率波动。这时系统动用发电厂的热备用容量，即系统运行中的发电机容量就足以满足用户的需要。而本章所讨论的内容是当系统发生较大事故时，系统出现严重的功率缺额，其缺额值超出了正常热备用可以调节的能力，这时即使令系统中运行的所有发电机组都发出其设备可能胜任的最大功率，仍不能满足负荷功率的需要，所引起的系统频率下降值将远远超出系统安全运行所允许的范围。在这种情况下从保障系统安全运行的观点出发，为了保证电网安全和对重要用户的供电，不得不采取应急措施，切除部分负荷，以使系统频率恢复到可以安全运行的水平以内。

当电力系统因事故而出现严重的有功功率缺额时，其频率将随之急剧下降，其下降值与功率缺额有关，根据负荷频率特性曲线不难求得下降频率的稳态值。

频率降低较大时，对系统运行极为不利，甚至会造成系统崩溃的严重后果，现依次介绍。

（一）对汽轮机的影响

运行经验表明，某些汽轮机在长时期低于频率 49.5Hz 运行时，叶片容易产生裂纹，当频率低到 45Hz 附近时，个别级的叶片可能发生共振而引起断裂事故。

（二）发生频率崩溃现象

当频率下降到 $47\sim48\text{Hz}$ 区间时，火电厂的厂用机械（如给水泵等）的输出功率将显著降低，使锅炉输出功率减少，发电厂输出功率进一步减少，致使功率缺额更为严重。于是系统频率进一步下降，这样恶性循环将使发电厂运行受到破坏，从而造成所谓"频率崩溃"现象。

（三）发生电压崩溃现象

当频率降低时，励磁机、发电机等的转速相应降低，由于发电机的电动势下降和电动机转速降低，加剧了系统无功不足情况，使系统电压水平下降。运行经验表明，当频率降至 $45\sim46\text{Hz}$ 区间时，系统电压水平受到严重影响，当某些中枢点电压低于某一临界值时，将出现所谓"电压崩溃"现象，系统运行的稳定性遭到破坏，最后会导致系统瓦解。

一旦发生上述恶性事故，将会引起大面积停电，而且需要较长时间才能恢复系统正常供电，世界上一些大型电力系统曾发生过这种不幸事故，应该引起我们高度重视。

自动低频减载装置是防止发生上述事故的重要对策之一，当频率下降时，采用迅速切除不重要负荷的办法来制止频率下降，以保障电力系统安全，防止事故扩大。

二、电力系统频率静态特性

在电力系统出现较大功率缺额时，如能在较低的频率维持运行，主要是依靠了负荷频率特性所起的调节作用。有关内容已在第五章中的负荷频率调节效应中作了阐述。其物理概念是当频率降低时，负荷按照自身的频率特性，自动地减少了从系统中所取用的功率，使之与发电机所发出的功率保持平衡。根据负荷调节效应能自动减少从系统取用功率的概念，不难确定此时系统负荷所减少的功率就等于功率缺额。

令 ΔP_h 表示功率缺额值，由式（5-8）可得

$$\Delta f = \frac{1}{K_L} \Delta P_h$$

当功率缺额为已知时，系统频率降低值 Δf 可按负荷静态频率特性求得。

在实际应用中 K_L 往往以标幺值表示，则由式（5-7）可得

$$\Delta f = \frac{50 \Delta P_h}{K_{L*} P_{LN}} \tag{6-1a}$$

$$\Delta f = \frac{\Delta P_h \%}{2 K_{L*}} \tag{6-1b}$$

式中　P_{LN}——额定频率工况下系统的有功负荷。

式（6-1b）是用功率缺额的百分数来表示。

通过对负荷静态频率特性的分析，可以较方便地得出功率缺额与频率降低值之间的关系，求得系统频率的降低值。

【例6-1】 电力系统在某一运行方式时，运行机组的总额定容量为450MW，此时系统中负荷功率为430MW，负荷调节效应为 $K_{L*} = 1.5$。设这时发生事故，突然切除额定容量为100MW的发电机组，如不采取任何措施，试求事故情况下的稳态频率值。

解　当时系统的热备用为20MW，所以实际功率缺额为80MW。将有关数据代入式（6-1a)得

$$\Delta f = \frac{50 \times 80}{1.5 \times 430} = 6.2 \quad (\text{Hz})$$

所以该事故后的系统稳态频率将降至43.8Hz（实际不可能运行，这里只是演算）。

三、电力系统频率动态特性

电力系统在稳态运行情况下，各母线电压的频率为统一的运行参数 $\omega_x / 2\pi$，各母线电压的表达式为

$$u_i = U_{mi} \sin(\omega_x t + \delta_i) \tag{6-2}$$

式中　ω_x——全网统一的角频率。

如图6-2所示，设系统受到微小扰动，频率仍能维持为 f_x，但是由于原线路传输的功率发生了变化，节点 i 的输入功率 P_{Ai} 和输出功率 P_{Bi} 也发生了变化，于是 δ_i 也将随之发生变化。这时电压的瞬时角频率 ω_i 可表示为

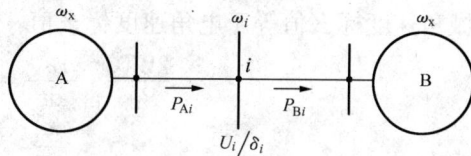

图6-2　节点 i 的瞬时频率

$$\omega_i = \frac{d}{dt}(\omega_x t + \delta_i) = \omega_x + \frac{d\delta_i}{dt} = \omega_x + \Delta \omega_i \tag{6-3}$$

所以该节点的频率 f_i 为

$$f_i = f_x + \Delta f_i \tag{6-4}$$

可见，在扰动过程中，各母线电压的相角不可能具有相同的变化率，因此系统中各母线

电压的频率并不一致，它与全网统一的频率 f_x 相差 Δf_i，其值决定于相角 δ_i 的变化情况。因此，电力系统在扰动过程中，设系统频率的动态特性为 $f_x(t)$，则各母线频率的动态特性严格讲并不相同，需作 $\Delta f_i(t)$ 的修正，这里则用 $f_x(t)$ 来表示电力系统的频率动态特性。

电力系统由于有功功率平衡遭到破坏而引起系统频率发生变化，频率从正常状态过渡到另一个稳定值所经历的时间过程，称为电力系统的动态频率特性。当系统中出现功率缺额时，系统中旋转机组的动能都为支持电网的能耗作出贡献，频率随时间变化的过程主要决定于有功功率缺额的大小与系统中所有转动部分的机械惯性，其中包括汽轮机、同步发电机、同步补偿机、电动机及电动机拖动的机械设备。

现以最简单的一台发电机向负荷供电为例，当出现有功功率缺额时，同步发电机组转子上的不平衡转矩使转子作角加速运动，同步发电机的运动方程式为

$$J \frac{\mathrm{d}\Omega}{\mathrm{d}t} = \Delta M \quad (\mathrm{N} \cdot \mathrm{m}) \tag{6-5}$$

式中　Ω——转子机械角速度，rad/s；

　　　J——转子转动惯性，kg·m²；

　　ΔM——轴上的不平衡转矩，N·m；

　　　t——时间，s。

当发电机组以额定转速 Ω_N 旋转时，转子动能为

$$W_{kN} = \frac{1}{2} J \Omega_N^2 \quad (\mathrm{J})$$

则

$$J = 2W_{kN} / \Omega_N^2 \tag{6-6}$$

把式（6-6）代入式（6-5），得

$$\frac{2W_{kN}}{\Omega_N^2} \cdot \frac{\mathrm{d}\Omega}{\mathrm{d}t} = \Delta M \tag{6-7a}$$

等式两边同除以转矩基准值 M_B，式（6-7a）右边即为转矩标幺值 ΔM_*。考虑到计算方便性，这里以发电机额定有功功率 P_{GN} 取为功率基准，所以 $M_B = P_{GN}/\Omega_N$，代入式（6-7a）得

$$\frac{2W_{kN}}{P_{GN}\Omega_N} \times \frac{\mathrm{d}\Omega}{\mathrm{d}t} = \frac{2W_{kN}}{P_{GN}} \cdot \frac{\mathrm{d}\Omega_*}{\mathrm{d}t} = \Delta M_* \tag{6-7b}$$

如果考虑机械角速度的变化不是太大，转矩标幺值就可近似地认为等于功率标幺值，又机械角速度标幺值等于电角速度标幺值，式（6-7b）可表达为

$$\frac{2W_{kN}}{P_{GN}} \cdot \frac{\mathrm{d}\omega_*}{\mathrm{d}t} = T_G \frac{\mathrm{d}\omega_*}{\mathrm{d}t} = P_{T*} - P_{L*} \tag{6-7c}$$

$$T_G = \frac{2W_{kN}}{P_{GN}} = \frac{J\Omega_N^2}{P_{GN}} \tag{6-8}$$

式中　P_{T*}——以 P_{GN} 为基准的机组输入功率标幺值；

　　　P_{L*}——以 P_{GN} 为基准的机组负荷功率标幺值。

在一般情况下，发电机惯性时间常数 T_G 均以发电机额定容量 S_{GN} 为功率基准，因此可按给出的 T_G 求出动能 W_{kN}，代入式（6-8），即可求得式（6-7c）的 T_G 值。

电网中有很多发电机并联运行，当系统由于功率缺额而频率下降时，在动态过程中各母线电压频率并不一致。如先忽略各节点 Δf_i 的差异，首先求得全系统统一频率 f_x 的变化过

程。因此可以把系统所有机组作为一台等值机组来考虑。计算经验表明，尽管由于负荷电动机的数量要比发电机的数量多得多，但负荷电动机及其拖动机械的转动惯量却比发电机组的转动惯量要小得多，且它们的转动惯量在整个系统中所占的比例很小，可以忽略不计，这样计算所得的结果仍然是够准确的。

根据上述等值观点，电力系统频率变化时等值机组的运动方程可按式（6-7c）表达为

$$T_\text{x}\frac{\text{d}\omega_*}{\text{d}t} = P_{\text{T}*} - P_{\text{L}*}$$

式中　$P_{\text{T}*}$、$P_{\text{L}*}$——分别为以系统发电机总额定功率 P_{GN} 为基准的发电机总功率和负荷功率的标幺值；

　　　　T_x——系统等值机组惯性时间常数，按式（6-8）求得。

由于

$$\frac{\text{d}\omega_*}{\text{d}t} = \frac{\text{d}\Delta\omega_*}{\text{d}t} \quad \left(\Delta\omega_* = \frac{\omega - \omega_\text{N}}{\omega_\text{N}}\right)$$

$$= \frac{\text{d}\Delta f_*}{\text{d}t} \quad \left(\Delta f_* = \frac{f - f_\text{N}}{f_\text{N}}\right)$$

把上式改写为以系统负荷在额定频率时的总功率 P_{LN} 为功率基准，则式（6-7）又可写成

$$T_\text{x}\frac{P_{\text{GN}}}{P_{\text{LN}}} \cdot \frac{\text{d}\Delta f_*}{\text{d}t} = P_{\text{T}*} - P_{\text{L}*} \tag{6-9}$$

在事故情况下，自动低频减载装置动作时，可认为系统中所有机组的功率已达最大值。式（6-9）右端的负荷功率 $P_{\text{L}*}$ 随频率变化，计及负荷调节效应，由式（5-8），P_L 可表达为 $P_\text{L}=P_{\text{LN}}+K_\text{L}\Delta f$，把它写成以 P_{LN} 为基准的标幺值表达式，同时把功率缺额用 $\Delta P_{\text{h}*}$ 表示，则式（6-9）可改写为

$$T_\text{x}\frac{P_{\text{GN}}}{P_{\text{LN}}}\frac{\text{d}\Delta f_*}{\text{d}t} + K_{\text{L}*}\Delta f_* = \Delta P_{\text{h}*} \tag{6-10}$$

也可写成

$$T_\text{x}\frac{P_{\text{GN}}}{P_{\text{LN}}K_{\text{L}*}}\frac{\text{d}\Delta f_*}{\text{d}t} + \Delta f_* = \frac{\Delta P_{\text{h}*}}{K_{\text{L}*}}$$

或

$$T_{\text{xf}}\frac{\text{d}\Delta f_*}{\text{d}t} + \Delta f_* = \Delta P_{\text{h}*}/K_{\text{L}*} \tag{6-11}$$

这是一个典型的一阶惯性环节的微分方程式，其中

$$T_{\text{xf}} = \frac{P_{\text{GN}}}{P_{\text{LN}}} \cdot \frac{T_\text{x}}{K_{\text{L}*}} \tag{6-12}$$

式中　T_{xf}——系统频率下降过程的时间常数。

公式推导表明，当系统中出现功率缺额或功率过剩时，系统频率 f_x 的动态特性可用指数曲线来描述，其时间常数 T_{xf} 与系统的机械惯性时间常数并不相等。T_{xf} 值与 P_{GN}、P_{LN}、T_x 和负荷调节效应 $K_{\text{L}*}$ 等数值有关，一般 T_{xf} 的值大约在 4～10s 之间。频率降的稳态值 Δf_∞ 与功率缺额 $\Delta P_{\text{h}*}$ 成比例，当 $\Delta P_{\text{h}*}$ 和 T_{xf} 为已知的情况下，系统频率 f_x 的动态特性也就不难求得，如图6-3所示。

由上述分析可知，当发电机功率与负荷功率失去平衡时，系统频率 f_x 按指数曲线变化。系统功率缺额 $\Delta P_{\text{h}*}$ 值是一个随机的不定数，但系统频率 f_x 的变化总可归纳为如下四种情况。

（1）由于 $\Delta f_{*\infty}$ 的值与功率缺额 $\Delta P_{\text{h}*}$ 成比例，当 $\Delta P_{\text{h}*}$ 不同时，系统频率特性分别如图

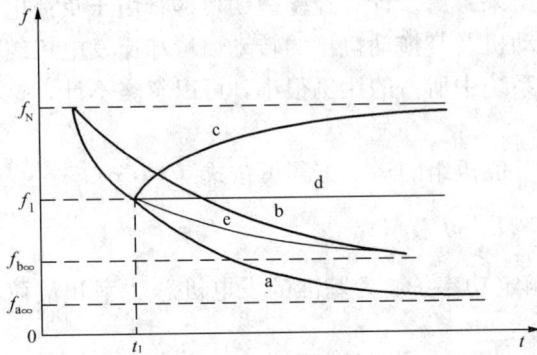

图 6-3　电力系统频率的动态特性

6-3 中曲线 a、b 所示。该两曲线表明，在事故初期，频率的下降速率与功率缺额的标幺值成比例，即 ΔP_{h*} 值越大，频率下降的速率也越大。它们的频率稳定值分别为 $\Delta f_{a\infty}$ 和 $\Delta f_{b\infty}$。

（2）设系统功率缺额为 ΔP_h，当频率下降至 f_1 时切除负荷功率 ΔP_L，如果 ΔP_L 等于 ΔP_h，则发电机组发出的功率刚好与切除后的系统负荷功率平衡。系统频率按指数曲线恢复到额定频率 f_N 运行，如图 6-3 中曲线 c 所示。

（3）上述事故情况下，如果在 f_1 时切除负荷功率 ΔP_L 小于功率缺额 ΔP_h 值，则系统的稳态频率就低于额定值。设切除负荷 ΔP_{L1} 后，正好使系统频率 f_x 维持在 f_1 运行，那么它的频率特性如图 6-3 中直线 d 所示。

（4）设频率下降至 f_1 时切除的负荷功率为 ΔP_{L2}，且 ΔP_{L2} 小于上述情况的 ΔP_{L1}，这时系统频率 f_x 将继续下降，如果这时系统功率缺额对应的稳态频率也为 $f_{b\infty}$，于是系统频率的变化过程如图 6-3 中曲线 e 所示。比较 b、e 两曲线也可说明，如能及早切除负荷功率，可延缓系统频率下降过程。

四、自动低频减载的工作原理

当系统发生严重功率缺额时，自动低频减载装置的任务是迅速断开相应数量的用户负荷，使系统频率在不低于某一允许值的情况下，达到有功功率的平衡，以确保电力系统安全运行，防止事故的扩大。因此是防止电力系统发生频率崩溃的系统性事故的保护装置。

（一）最大功率缺额的确定

在电力系统中，自动低频减载装置是用来对付严重功率缺额事故的重要措施之一，它通过切除负荷功率（通常是比较不重要的负荷）的办法来制止系统频率的大幅度下降，借以取得逐步恢复系统正常工作的条件。因此，必须考虑即使在系统发生最严重事故的情况下，即出现最大可能的功率缺额时，接至自动低频减载装置的用户功率量也能使系统频率恢复在可运行的水平，以避免系统事故的扩大。可见，确定系统事故情况下的最大可能功率缺额，以及接入自动低频减载装置的相应的功率值，是系统安全运行的重要保证。确定系统中可能发生的功率缺额涉及到对系统事故的设想，为此应作具体分析。一般应根据最不利的运行方式下发生事故时实际可能发生的最大功率缺额来考虑，例如按系统中断开最大机组或某一电厂来考虑。如果系统有可能解列成几个子系统（即几个部分）运行时，还必须考虑各子系统可能发生的最大功率缺额。

自动低频减载装置是针对事故情况的一种反事故措施，并不要求系统频率恢复至额定值，一般希望它的恢复频率 f_h 低于额定值，在 $49.5\sim50\text{Hz}$ 之间，所以接到自动低频减载装置最大可能的断开功率 ΔP_{Lmax} 可小于最大功率缺额 ΔP_{hmax}。设正常运行时系统负荷为 P_{LN}，额定频率与恢复频率 f_h 之差为 Δf，根据式（6-1）可得

$$\frac{\Delta P_{hmax} - \Delta P_{Lmax}}{P_{LN} - \Delta P_{Lmax}} = K_{L*}\Delta f_*$$

$$\Delta P_{\text{Lmax}} = \frac{\Delta P_{\text{hmax}} - K_* P_L \Delta f_*}{1 - K_{L*} \Delta f_*} \tag{6-13}$$

式 (6-13) 表明，当系统负荷 P_L、系统最大功率缺额 ΔP_{hmax} 已知后，只要系统恢复频率 f_h 确定，就可按式 (6-13) 求得接到自动低频减载装置的功率总数。

【例6-2】 某系统的负荷总功率为 $P_L=5000\text{MW}$，设想系统最大的功率缺额为 $\Delta P_{\text{hmax}}=1200\text{MW}$，设负荷调节效应系数为 $K_{L*}=2$，自动低频减载装置动作后，希望系统恢复频率为 $f_h=48\text{Hz}$，试求接入低频减载装置的功率总数 ΔP_{Lmax}。

解 希望恢复频率偏差的标幺值为

$$\Delta f_* = \frac{50-48}{50} = 0.04$$

由式 (6-13) 得

$$\Delta P_{\text{Lmax}} = \frac{1200 - 2 \times 5000 \times 0.04}{1 - 2 \times 0.04} = 870 (\text{MW})$$

接入自动低频减载装置功率总数为870MW，这样即使发生如设想那样的严重事故，仍能使系统频率恢复值不低于48Hz。

（二）自动低频减载装置的动作顺序

在电力系统发生事故的情况下，被迫采取断开部分负荷的办法确保系统的安全运行，这对于被切除的用户来说，无疑会造成不少困难，因此应力求尽可能少地断开负荷。

如上所述，接于自动低频减载装置的总功率是按系统最严重事故的情况来考虑的。然而，系统的运行方式很多，而且事故的严重程度也有很大差别，对于各种可能发生的事故，都要求自动低频减载装置能作出恰当的反应，切除相应数量的负荷功率，既不过多又不能不足，只有分批断开负荷功率采用逐步修正的办法，才能取得较为满意的结果。

由分析系统频率下降的动态方程式 (6-11) 可知，在频率下降速率 df_{x*}/dt 的信号中载有功率缺额的信息。从理论上讲它提供了切除相应功率量的数学描述，是较为理想的检测信号。然而，目前得到实际应用的是按频率降低值切除负荷，即按频率自动减载。

自动低频减载装置是在电力系统发生事故时系统频率下降过程中，按照频率的不同数值按顺序地切除负荷。也就是将接至低频减载装置的总功率 ΔP_{Lmax} 分配在不同启动频率值来分批地切除，以适应不同功率缺额的需要。根据启动频率的不同，低频减载可分为若干级，也称为若干轮。

为了确定自动低频减载装置的级数，首先应定出装置的动作频率范围，即选定第一级启动频率 f_1 和最末一级启动频率 f_n 的数值。

1. 第一级启动频率 f_1 的选择

由图6-3系统频率动态特性曲线所示的规律可知，在事故初期如能及早切除负荷功率，这对于延缓频率下降过程是有利的。因此第一级的启动频率值宜选择得高些，但又必须计及电力系统动用旋转备用容量所需的时间延迟，避免因暂时性频率下降而不必要地断开负荷的情况，所以一般第一级的启动频率整定在48.5～49Hz内。在以水电厂为主的电力系统中，由于水轮机调速系统动作较慢，所以第一级启动频率宜取低值。

2. 末级启动频率 f_n 的选择

电力系统允许最低频率受"频率崩溃"或"电压崩溃"的限制，对于高温高压的火电厂，频率低于46.5Hz时，厂用电已不能正常工作。在频率低于45Hz时，就有"电压崩溃"

的危险。因此，末级的启动频率以不低于 46.5Hz 为宜。

3. 频率级差

当 f_1 和 f_n 确定以后，就可在该频率范围内按频率级差 Δf 分成 n 级断开负荷，即

$$n = \frac{f_1 - f_n}{\Delta f} + 1 \qquad (6-14)$$

级数 n 越大，每级断开的负荷越小，这样装置所切除的负荷量就越有可能接近于实际功率缺额，具有较好的适应性。

（三）频率级差 Δf 的选择

关于频率级差 Δf 的选择问题，当前有两种截然不同的原则。

1. 按选择性确定级差

强调各级动作的次序，要在前一级动作以后还不能制止频率下降的情况下，后一级才动作。

设频率测量元件的测量误差为 $\pm\Delta f_\sigma$，最严重的情况是前一级启动频率具有最大负误差，而本级的测频元件为最大正误差，如图 6-4 所示。设第 i 级在频率为 $f_i - \Delta f_\sigma$ 时启动，经 Δt 时间后断开负荷，这时频率已下降至 $f_i - \Delta f_\sigma - \Delta f_t$。第 i 级断开负荷后如果频率不继续下降，则 $i+1$ 级就不切除负荷，这才算是有选择性。这时考虑选择性的最小频率级差为

$$\Delta f = 2\Delta f_\sigma + \Delta f_t + \Delta f_y \qquad (6-15)$$

式中　　Δf_σ——频率测量元件的最大误差频率；

Δf_t——对应于 Δt 时间内的频率变化，一般可取 0.15Hz；

Δf_y——频率裕度，一般可取 0.05Hz。

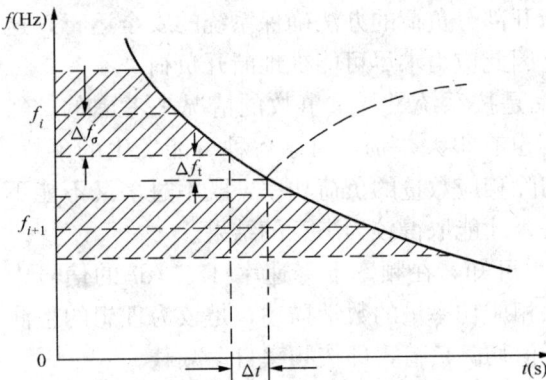

图 6-4　频率选择性级差的确定

按照各级有选择地顺序切断负荷功率，级差 Δf 值主要决定于频率测量元件的最大误差 Δf_σ 和 Δt 时间内频率的下降数值 Δf_t。模拟式频率继电器的频率测量元件本身的最大误差为 ± 0.15Hz 时，选择性级差 Δf 一般取 0.5Hz，这样整个低频减载装置只可分成 5～6 级。

现在数字式频率继电器已在电力系统中广泛采用，其测量误差（0.015Hz 甚至更低）已大为减小且动作延时也已缩短，为此频率级差可相应减小为 0.3～0.2Hz 之间。

2. 级差不强调选择性

由于电力系统运行方式和负荷水平是不固定的，针对电力系统发生事故时功率缺额有很大分散性的特点，低频减载装置遵循逐步试探求解的原则分级切除少量负荷，以求达到较佳的控制效果，这就要求减小级差 Δf，增加总的频率动作级数 n，同时相应地减少每级的切除功率。这样即使两轮无选择性启动，系统恢复频率也不会过高。

在电力系统中，自动低频减载装置总是分设在各个地区中可允许停电的负载处，前面已讲到在系统频率下降的动态过程中，如果计及暂态频率修正项 Δf_i，各地区电压的频率并不一致，所以分散在各地的同一级低频减载装置，事实上也有可能不同时启动。因此如果增加

级数 n，减小各级的切除负荷功率，则两级间的选择性问题也并不突出。

（四）每级切除负荷 ΔP_{L} 的限制

低频减载装置采用了分级切除负荷的办法，以适应各种事故条件下系统功率缺额大小不等的情况。在同一事故情况下，切除负荷越多，系统恢复频率就越高，可见每一级切除负荷的功率受到恢复频率的限制。我们不希望恢复频率过高，更不希望频率恢复值高于额定值。

设第 i 级的动作频率为 f_i，它所切除的用户功率为 $\Delta P_{\text{L}i}$。电力系统频率 f_{x} 下降特性是与功率缺额相对应的。显然它是随机的，是不确定的。典型的系统频率变化过程总可表达为如图 6-5 所示。其中如果特性曲线的稳态频率正好为 $f_{\text{h}i}$，这是能使第 i 级启动的功率缺额为最小临界情况，因此当切除 $\Delta P_{\text{L}i}$ 后，系统频率恢复到最大值 $f_{\text{h}i}$。在其他功率缺额较大的事故情况下也能使第 i 级启动，不过它们的恢复频率均低于 $f_{\text{h}i}$，如典型曲线 2、3 所示。曲线 2 表示切除 $\Delta P_{\text{L}i}$ 后，频率正好稳定在 f_i。曲线 3 表示切除 $\Delta P_{\text{L}i}$ 后，频率还继续下降。

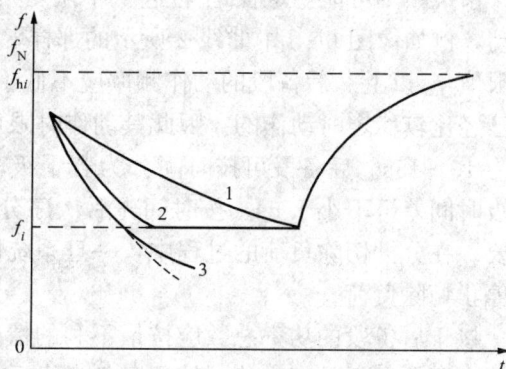

图 6-5　典型的系统频率变化过程

如上所述，若系统恢复频率 f_{h} 为已知，则第 i 级切除功率的限值就不难求得，即按第 $(i-1)$ 级动作切除负荷后，系统的稳定频率正好按第 i 级的启动频率 f_i 来考虑。

此时 $\Delta f_i = f_{\text{N}} - f_i$；系统当时的功率缺额 ΔP_{i-1}，由负荷调节效应的减小功率来补偿，因此

$$\frac{\Delta P_{i-1}}{P_{\text{LN}} - \sum_{k=1}^{i-1} \Delta P_{\text{L}k}} = K_{\text{L}*} \frac{\Delta f_i}{f_{\text{N}}}$$

式中　$\sum\limits_{k=1}^{i-1} \Delta P_{\text{L}k}$ ——低频减载装置前 $(i-1)$ 级断开的负荷总功率。

为了把所有功率都表示为系统负荷 P_{LN} 的标幺值，则上式表示为

$$\Delta P_{i-1*} = \left(1 - \sum_{k=1}^{i-1} \Delta P_{\text{L}k*}\right) K_{\text{L}*} \Delta f_{i*} \tag{6-16}$$

当第 i 级切除负荷 $\Delta P_{\text{L}i*}$ 后，系统频率稳定在 f_{h}，同样这时系统的功率缺额相应地由负荷调节效应 $\Delta P_{\text{h}i*}$ 所补偿，即

$$\Delta P_{\text{h}i*} = \left(1 - \sum_{k=1}^{i} \Delta P_{\text{L}k*}\right) K_{\text{L}*} \Delta f_{\text{h}*}$$

由于 i 级动作前的功率缺额等于第 i 级切除功率与动作后频率为 f_{h} 时系统功率缺额之和，即

$$\Delta P_{i-1*} = \Delta P_{\text{L}i*} + \Delta P_{\text{h}i*}$$

所以　　$\Delta P_{\text{L}i*} = \left(1 - \sum\limits_{k=1}^{i-1} \Delta P_{\text{L}k*}\right) K_{\text{L}*} \Delta f_{i*} - \left(1 - \sum\limits_{k=1}^{i} \Delta P_{\text{L}k*}\right) K_{\text{L}*} \Delta f_{\text{h}*}$

整理后可得

$$\Delta P_{Li*} = \left(1 - \sum_{k=1}^{i-1} \Delta P_{Lk*}\right) \frac{K_{L*} \cdot (\Delta f_{i*} - \Delta f_{h*})}{1 - K_{L*} \Delta f_{h*}} \qquad (6-17)$$

一般希望各级切除功率小于按式（6-17）计算所求得的值，特别是在采用 n 增大、级差减小的系统中，每级切除功率值就更应小一些。

在自动低频减载装置的动作过程中，当第 i 级启动切除负荷以后，如系统频率仍继续下降，则下面各级会相继动作，直到频率下降被制止为止。如果出现的情况是：第 i 级动作后，系统频率可能稳定在 f_h，它低于恢复频率的极限值 f_h，但又不足以使下一级减载装置启动，例如像图 6-5 中曲线 2 所示的那样，因此要装设后备段❶，以便使频率能恢复到允许的限值 f_h 以上。后备段的动作频率应不低于前面基本段第一级的启动频率，它是在系统频率已经比较稳定时动作的。因此其动作时限可以为系统时间常数 T_x 的 2～3 倍，最小动作时间为 10～15s。后备段可按时间分为若干级，也就是其启动频率相同，但动作时延不一样，各级时间差可不小于 5s，按时间先后次序分批切除用户负荷，以适应功率缺额大小不等的需要。在分批切除负荷的过程中，一旦系统恢复频率高于后备段的返回频率，低频减载装置就停止切除负荷。

接于后备段的功率总数应按最不利的情况来考虑，即低频减载装置切除负荷后系统频率稳定在可能最低的频率值，按此条件考虑后备段所切除用户功率总数的最大值，并且保证具有足以使系统频率恢复到 f_h 的能力。

（五）自动低频减载装置的动作时延及防止误动作措施

自动低频减载装置动作时，原则上应尽可能快，这是延迟系统频率下降的最有效措施，但考虑到系统发生事故，电压急剧下降期间有可能引起频率继电器误动作，所以往往采用一个不大的时限（通常用 0.1～0.2s）以躲过暂态过程可能出现的误动作。

自动低频减载装置是通过测量系统频率来判断系统是否发生功率缺额事故的，在系统实际运行中往往会出现装置误动作的例外情况，例如地区变电站某些操作，可能造成短时间供电中断，该地区的旋转机组如同步电动机、同步调相机和异步电动机等的动能仍短时反馈输送功率，且维持一个不低的电压水平，而频率则急剧下降，因而引起低频减载装置的错误启动。当该地区变电站很快恢复供电时，用户负荷已被错误地断开了。

当电力系统容量不大、系统中有很大冲击负荷时，系统频率将瞬时下跌，同样也可能引起低频减载装置启动，错误地断开负荷。

在上述自动低频减载装置误动作的例子中，可引入其他信号进行闭锁，防止其误动作，如电压过低和频率急剧变化率闭锁等。有时可简单地采用自动重合闸来补救，即当系统频率恢复时，将被自动低频减载装置所断开的用户按频率分批地进行自动重合闸，以恢复供电。

按频率进行自动重合以恢复对用户的供电，一般都是在系统频率恢复至额定值后进行，而且采用分组自动投入的方法（每组的用户功率不大）。如果重合后系统频率又重新下降，则自动重合就停止进行。

五、自动低频减载装置

（一）装置原理接线

电力系统自动低频减载装置的配置和组成原理如图 6-6 所示。图中 f 为低频继电器，

---

❶ 工程上也称之为特殊轮。

Δt 为延时元件，EX 为跳闸执行回路。它由 n 级基本段以及若干级后备 f_{Di} 段所组成。它们分散配置在电力系统的一些变电站中，其中每一段就是一组低频减载装置。典型的低频减载装置的配置和组成原理接线如图 6 - 7 所示。其中低频测量元件的任务是当系统频率降低至启动频率值时，频率继电器 KF 启动，用触点接通延时元件的时间继电器，最后由中间继电器 KM 控制这一级用户的断路器跳闸。

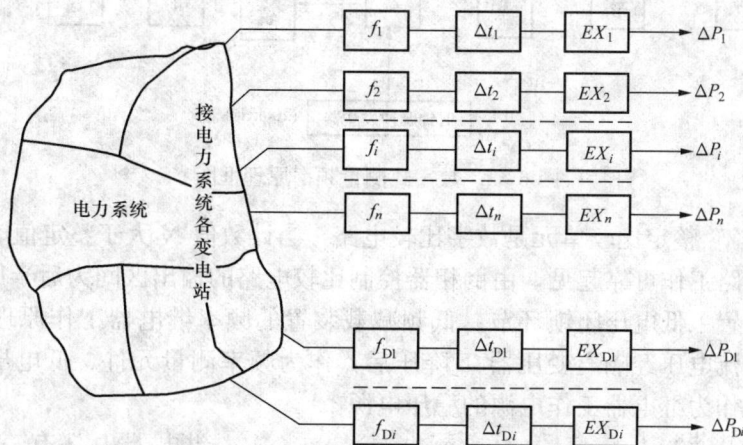

图 6 - 6　典型低频减载装置配置和组成原理图

（二）数字式频率继电器

　　按工作原理，频率继电器分模拟式和数字式两种。模拟式频率继电器因误差较大，维护不便等原因已很少采用。数字式频率继电器在精度、温度特性等主要指标和性能方面具有明显优势，因而得到了广泛应用。

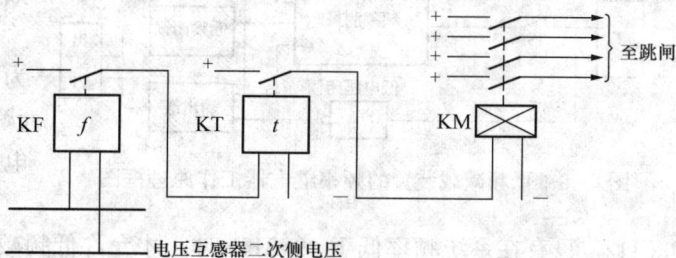

图 6 - 7　低频减载装置的原理接线

　　如前所述，数字测频的基本原理是检测交流电压的周期 T。数字式低频减载装置可以有两个方案来实现：①布线逻辑数字电路；②存储逻辑计算机技术。

　　（1）用数字电路（布线逻辑）实现低频减载的测量频率原理框图如图6 - 8所示。图6 - 8中，交流电压信号经有源带通滤波器滤掉谐波分量，滤波后的基波正弦电压整形为方波，单稳触发器将方波的上升沿展宽为正脉冲，这个过零点信号作为交流信号每个周期开始的标志，并用来使计数器清零。由图 6 - 8 可见，计数器所计时钟脉冲的数值 N 为

$$N = Tf_c = \frac{f_c}{f} \qquad\qquad (6 - 18)$$

式中　f_c——时钟脉冲频率，为某一定值。

　　式（6 - 18）表明，电力系统的频率与计数值 N 成反比，如果频率继电器的频率启动值 f_d 已知，则 N 值也随之确定。例如：设 $f_c = 200\text{kHz}$，若电网频率为 50Hz，则 $N = 4000$。所以 $N \geqslant 4000$ 时，频率 $f < 50\text{Hz}$；如低频继电器启动频率 $f_d = 49.5\text{Hz}$，代入式（6 - 18）得 $N = 4040$，所以当 $N \geqslant 4040$ 时，低频继电器就有可能输出启动信号。

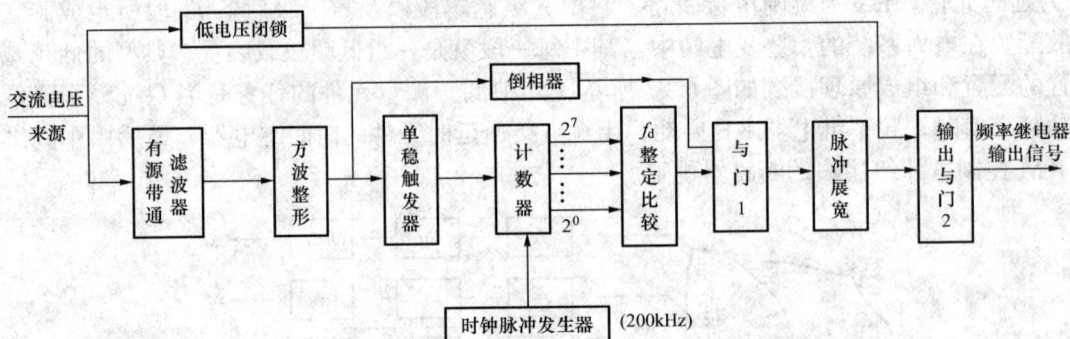

图 6-8　数字式测量频率原理框图

图 6-8 中，f_d 整定比较单元是数字比较电路，当计数值 N 大于整定值时，使之有正脉冲输出，为了电路工作可靠起见，由倒相器控制比较电路的输出区间为后半周期。为了防止其误动作，还设置了低电压闭锁环节。低频减载装置的频率继电器工作原理框图如图 6-9 所示。输入的交流电压经隔离变压器 T 降压后，作为频率测量元件、低电压闭锁元件的输入信号，同时也作为继电器工作电源的稳压电源。

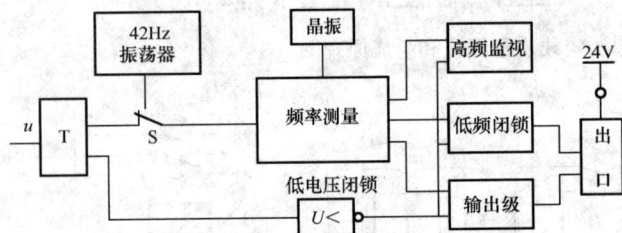

图 6-9　低频减载装置的频率继电器工作原理框图

继电器内部有三个频率测量元件，它们的功能和频率整定值分别如下。

1）高频监视——通常整定值选为 51Hz，正常运行时总是处于动作状态，用于监视继电器内部频率测量电路的工作，输出接至告警信号。

2）低频闭锁——整定值选为 49.5Hz，只有在系统频率低于 49.5Hz 时，才允许低频减载继电器输出动作信号，以防止低频继电器的误动作。

3）低频启动元件——按需要设定频率值，这就是低频减载继电器的动作频率输出级，出口经延时环节后启动中间继电器跳闸。

上述三个频率测量元件，都受到低电压闭锁环节控制，电网电压超过低电压闭锁设定值（一般设定为额定值的 50% 以上），频率测量元件才有信号输出。

（2）应用计算机技术，用编程（即存储逻辑）实施低频减载。由第一、二章计算机控制系统组成特点可知，交流电压信号输入后，利用 CTC 电路，就可测得频率以及频率变化率等参数，再用软件实现频率继电器控制逻辑的功能，电路含闭锁及延迟等环节，去启动中间继电器，实现低频减载。下面是一个具体装置中数字式频率继电器元件的逻辑框图的实例，编程逻辑采用了布线逻辑表达形式，如图 6-10 所示。

图中 Z_{f1}、Z_{f2}、$\cdots$、Z_{fi} 为频率元件的频率整定值，共有 i 个，整定值在指定端口，按需要逐一写入，其余编程由支持软件内部自动生成，使用户十分方便。

设定值（如 Z_{f1}）不小于 50Hz（我国电网额定频率）为高频元件，小于 50Hz 为低频元件。为防止电网电压过低误动作，也有低电压闭锁功能，在指定端口设置电压闭锁值。电网电压低于设定值时，电压闭锁信号就阻止频率元件信号输出。

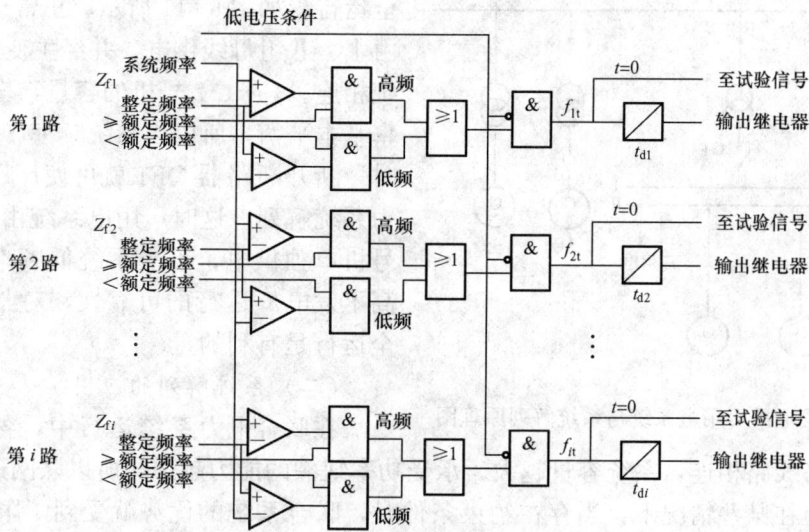

图 6 - 10　数字式频率继电器元件逻辑框图

假设 Z_{f1} 设定值为 51Hz，即为高频元件。如果电网频率小于或等于 51Hz，频率元件 1 的输出 f_{1t} 为逻辑 0；如果电网频率大于 51Hz，则 f_{1t} 输出为逻辑 1。

假设 Z_{f2} 设定值为 49.5Hz，即为低频元件。如果电网频率高于 49.5Hz，频率元件 2 的输出 f_{2t} 为逻辑 0；如果电网频率等于或小于 49.5Hz，频率元件 2 的输出 f_{2t} 为逻辑 1。

频率元件用于低频减载时，输出 $t = 0$ 的这一路用于调试信号；另一路输出接至中间继电器经延时 t_{di}，作用于跳闸切除负荷，与图 6 - 9 功能相同。现在低压变电站馈线大多采用微机继电保护，电压、电流等输入信号和出口继电器跳闸等输出通道均已配置齐全。因此，在配电网实际应用中，已把低频减载和继电保护融合为一体，这是很合理的发展。

第三节　其他安全自动控制装置

一、自动解列装置

从经济和安全出发，在正常情况下电力系统实行并联运行是有利的，所以各地区之间，甚至国家之间的电力系统（如有条件的话）根据互利原则一般都实行联网运行。

然而当处理系统振荡性事故时，有时被迫采用解列方法，待事故经适当处理之后再作并列操作使电力系统恢复并联运行。有时在事故情况下，为了不使事故扩大并把事故控制在有限地区以内，"解列"也是一种很有效的措施。

（一）厂用电系统解列的应用

当系统出现严重功率缺额时，将引起系统频率大幅度下降。系统频率过低会引起厂用电动机输出功率下降，威胁着发电厂本身电能生产的安全，前已述及，厂用电动机输出功率减小是形成"频率崩溃"事故的主要原因。因此，如能使厂用电系统供电频率维持在额定值附近运行，则可避免上述事故进一步恶化。

在电力系统运行中，某些发电厂的厂用电系统如果具备独立供电的条件，那么在安排发电厂的运行方式时就可以考虑厂用电系统与系统解列运行的可能性，以确保发电厂自身的安

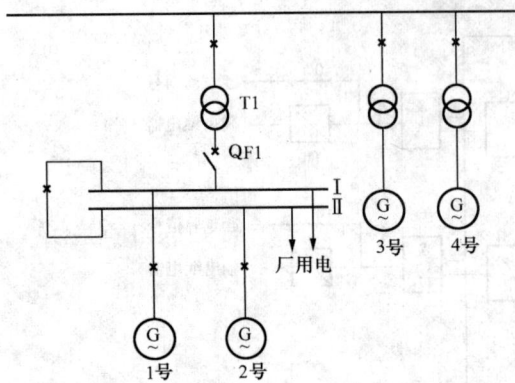

图 6-11　发电厂厂用电系统与系统解列原理图

全运行。如图 6-11 所示，正常运行时厂用电由Ⅰ、Ⅱ组母线供电，并经主变压器 T1 与系统相连。1 号、2 号机的容量与全厂厂用电功率基本平衡，所以当系统频率 f_x 大幅度下降时，断开断路器 QF1 就可使厂用电系统与电力系统解列。这时厂用电系统由本厂 1 号、2 号机单独供电，不受系统低频率的影响，提高了发电厂运行的可靠性，对整个系统的安全运行是有利的。

（二）系统解列的应用

在联合电力系统运行中，各区域电力系统之间经联络线路相连，系统容量越大，承受功率缺额的能力越强，所以联网运行的优点是很明显的，但在某些情况下，当存在约束条件时，联合系统的优势就受到了限制。如图 6-12 所示的电力系统，A 系统向 B 系统输送的功率为 P_{AB}，输电线路的极限输送功率为 P_{ABM}。设 B 系统由于事故发生了严重的功率缺额，引起整个系统频率下降，这时 A 系统虽有足够的旋转备用容量，但由于受到 P_{ABM} 的约束而不能发挥其支援作用，这时如果频率下降严重，也将威胁着 A 系统的安全运行。此时，为了控制事故范围，不致使它波及邻近区域，被迫将两系统解列运行是有利的。

在实行解列操作时，必须注意功率平衡问题。解列点的选择，应尽量使解列后本系统的发电量既满足本系统用户负荷的需要，又不致造成发电功率过剩。如图 6-11 所示，设 1 号机组、2 号机组的容量与全厂厂用电所需的功率基本平衡，因此选择

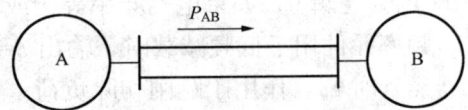

图 6-12　电力系统图示例

QF1 为解列点。在图 6-12 所示的系统中，如在联络线路处解列，解列后将使 B 系统又损失了 P_{AB} 的功率，以致使 B 系统事故更为严重，这对系统运行是不利的，应在 B 系统其他合适地点与 A 系统解列。显然解列点选择应考虑一定的原则。

（1）尽量保持解列后各部分系统（子系统）的功率平衡，以防止频率、电压急剧变化，因此解列点应选在有功功率、无功功率分点上或交换功率最小处。在运行中，根据潮流变化情况进行调整。在图 6-12 中，所选的解列点一旦解列后，A 系统应继续承担 B 系统的一部分功率。

（2）适当地考虑操作方便、易于恢复且具有较好的远动、通信条件。

解列点选好后，对解列条件应进行周密分析，因为这是构成控制装置逻辑判断的依据。在图 6-11 所示的发电厂厂用电解列的例子中，装置动作的判据就是频率 f_x 的数值，即不论什么原因只要系统频率低于整定值，自动装置就启动使 QF1 断路器跳闸，如图 5-13（a）所示。如果还有其他条件，那应接入相应的信号，构成所需要的控制逻辑。

在图 6-12 所示的系统解列的例子中，若 B 系统发生上述事故，系统频率 f_x 下降，则 P_{AB} 增大，如超限值，这时为了保证 A 系统的安全运行，需要进行解列操作。但是，如果是 A 系统发生故障，联络线路被切除，致使 B 系统的频率下降，显然这时就没有必要进行这样的解列操作。所以如图 6-12 所示 B 系统内上述自动解列装置的控制逻辑中除了接入频率信号外，还需接入 P_{AB} 的大小和方向等信号，它的控制逻辑如图 6-13（b）所示。

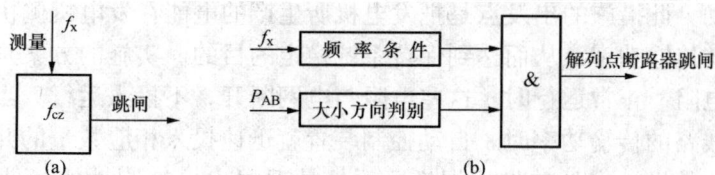

图 6-13　自动解列装置逻辑示例图

(a) 频率启动；(b) 解列逻辑

二、水轮机组低频自启动装置

汽轮发电机组从冷状态开始启动时，要经历均匀加速、均匀升温等过程，需要时间很长（一般以小时计）才能并入电力系统运行，如果是单元机组，从锅炉点火开始那就更长了。

水轮发电机组的启动过程较汽轮机组的简单得多，一般只需将导水叶放在某个设置位置，打开导水叶放水，机组就会很快加速至正常运转状态，启动过程只需几分钟，甚至几十秒钟。

在电力系统运行中，考虑运行的经济性，机组的旋转备用容量不可能很大，因此当系统发生低频率事故时，希望备用机组能迅速启动投入电力系统运行，以提高系统运行的可靠性。由于水轮发电机启动较快，所以在电力系统运行中它具有特殊的任务——作为紧急投入运行之用。当系统发生功率缺额、频率降低时，要求水轮发电机迅速启动并投入运行。因此它是提高电力系统安全可靠运行的主要措施之一，在机组上装设了按频率自动启动及快速并列的自动装置，以适应电力系统安全运行的控制需要。

水轮机在启动过程中，转速随时间而变化的曲线称为启动特性，它取决于水轮机的型式、调速器的特性、调速机件的位置和导水叶开度限制器的开度等。

水轮机组的控制已大多采用可编程控制器（PLC）。这种由微处理器和存储器为基础电路组成的控制装置，与传统的继电器控制相比，具有一系列优点，可充分发挥软件优势，控制功能随运行需要可灵活组织。低频测量与水轮机组启动控制由 PLC 统一完成后，用准同期并列装置快速并网，甚至从接受低频信号至机组启动并网运行综合于一体，替代传统的低频测量、水轮机启动控制和自动并列三个装置。

三、自动切机与电气制动

电力系统安全自动控制装置是当电力系统发生系统性故障时为电网安全运行操作服务的。围绕上述目的，人们研制出多种自动装置。例如在图 6-1 所示的系统中，前面曾分析过其中一回输电线路上发生三相短路时，即使继电保护正确动作，A 发电厂功率过剩，仍有失去稳定的可能。为了保持系统稳定，需要迅速减少输送功率。

迅速减少输送功率的控制似乎是调速系统的功能，然而由于调速系统执行部件固有的机械惯性，使它来不及迅速作出反应，故障期间的过剩功率将导致发电机组转子加速，以致失去稳定。为此，可采取如下两项自动控制的紧急操作措施。

(1) 迅速切除部分机组，以减少输电线路的传输功率。为此首先须对系统运行进行深入研究分析，提出自动切机的运行条件并接入相应信号，构成逻辑判断部件。当满足切机条件时，自动装置即自动断开某发电机组的断路器，完成预定的切机操作，以减少输电线路的功率。

应用数字通信和微处理机技术，完成上述功能的自动装置是可以实现的。

（2）电气制动。此措施的出发点是把发电机所生产的电能在发电机侧快速消耗掉，以迅速减少输电线路的传输功率，从而达到保持系统稳定的目的。实施的方案是在发电机端装设足够容量的并联电阻。正常运行时，这些电阻与电网断开，不投入运行。当发生的故障确定为需要减少输电线路的传输功率时，自动控制装置就迅速投入相应数量的并联电阻。

电气制动装置的设计也是首先根据实际系统情况提出电气制动的条件，接入所需的信号，以构成相应的控制判据。

我国广大科研人员与工程技术人员相结合，把许多新型的电力系统安全自动装置付诸实践。限于编者条件这些创造性成果只是作一些原则性的叙述。

附录　电力系统自动装置原理思考题

第一部分　自动装置及其数据的采集处理

1-1　交流采样电压为 U，傅立叶分解后的 a_0、a_n、b_n 的物理意义是什么？

1-2　采样的前期处理的讨论如下。

（1）某直流采样中需要 40Ω 的采样电阻，假设有 10Ω 电阻和 40Ω 电阻两挡，所有电阻值离散分布为正态分布。那么，讨论选用一只精度为 $\pm5\%$ 的 40Ω 电阻采样和采用 4 只精度为 $\pm5\%$ 的 10Ω 电阻串联采样，二者的精度各怎样？

（2）假设对上述采样后的数据使用算术平均法进行数字滤波，讨论 10 次滤波后各值的误差情况。

第二部分　自　动　并　列

2-1　并列的允许电流值如何考虑？试说明理由。

2-2　设并列条件已满足要求，现可惜错过了合闸时机，问下次合闸时机还需要多少时间？设滑差角频率 ω_{s*}，分别为 0.42×10^{-2}、2×10^{-6}，允许滑差角频率为 0.42×10^{-2}，试分析最快与最慢两种情况。自动装置如何解决久等的问题？

2-3　已知两个区域电网的等值机系统如附图 2-1 所示，其电压幅值相等，频率分别为 $f_1=50+0.1\cos t\,\mathrm{Hz}$，$f_2=50+0.1\sin 2t\,\mathrm{Hz}$，现准备进行恒定越前时间准同期互联操作，设远程通信和继电器动作时间之和为 $0.14\mathrm{s}$，试求调度中心发出合闸信号的时刻。

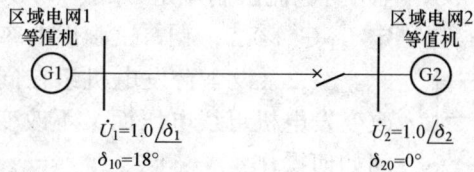

附图 2-1　题 2-3 图

2-4　旋转坐标系中发电机的模型方程（Park 方程）如下：

磁链方程 $\begin{cases}\psi_\mathrm{d}=-x_\mathrm{d}i_\mathrm{d}+x_\mathrm{ad}i_\mathrm{f}\\ \psi_\mathrm{q}=-x_\mathrm{q}i_\mathrm{q}\\ \psi_\mathrm{f}=-x_\mathrm{ad}i_\mathrm{d}+x_\mathrm{f}i_\mathrm{f}\end{cases}$　　电压方程 $\begin{cases}u_\mathrm{d}=-ri_\mathrm{d}+\dot{\psi}_\mathrm{d}-(1+s)\,\psi_\mathrm{q}\\ u_\mathrm{q}=-ri_\mathrm{d}+\dot{\psi}_\mathrm{q}+(1+s)\,\psi_\mathrm{d}\end{cases}$

$$\dot{\psi}=\frac{\mathrm{d}\psi}{\mathrm{d}t}$$

式中：ψ 为磁链，i 为电流，u 为电压，d 为直轴，q 为交轴，f 为励磁绕组。

已知：$I_{\mathrm{f}*}=1/x_{\mathrm{ad}*}$，$r=0$，$x_\mathrm{d}=1$，$x_\mathrm{q}=0.5$，$\begin{cases}u_\mathrm{d}=U\cos\delta=0.6\\ u_\mathrm{q}=U\sin\delta=0.8\end{cases}$，$i^2=i_\mathrm{d}^2+i_\mathrm{q}^2$。假定恒同步转速、恒励磁，试求发电机并入电网后的电流暂态过程。

2-5　附图 2-2 为某发电机准同期并网控制器测得的滑差电压随时间变化的波形，现假

设系统电压为 $u_x(t)=U_{Mx}\sin(\omega_x t+\varphi_{x0})$，发电机端电压为 $u_G(t)=U_{MG}\sin(\omega_G t+\varphi_{G0})$，$T_1=75\text{s}$，$T_2=85\text{s}$，在 $0\sim T_1$ 时段内，$U_{Mx}>U_{MG}$，$U_{sA}=0.02U_N$，$U_{sB}=2.0U_N$，准同期并网控制器并网条件要求电压差小于 $0.002U_N$，频率差小于 0.0118Hz，$T_1\sim T_2$ 时段内，并网控制器进行了自动调整，U_s 的路径为 C→D→F→G。并网断路器动作时间 $t_{DL}=0.2\text{s}$，控制器的输出时间 $t_c=0.05\text{s}$。试分析：

（1）调整前后的 U_{Mx}、U_{MG}。

（2）调整的原因和理由。

（3）调整了哪些内容？

（4）调整前后并网条件满足情况如何？

（5）采用恒定越前时间准同期方式的指令发出时间。

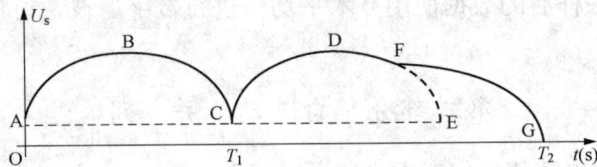

附图 2-2 题 2-5 图

第三部分 励磁控制

3-1 如附图 3-1 所示系统，$\dot{U}_G=1.0\angle 0°$，$X_d=2$，$X_T=0.5$，$X_L=1$，设发电机运行功率因数不得低于 0.6，励磁系统设定励磁电压和励磁电流与无功功率的关系分别为 $Q=1.2U_F-0.6$，$Q=1.5I_{EF}-0.8$，且瞬时电流限制规定 $U_F\in[0.3,1]$，最大励磁电流限制规定 $I_{EF}\in[0.2,1]$，试画出功率圆，并分析运行区域。

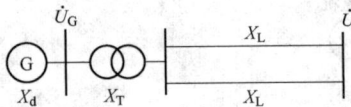

附图 3-1 题 3-1 图

3-2 设 4 台发电机组在同一母线上运行，如果要求改变发电机母线电压而又不改变无功负荷分配的比例，试问如何操作？

3-3 某发电机额定容量为 600MW，功率因数为 0.9，励磁系统调差系数为 0.05，励磁系统设定高压侧母线电压为额定电压 225000V，高压侧电压互感器变比 250000:100，励磁系统采样电压互感器变比为 200:5，高压电流变送器变比为 2000:5，励磁系统电流变送器变比为 5:0.5，励磁系统 AVR 控制输出每 20ms 输出一次，每个周期采样 10 次进行数学平均，$K_p=10$。本机励磁调节器采用静止型励磁调节，晶闸管的触发角度由励磁器内部的定时器确定，若定时器的主频为 100MHz，且触发角 $\alpha=K_\alpha\Delta U(KT)$，$K_\alpha=50$，励磁调节器计数寄存器为 32 位寄存器。

（1）如果本周期的高压侧电压 10 次平均测量值为 214350V，且系统本周期突增 80Mvar 的无功需求，试求无功造成的本周期发电机机端电压的波动。

（2）试分析励磁调节器计数寄存器内容和 AVR 本周期的输出。

第四部分 调频和低频减载

4-1 设某联合电力系统包括三个分区系统如附图 4-1 所示，此系统采用频率联络线路功率偏差控制进行调频，系统 B 有二次调频，系统 A、C 只有调速器一次调频。已知其中 A 分区系统含有 2 台等值发电机组，系统额定频率 50Hz，等值机组额定功率分别为 $P_{G1N}=$ 2000MW、$P_{G2N}=$3000MW，等值机组调差系数分别为 $R_{1*}=0.045$、$R_{2*}=0.055$，系统负荷调节效应系数 $K_{L*}=2$，A 系统总负荷 $P_{LN}=5000MW$，若额定运行时 A 分区系统突增 100MW 的负荷，设机组短时过负荷能力 10%。试分析：

（1）忽略联合电力系统调频功能时，A 分区系统两台机组分别增加多少输出功率？

（2）忽略联合电力系统调频功能时，A 分区系统频率有多少变化？

（3）考虑联合电力系统调频功能，发生如图的功率变化时，推导整个系统的频率变化。

（4）考虑联合电力系统调频功能，发生如图的功率变化时，推导联络线功率 ΔP_{tAB}、ΔP_{tCB}、ΔP_{tCA}。

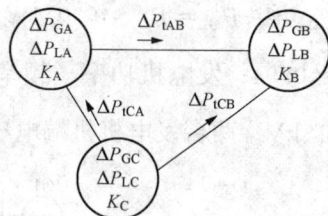

附图 4-1　题 4-1 图

4-2　已知系统的运动方程如下：

$$
\begin{cases}
M\dfrac{\mathrm{d}\omega}{\mathrm{d}t}=T_m-T_e \\[2mm]
T_m=\dfrac{P_m}{\omega},\ T_e=\dfrac{P_e}{\omega} \\[2mm]
P_L=P_0\left(\dfrac{f}{f_0}\right)^{K_L}
\end{cases}
$$

式中　$M=10$，$K_L=2$。若系统突然发生 30% 的功率缺额，当系统频率下降到 48.8Hz 时切除 15% 负荷，系统频率下降到 48.65Hz 时再切除 10% 负荷，以步长 0.2s 计算，试求系统动态变化曲线。试讨论若在 48.8Hz 时一次性切除 25% 的负荷，则情况有何不同？

4-3　讨论 CPS 标准较 A 标准有哪些明显的优势。附电网运行性能评价标准如下。

1. A 标准

A1 标准要求控制区域的 AEC 在任意 10min 内必须至少过零一次；A2 标准要求控制区域的 ACE 在 10min 内的平均值必须控制在规定的范围 L_d 内。

2. CPS 标准

CPS1 标准要求为

$$
\frac{ACE_{\text{AVE-min}}\Delta F_{\text{AVE-min}}}{-10B}\leqslant\varepsilon_1^2
$$

式中 $ACE_{\text{AVE-min}}$ 为 1min ACE 的平均值；$\Delta F_{\text{AVE-min}}$ 为 1min 频率偏差的平均值；B 为控制区域设定的频率偏差系数，MW/0.1Hz，且有负号；ε_1 为互联电网全年 1min 频率平均偏差的均方根控制目标值。

CPS2 标准要求：ACE 每 10min 的平均值必须控制在规定的范围 L_d 内，有

$$
L_{10}=1.65\varepsilon_{10}\sqrt{(-10B)(-10B_\Sigma)}
$$

式中 B 为控制区的频率偏差系数，B_Σ 为所有控制区即整个互联电网的频率偏差系数，ε_{10} 是互联电网对全年 10min 频率平均偏差的均方根值的控制目标值。系数 1.65 是标准正态分布置信度为 0.9 的分位点，概率上表征使频率恢复到目标值的可能性达到 90%。

第五部分　综合题

5-1　已知：附图 5-1 为两台发电机并联在同一高压母线向 500kV 无穷大系统送电，发电机 G1 已并网，G2 待于高压母线侧并网，系统频率维持在 49.96Hz，高压侧母线电压为 $\dot{U}_* = 1.0\angle 0°$，$x_{d1*} = x_{d2*} = 2.5$，$x_{T1*} = x_{T2*} = 0.6$，$x_{L1*} = x_{L2*} = 1.0$，两台发电机的额定功率 $P_{G1} = P_{G2} = 600MW$，额定功率因数均为 0.9，励磁控制系统调差系数 $\delta_1 = 0.05$，$\delta_2 = 0.04$；发电机功率—频率调差系数 $K_1 = 450\dfrac{MW}{Hz}$，$K_2 = 400\dfrac{MW}{Hz}$；两机额定 $U_{G1} = U_{G2} = 18kV$。两台发电机机端电压互感器变比 50000：100，机端电流变送器变比为 2000：5。

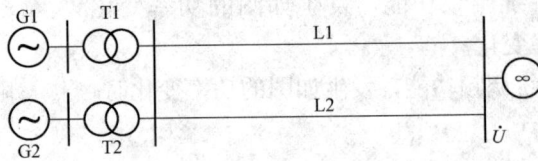

附图 5-1　题 5-1 图

G2 的同期装置数据：其采用恒定越前时间准同期，断路器及其他机械设备动作时间为 0.06s，为保证同期的准确度要求每次同期动作判断时间不得少于 10s。

两台发电机的励磁系统数据：采样电压互感器变比为 200：5，励磁系统电流变送器变比为 5：0.5，励磁系统 AVR 控制输出每 20ms 输出一次，每个周期采样 10 次进行数学平均，$K_p = 10$。两机励磁调节器均采用静止型励磁调节，晶闸管的触发角度由励磁器内部的定时器确定，若定时器的主频为 100MHz，$K_\alpha = 50$，励磁调节器计数寄存器为 32 位寄存器。

两台发电机调速系统数据：两台机组并网后调速器将使之完全同步，两台机组的短时过负荷能力为额定容量的 10%，且两台机组均可进行二次调频。

试分析以下问题。

1. 同期问题

为使发电机 G2 准同期并网，将 G2 的频率调整为 50Hz 恒定，目前同期装置测得机端电压 U_2 超前高压母线电压18°，则对于 G2：

（1）此时，G2 并网前同期装置还需要考虑哪些因素？

（2）同期瞬间 G2 向系统发出的有功功率和无功功率为多少？为什么？

（3）最快需要多久才可能并网成功？

（4）试求恒定越前相角和脉动电压周期值。

（5）附图 5-2 是什么物理量的说明图？并将上述计算结果或说明填写在图中。

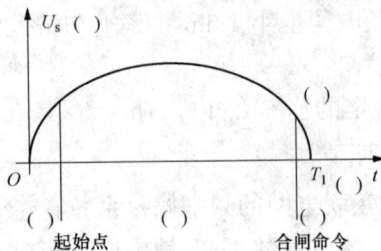

附图 5-2　同期问题图

2. 调频问题

设发电机 G2 投入系统后，系统频率 $f_N = 50Hz$，G1、G2 此时分别输出 567、504MW，且在额定功率因数下运行。假设系统突然发生故障，导致切除以 50MW、$\cos\theta = 0.9$ 运行的发电机一台，如将这部分功率分配到 G1 和 G2 上：

（1）最终两台机分别输出多少有功功率？

（2）试求系统频率的变化量。

3. 励磁问题

（1）在上述输出有功功率增加时，假设发电机 G2 机端电压不变且功率因数不变，画出 G2 的向量图并分析有功功率变化情况，同时说明此时无功功率的变化情况。

（2）由于 G1 和 G2 并联于同一母线，因此上述系统缺失的无功功率由 G1 和 G2 分配，根据调差系数对并联运行的机组无功功率分配原理计算 G1 和 G2 分别分配的无功功率，以及高压母线电压的变化情况。

（3）根据计算结果，分别画出这次有功功率和无功功率变化的 G1 和 G2 相量图。

参 考 文 献

[1] 浙江大学. 电力系统自动化. 北京：电力工业出版社，1980.

[2] 华北电力学院. 电力系统自动化原理与技术. 北京：电力工业出版社，1981.

[3] P. M. Anderson，A. A. Fouad. 电力系统控制与稳定 . 2 版 . 王奔，译 . 北京：电子工业出版社，2012.

[4] 樊俊等. 同步发电机半导体励磁原理及应用. 2 版. 北京：水利电力出版社，1991.

[5] ELGERD O ELECTRIC ENERGY SYSTEMS THEORY. MCGRAW-HILL BOOK COMPANY, 1971.

[6] 方万良，李建华，王建学 . 电力系统暂态分析 . 4 版 . 北京：中国电力出版社，2017.

[7] 天津大学 孙雅明. 电力系统自动控制与装置. 北京：水利电力出版社，1990.

[8] 李基成. 现代同步发电机整流器励磁系统. 2 版 . 北京：水利电力出版社，2009.

[9] 卓乐友，叶念国，等. 微机型自动准同步装置的设计和应用. 北京：中国电力出版社，2002.

[10] 西安交通大学盛寿麟. 电力系统远程监控原理. 2 版. 北京：中国电力出版社，1998.

[11] 吴寿仁. 数字式自动电压调节器（DAVR）的软件设计及可靠性研究. 上海交通大学硕士研究生论文，1992.

[12] 周双喜，李丹. 同步发电机数字式励磁调节器. 北京：中国电力出版社，1998.

[13] 夏道止. 电力系统分析. 3 版. 北京：中国电力出版社，2017.

[14] 杨冠城，吴寿仁，等. DAVR 的缺相保护新原理. 上海：上海市电机工程学会，上海市电工技术学会 1996 年学术年会论文集，1996：396～397.

[15] 刘翠玲，黄建兵，等. 集散控制系统. 北京：北京大学出版社，中国林业出版社，2006.

[16] 于海生，等. 计算机控制技术. 北京：机械工业出版社，2016.